住房城乡建设部土建类学科专业"十三三

高等学校房地产开发与管理和物业管理学科专业指导委员

物业设施设备工程

丁云飞　主编　　周孝清　陈德豪　主审

中国建筑工业出版社

图书在版编目（CIP）数据

物业设施设备工程/丁云飞主编.—北京：中国建筑工
业出版社，2017.1
住房城乡建设部土建类学科专业"十三五"规划教材
高等学校房地产开发与管理和物业管理学科专业指导
委员会规划推荐教材
ISBN 978-7-112-20355-0

Ⅰ.①物… Ⅱ.①丁… Ⅲ.①物业管理—设备管理—高
等学校—教材 Ⅳ.①F293.33

中国版本图书馆CIP数据核字（2017）第012644号

　　本教材为适应新形势下，满足最新物业管理教学大纲和《高等学校物业管理本科指导性专业规范》的要求，详细地介绍了物业设施与设备工程的相关知识。

　　本教材共分13章，其主要内容有物业设施设备基础知识、物业设施设备工程常用材料、给水排水系统、室内供暖与燃气供应、建筑通风及防排烟、空气调节、冷热源系统、低压配电系统、电气照明、电梯与电机、电气设备接地与建筑防雷、建筑自动化系统、物业能源管理与可再生能源利用。

　　本书内容丰富，涉及面广，可操作性强。既可作为高等院校工程管理、工程造价、物业管理等相关专业本科教学教材，亦可作为在职物业管理人员的培训教材、物业相关工程技术人员的自学与参考用书等。

　　为更好地支持相应课程的教学，我们向采用本书作为教材的教师提供教学课件，有需要者可与出版社联系，邮箱：cabpcm@163.com。

* * *

责任编辑：刘晓翠　张　晶　王　跃
责任校对：焦　乐　张　颖

住房城乡建设部土建类学科专业"十三五"规划教材
高等学校房地产开发与管理和物业管理学科专业指导委员会规划推荐教材
物业设施设备工程
丁云飞　主编　　周孝清　陈德豪　主审
*
中国建筑工业出版社出版、发行（北京海淀三里河路9号）
各地新华书店、建筑书店经销
北京锋尚制版有限公司制版
北京市书林印刷有限公司印刷
*
开本：787×1092毫米　1/16　印张：21¾　字数：447千字
2017年6月第一版　2017年6月第一次印刷
定价：42.00元（赠课件）
ISBN 978 - 7 - 112 -20355- 0
　　　　　（29892）

教材编审委员会名单

出版说明

20世纪90年代初，我国房地产业开始快速发展，国内部分开设工程管理、工商管理等本科专业的高等院校相继增设物业管理课程或开设物业管理专业方向。进入21世纪后，随着物业管理行业的发展壮大，对高层次物业管理专业人才的需求与日俱增，对该专业人才培养的要求也不断提高。教育部为适应社会和行业对物业管理专门人才的数量需求和人才培养层次要求，于2012年将物业管理专业正式列入本科专业目录。为全面贯彻落实《国家中长期教育改革和发展规划纲要（2010—2020年）》和教育部《全面提高高等教育质量的若干意见》的精神，规范全国高等学校物业管理本科专业办学行为，促进全国高等学校物业管理本科专业建设和发展，提升该专业本科层次人才培养质量，按照教育部、住房城乡建设部的部署，高等学校房地产开发与管理和物业管理学科专业指导委员会（以下简称专指委）组织编制了《高等学校物业管理本科指导性专业规范》（以下简称《专业规范》）。

为了形成一套与《专业规范》相匹配的高水平物业管理教材，专指委于2015年8月在大连召开会议，研究确定了物业管理本科专业核心系列教材共12册，作为"高等学校房地产开发与管理和物业管理学科专业指导委员会规划推荐教材"，并在全国高校相关专业教师中遴选教材的主编和参编人员。2015年11月，专指委和中国建筑工业出版社在济南召开教材编写工作会议，对各位主编提交的教材编写大纲进行了充分讨论，力求使教材内容既相互独立，又相互协调，兼具科学性、规范性、普适性、实用性和适度超前性，与《专业规范》严格匹配。为保证教材编写质量，专指委和出版社共同决定邀请相关领域的专家对每本教材进行审稿，严格贯彻了《专业规范》的有关要求，融入物业管理行业多年的理论与实践发展成果，内容充实、系统性强、应用性广，对物业管理本科专业的建设发展和人才培养将起到有力的推动作用。

本套教材已入选住房城乡建设部土建类学科专业"十三五"规划教材，在编写过程中，得到了住房城乡建设部人事司及参编人员所在学校和单位的大力支持和帮助，在此一并表示感谢。望广大读者和单位在使用过程中，提出宝贵意见和建议，促使我们不断提高该套系列教材的重印再版质量。

高等学校房地产开发与管理和物业管理学科专业指导委员会

中国建筑工业出版社

2016年12月

前　言

　　物业设施设备是现代物业不可缺少的重要组成部分。随着我国社会经济的不断发展，新建物业都配备有完善、先进的各种设施和设备，以满足人们的生活和工作需求，同时保障物业的安全使用。物业设施设备主要包括给水排水、暖通空调以及供、配电系统等，它们共同构成了物业设施设备的主体。物业设施设备的内容很多，建筑物级别越高，功能越完善，其物业设施设备的种类就越多，功能就越先进，系统也就越复杂。

　　为了使读者充分了解物业设施设备工程的基本原理和组成，本书首先介绍了物业设施设备工程中所涉及的热工流体和电工学的基础知识以及物业设施设备工程中常用的材料，然后分章介绍了给水排水系统、暖通空调及冷热源系统、建筑供配电及室内照明系统、建筑自动化系统、接地与防雷系统等的组成及所使用的相关设备，最后对物业能源管理及可再生能源应用进行了简单介绍。本书的内容力求全面，反映物业设施设备的最新技术。

　　本书由丁云飞主编，朱赤晖、刘燕妮、郝海青参与了编写工作，具体分工如下：第2章、第6章、第7章、第13章由丁云飞编写；第1章、第3章、第10章由刘燕妮编写；第4章、第5章、第12章由朱赤晖编写；第8章、第9章、第11章由郝海青编写。本书由周孝清、陈德豪主审。本书受广州大学教材出版基金资助。

　　本书的编写参考了国内许多学者同仁的编著和国家发布的最新规范，并列于书末，以供读者在使用本书过程中进一步查阅。同时，对各参考文献的作者表示衷心的感谢。

　　由于编者水平有限，本书难免有不当之处，诚意接受广大读者批评指正，以便共同为我国的物业管理事业作出贡献。

编者

2016年5月

目　录

1

物业设施设备基础知识

本章要点及学习目标

　　掌握传热过程的基本概念、传热量的计算公式、传热系数及传热阻的基本概念；掌握流体的基本性质、流动阻力和阻力损失的基本概念；掌握直流电路的组成和作用、正弦交流电的基本物理量、三相电路的基本概念。熟悉增强和削弱传热的方法；熟悉流体的压缩性和热膨胀性；熟悉三相电路。了解辐射换热的基本概念。

1.1 传热学基础

热量传递是自然界和生产活动中普遍存在的一种现象，传热学是研究热量传递过程规律的一门科学。

1.1.1 传热的基本方式

温差是热量传递的推动力，只要有温差，热量就会自发地由高温物体向低温物体传递。例如在冬季，室内温度高于室外温度，室内空气的热量就通过建筑围护结构（门、窗、墙体、屋顶等）向室外大气传递，如图1-1所示，其传热过程可分为三个阶段，首先由室内空气以对流换热、室内物体以辐射换热方式把热量传给墙体内表面；

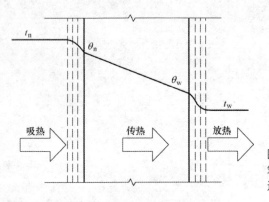

图1-1 通过建筑物墙壁的传热过程

再由墙体内表面以固体导热方式将热量传递到墙体外表面；最后由墙体外表面以空气对流换热、与物体间的辐射换热方式把热量传给室外环境。

从以上例子可以看出，传热过程由导热、对流和辐射三种基本方式组成。要研究传热过程的规律，必须首先分析三种基本传热方式。

1. 导热

导热又称热传导，是指物体各部分无相对位移或者不同物体直接接触时依靠物质分子、原子及自由电子等微观粒子的热运动而进行的热量传递现象。导热是物质的基本属性，导热过程可以在固体、液体及气体中发生。在地球引力范围内，单纯的导热一般只发生在密实的固体中，因为存在温差时，液体和气体中难以维持单纯的导热。

平壁导热是导热的典型问题。平壁导热量与壁两侧表面的温度差成正比，与壁厚成反比，并与壁材料的导热性能有关。因此，通过平壁的导热量的计算公式可表示为：

$$Q = \frac{\lambda}{\delta} \cdot \Delta t \cdot F \qquad (1-1)$$

或热流通量（单位面积的传热量）：

$$q = \frac{\lambda}{\delta} \cdot \Delta t \qquad (1-2)$$

式中　Q —— 导热量，W；

　　　q —— 热流通量，W/m²；

　　　F —— 壁面积，m²；

　　　δ —— 壁厚，m；

Δt —— 壁两侧表面的温差，K；

λ —— 导热系数，反映材料导热能力的大小W/（m·K），一般由实验测定。

在传热分析中，通常借鉴电学中欧姆定律的形式来分析导热问题，可将式1-2表示为：

$$q = \frac{\Delta t}{\delta/\lambda} = \frac{\Delta t}{R_\lambda} \qquad (1-3)$$

式中 R_λ —— 导热热阻，（m²·K）/W。

可见平壁导热热阻为$R_\lambda=\delta/\lambda$，与壁厚成正比，而与导热系数成反比。利用热阻的概念分析传热问题，是传热学中常用的方法之一。

2．对流

对流是指依靠流体的运动，把热量从一处传递到另一处的现象。对流是传热的另一种基本方式。因为有温差，热对流的过程必然伴随导热。在实际工程中遇到的传热问题，都是流体与固体壁面直接接触的换热，传热学中把这种导热和对流同时存在的过程，称为对流换热过程。对流换热过程受很多因素的影响，其基本的计算公式为：

$$Q = \alpha(t_w - t_f)F \qquad (1-4)$$

或

$$q = \alpha(t_w - t_f) \qquad (1-5)$$

式中 t_w —— 固体壁表面温度，K；

t_f —— 流体温度，K；

α —— 对流换热系数，W/（m²·K）。

对流换热系数α指单位面积上，当流体与壁面间为单位温差时，在单位时间内传递的热量，该系数的大小反映了对流换热过程的强弱。

利用热阻概念分析对流换热问题，则上式可表示为：

$$q = \frac{\Delta t}{1/\alpha} = \frac{\Delta t}{R_\alpha} \qquad (1-6)$$

式中 $R_\alpha=1/\alpha$即为单位壁表面积上的对流换热热阻，单位为（m²·K）/W。

3．辐射

无论导热还是对流，都是通过冷热物体的直接接触来传递热量，但热辐射不同，它主要依靠物体表面发射可见和不可见的射线来传递热量。物体表面单位时间内单位表面积对外辐射的热量称为辐射力E（W/m²），其大小与物体的表面性质及温度有关。

物体间依靠热辐射进行的热量传递称为辐射换热，其特点是：在热辐射过程中伴随着能量形式的转换（物体内能—电磁波能—物体内能）；不需要冷热物体直接接触；无论温度高低，物体都在发射不同的辐射波能。若物体温度相同，则相互辐射的能量相等；若温度不同，则高温物体向低温物体辐射的能量大于低温物体向高温物体辐射的能量，总结果是热量由高温物体传到低温物体。

实际过程中通常既有对流换热，又有辐射换热。为了便于分析，当辐射换热不是主要因素时，一般把辐射换热量折算成对流换热量，相应地加大对流换热系数来考虑辐射因素。

1.1.2 传热过程

工程中经常遇到两股流体通过壁面进行换热。热量从壁一侧的流体通过壁传递给另一侧的流体，称为传热过程。设有一大平壁，面积为F，两侧分别为温度t_{f1}的热流体和t_{f2}的冷流体，两侧换热系数分别为α_1和α_2，两侧壁面温度分别为t_{w1}和t_{w2}，壁材料的导热系数为λ，厚度为δ，如图1-2所示。

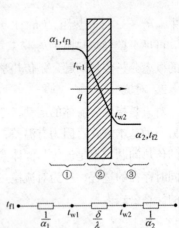

图1-2 平壁的传热过程

若传热过程处于稳态，即传热过程不随时间变化，各处温度及传热量不随时间改变。假设壁的长和宽远大于厚度，可认为热流方向与壁面垂直。若将该平壁在传热过程中的各处温度绘制在坐标图上，该传热过程的温度分布如图中曲线所示。整个传热过程可用式（1-7）至式（1-9）来表示。

热流体在单位时间内通过单位面积以对流换热方式传给壁左侧的热量为：
$$q = \alpha_1(t_{f1} - t_{w1}) \tag{1-7}$$

以导热方式通过壁面传递的热量为：
$$q = \frac{\lambda}{\delta}(t_{w1} - t_{w2}) \tag{1-8}$$

以对流换热方式由壁右侧传给冷流体的热量为：
$$q = \alpha_2(t_{w2} - t_{f2}) \tag{1-9}$$

在稳态情况下，以上三式的热通量q相等，把它们改写为：
$$t_{f1} - t_{w1} = \frac{q}{\alpha_1} \tag{1-10}$$

$$t_{w1} - t_{w2} = \frac{q}{\lambda/\delta} \tag{1-11}$$

$$t_{w2} - t_{f2} = \frac{q}{\alpha_2} \tag{1-12}$$

三式相加，消去未知的t_{w1}及t_{w2}，整理后得
$$q = \frac{1}{\frac{1}{\alpha_1} + \frac{\delta}{\lambda} + \frac{1}{\alpha_2}}(t_{f1} - t_{f2}) = K(t_{f1} - t_{f2}) \tag{1-13}$$

对传热面积为 F 的平壁，传热量为：

$$Q = KF(t_{f1} - t_{f2}) \qquad (1-14)$$

式中

$$K = \cfrac{1}{\cfrac{1}{\alpha_1} + \cfrac{\delta}{\lambda} + \cfrac{1}{\alpha_2}} \qquad (1-15)$$

称为传热系数，它表明在单位时间内通过单位壁面积，冷热流体间每单位温差传递的热量。K 的单位是 W/（$m^2 \cdot K$），它反映传热过程的强弱。按热阻形式改写，得

$$q = \frac{t_{f1} - t_{f2}}{1/K} = \frac{\Delta t}{R_K} \qquad (1-16)$$

式中 R_K 称为平壁单位面积的传热热阻，即

$$R_K = \frac{1}{K} = \frac{1}{\alpha_1} + \frac{\delta}{\lambda} + \frac{1}{\alpha_2} \qquad (1-17)$$

由此可见，传热过程的热阻等于热流体、冷流体的对流换热热阻及壁的导热热阻之和，类似于串联电阻的计算方法。由传热热阻的组成可以看出，传热热阻的大小与流体的性质、流动情况、壁的材料及厚度等因素有关。不同的换热构造，对传热热阻的要求不同。对于换热器，K 值越大，说明传热越好。但对于建筑物围护结构和热力管道的保温层等，K 值越小越好，因为它们的作用就是减少热损失。

1.1.3 增强、削弱传热的方法

1. 增强传热的方法

增强传热的积极措施之一是提高传热系数。传热系数由传热过程中各项热阻决定，因此，必须首先分析传热过程的热阻。一般换热设备的传热面都是金属薄壁，导热热阻很小，可忽略，在不计污垢热阻时，传热系数可表示为：

$$K = \cfrac{1}{\cfrac{1}{\alpha_1} + \cfrac{1}{\alpha_2}} = \frac{\alpha_1 \alpha_2}{\alpha_1 + \alpha_2} \qquad (1-18)$$

分析上式可看出，K 值比 α_1 和 α_2 中的最小者还小，α_1 和 α_2 的较低者对 K 值的影响较大。因此，为了最有效地增大传热系数，必须增大换热系数最小的那一项。

虽然金属壁的导热热阻可以忽略，但在实际运行中，壁上可能会增加一层污垢，虽然污垢导热系数很小，但其热阻对传热十分不利，例如 1mm 厚的水垢层相当于 40mm 厚钢板的热阻，1mm 的烟渣层相当于 400mm 厚钢板的热阻。因此，在增强传热的同时，必须注意清除污垢，以免抵消增强措施的效果。

增强传热的方法主要包括：

（1）扩展传热面积 F；

（2）改变流动状况，增加流体流速，使对流换热系数 α 增大；

（3）使用添加剂改变流体物性；

（4）改变表面状况；

（5）改变换热面形状和大小；

（6）改变能量传递方式；

（7）靠外力产生振荡，强化换热。

2．削弱传热的方法

与增强传热相反，削弱传热则要求降低传热系数。削弱传热是为了减少热设备及管道的热损失，节约能源及保温。实际可行的削弱传热的方法主要有两种：

（1）覆盖热绝缘材料，如泡沫热绝缘材料等；

（2）改变表面状况，如改变表面的辐射特性、附加抵制对流的元件。

1.2 流体力学基础

流体包括液体和气体。流体是给水排水、暖通空调工程中的工作介质，且流体处于运动状态，因此有必要掌握流体运动的基本规律。

1.2.1 流体的物理性质

1．黏性

流动性是流体的最基本特性，任何微小的剪切力都可能使静止的流体发生变形，因此流体没有固定的形状，而只能随时被限定为其所在容器的形状。

流体由静止到开始流动，内部各质点间或流层间因相对运动而产生剪切力并形成剪切变形以阻止流体质点间相对运动的性质，称为流体的黏性。

流体在管道中流动的流速分布曲线如图1-3所示。根据牛顿内摩擦定律，单位面积上流体的黏滞力可表示为

$$\tau = \frac{F}{S} = \mu \frac{\mathrm{d}u}{\mathrm{d}y} \tag{1-19}$$

式中　　F——内摩擦力，N；

　　　　S——流层间的接触面积，m^2；

　　　　μ——流体动力黏性系数，Pa·s；

　　　　$\frac{\mathrm{d}u}{\mathrm{d}y}$——流速梯度，速度沿垂直于流速方向的变化率，$s^{-1}$。

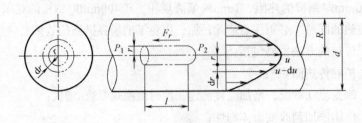

图1-3 圆管中的层流

动力黏性系数表示流体黏性的大小，与流体的种类和温度有关。除此之外，还通常用运动黏性系数或运动黏度ν表示，即$\nu=\mu/\rho$。

运动黏度更能说明流体流动的难易程度。运动黏度越大，流体质点之间的摩擦力越大，则流动性越小。

2. 压缩性和热膨胀性

当流体所受的压力增大时，其体积缩小，密度增大的性质，称为流体的压缩性；当流体受热时，其体积增大，密度减小的性质，称为流体的热膨胀性。

流体压缩性的大小，一般用压缩系数来表示，即单位压强所引起的体积相对变化量。

$$\beta = -\frac{1}{V_0}\frac{dV}{dP} \tag{1-20}$$

式中　V_0——流体受压前的体积，m^3；

　　　V——流体体积，m^3；

　　　P——流体压强，Pa。

流体热膨胀性的大小，一般用热膨胀系数来表示，即单位温差所引起的体积相对变化量

$$\alpha = -\frac{1}{V_0}\frac{dV}{dT} \tag{1-21}$$

液体分子之间的间隙很小，在较大的外力作用下，其体积变形极小。例如水从1个大气压增加到100个大气压时，每增加1个大气压，水的密度增加1/2000；水的温度在10~20℃时，温度每增加1℃，水的密度减小1.5/10000；水的温度在90~100℃时，温度每增加1℃，水的密度减小7/1000。可见水的压缩性和热膨胀性很小，一般计算时可当作不可压缩流体。在物业设施设备中，除了水击和冷（热）水循环系统外，一般计算时均不考虑流体的压缩性和热膨胀性。

气体分子之间的间隙很大，分子之间的引力很小，气体的体积随压强和温度的变化非常明显，称为可压缩流体。对于理想气体，其压强P、比容ν和温度T三个基本状态参数之间满足理想气体状态方程：

$$Pv = RT \tag{1-22}$$

1.2.2　流体运动的基本概念

1. 流量和断面平均流速

流量是流体运动时，单位时间内通过过流断面的流体的多少。通常用体积流量和质量流量来表示。体积流量是指单位时间内通过过流断面的流体的体积，质量流量是指单位时间内通过过流断面的流体的质量。

流体流动时，过流断面各点流速一般不同，在工程中经常使用断面平均流速来描述流速的大小。断面平均流速指断面上各点流速的平均值。

2.压力流和无压流

压力流是流体在压差作用下流动时，所有流体质点的周围都与固体壁面相接触，没有自由表面的流动。例如室内给水系统的水在水管中的流动，空调工程中的空气在风管中的流动，供热工程中的热水或蒸汽在管道中的流动等，都是压力流。

无压流是流体在重力作用下流动时，流体的部分界面与固体壁面相接触，另一部分界面与气体相接触的流动。如室内排水系统中污水在管道内的流动，河流、明渠流等，都是无压流。

1.2.3 流体流动的阻力与阻力损失

由于流体的黏性，流体在管道中流动时存在流动阻力，同时产生能量损失。流体在流动过程中，主要有两种阻力：沿程阻力和局部阻力。因此，流体在流动过程中由于流动阻力造成的能量损失有两种：沿程阻力损失和局部阻力损失。

1.沿程阻力和沿程阻力损失

流体在长直管（或明渠）中流动，所受的摩擦阻力称为沿程阻力。为了克服沿程阻力而造成的能量损失称为沿程阻力损失。

2.局部阻力和局部阻力损失

流体在流动过程中，当流经如三通、弯头、阀门等管件和附件时，流体的边界在局部发生急剧变化，迫使主流脱离边壁而形成漩涡，流体质点间产生剧烈的碰撞，所形成的阻力称为局部阻力。为了克服局部阻力而造成的能量损失称为局部阻力损失。

3.能量损失的计算公式

工程中常用的能量损失计算公式为：

沿程阻力损失：
$$h_e = \lambda \cdot \frac{L}{d} \cdot \frac{v^2}{2g} \qquad (1-23)$$

局部阻力损失：
$$h_j = \xi \cdot \frac{v^2}{2g} \qquad (1-24)$$

式中　L——管长，m；

　　　d——管径，m；

　　　v——过流断面平均流速，m/s（对局部阻力损失来讲，为局部阻力损失过后的流速）；

　　　g——重力加速度，m/s^2；

　　　λ——沿程阻力系数；

　　　ξ——局部阻力系数。

流体流动过程中的总能量损失，等于各计算管段的沿程阻力损失与局部阻力损失之和，即

$$h = \sum h_e + \sum h_j \qquad (1-25)$$

1.3 电工学基础

1.3.1 直流电路

1. 电路的组成

电流的通路称为电路。电路通常由电源、负载以及连接电源和负载的中间环节三部分组成，其形式是多种多样的。

电源是提供电路中所需电能的装置，它可以将其他形式的能量转化为电能。常用的电源有电池、发电机、整流电源等。

负载是电路中消耗电能的器件或设备，是将电能转化为其他形式能量的装置，如电灯、电动机、扬声器等。

中间环节是传送、分配和控制电能的部分，主要包括将电源与负载连接成闭合回路的导线、熔断器、开关等。

一般把电源内部的电流通路称为内电路，其电流方向是从负极指向正极；把负载和中间环节构成的电流通路称为外电路，其电流方向是从正极指向负极。

2. 电路的作用

电路的作用主要有两个：实现电能的传递和转换；实现信息的处理与传递。

（1）电能的传递和转换

电能的传递和转换，就是通常所说的电力工程，包括发电、变电、输电、配电、电力的照明用电，以及交直流之间的直流和逆变等。对于这些电路来说，一般要求实现尽可能小的能量损耗和尽可能高的效率。

（2）信息的处理与传递

这一类电路中，虽然也有能量的输送和转换问题，但是其量值很小，人们关心的是如何准确地传递和处理信息，保证信息不失真，如语言、音乐、文字、图像的广播和接收等电路对于信息的处理与传递等具有相对较高的要求。

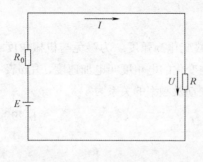

图1-4　单回路电路

3. 欧姆定律

欧姆定律表明，流过电阻的电流与该电阻两端的电压成正比，与该电阻成反比。它是电路中最基本的定律，图1-4是一个最简单的单回路电路，R 是负载电阻，R_0 是电源内阻，根据欧姆定律可知

$$U = IR = E - IR_0 \tag{1-26}$$

则有：

$$I = \frac{E}{R + R_0} \tag{1-27}$$

上式就是一段全电路的欧姆定律，表明全电路中的电流强度与电源的电动势成正比，与整个电路的电阻成反比。

1.3.2　正弦交流电的基本物理量

一个正弦量有三要素，频率、初相角和振幅。三要素表示了一个正弦量与时间的函数关系。一个正弦量由三要素共同确定。

一个典型的正弦交流电流的正弦函数关系式为

$$i = I_{\mathrm{m}} \sin(\omega t + \varphi) \tag{1-28}$$

式中　i ——交流电的瞬时值；

$\quad\quad I_{\mathrm{m}}$ ——交流电的最大值；

$\quad\quad \omega$ ——交流电的角频率；

$\quad\quad \varphi$ ——交流电的初相角。

交流电的波形图如图1-5所示。

1. 交流电路的周期与频率

正弦交流电完成往复变化一周所需要的时间叫周期，用字母T表示，如图1-6所示。周期的单位是"s"（秒），表示交流电变化一周的时间。周期大表示交流电变化一周所需时间长，波形变化慢；周期小表示交流电变化一周所需时间短，波形变化快。

每秒时间内正弦交流电往复变化的次数叫频率，即每秒内交流电变化的周期数。频率用字母f表示，基本单位是Hz（赫兹），还有kHz（千赫兹）和MHz（兆赫兹）。

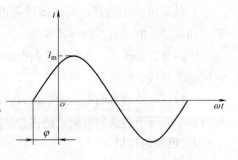

图1-5　正弦交流电流

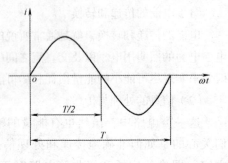

图1-6　周期

频率和周期互为倒数关系，即$f = \dfrac{1}{T}$或$T = \dfrac{1}{f}$

我国工业电力网的标准频率是50Hz。

正弦电流变化一个周期，相当于正弦函数变化2π弧度。为避免与机械角度相混淆，把它称为电角度，交流电在每秒钟内变化的电角度叫电加速度，用ω表示，单位是"rad/s"（弧度/秒）。电角速度与周期及频率的关系为

$$\omega = \frac{2\pi}{T} = 2\pi f \tag{1-29}$$

2. 交流电路的相位

交流电是随时间变化的，在不同时刻对应不同的电角度，从而得到不同的瞬时值，在交流电变化过程中，用$\omega t + \varphi$表示交流电随时间变化的进程。$\omega t + \varphi$叫正弦量的相位，它是随时间变化的角度，也叫相位角。

$t = 0$时的相位角叫初相角，其大小和正负与计时起点（$t = 0$）有关。计时起点是为分析研究正弦量而任意选取的。由于正弦量是重复出现的周期变化量，所

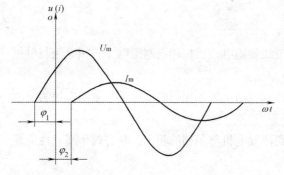

图1-7 两个同频率正弦量的相位差

以一般相位角都用绝对值小于180°以内的角度来表示。

两个同频率的正弦量在任何瞬时的相位之差叫相位差。由于频率相同，所以相位差始终是固定值，等于两个交流电初相角之差，不随时间的变化而变化，如图1-7中的波形，其三角形式为

$$u = U_\mathrm{m}\sin(\omega t + \varphi_1) \qquad (1-30)$$
$$i = I_\mathrm{m}\sin(\omega t + \varphi_2) \qquad (1-31)$$

则它们的相位差φ为

$$\varphi = (\omega t + \varphi_1) - (\omega t + \varphi_2) = \varphi_1 - \varphi_2 \qquad (1-32)$$

由于u先到达正的最大值或零值，那么，在相位上就称u超前i，i滞后于u，超前或滞后的角度为φ。

若两个同频率的正弦量具有相同的初相角，即$\varphi = \varphi_1 - \varphi_2 = 0°$

则称这两个正弦量为同相位，它们将同时达到零值或最大值，在电路中它们的方向总是相同的。

若两个同频率的正弦量的相位差为180°或-180°，即$\varphi = \varphi_1 - \varphi_2 = \pm 180°$

则称这两个正弦量为反相位，它们中的一个达到正的最大值时，另外一个刚好达到负的最大值，在电路中它们的方向总是相反的。

3. 交流电的大小

交流电在任一时刻的实际值叫瞬时值，瞬时值是随时间变化的，是时间的函数，不同时刻其值不同。交流电瞬时值用小写字母表示，如u、i、p分别表示正弦交流电压、电流及电功率的瞬时值。

交流电在变化过程中出现的最大瞬时值叫最大值，也就是正弦量的振幅，用大写字母并加注下标m表示，如U_m、I_m分别表示正弦交流电压和电流的最大值。

正弦交流电的瞬时值和幅值只是交流电某一瞬时的数值，不能反映交流电在电路中做功的实际效果，而且对他们的测量和计算都不方便。为此，在电工技术中常用有效值来表示交流电的大小。有效值是分析和计算交流电路的重要工具，如交流电路的电压220V、380V都是指有效值。有效值用大写字母表示，如U、I分别表示交流电压和电流的有效值。

交流电的有效值是根据电流热效应原理来确定的。在两个阻值相同的电阻上，分别通以直流电流I和交流电流i，如果在相同的时间内，两个电阻所消耗的电能相等，则这两个电流的做功能力是相等的。这时，直流电的数值就称为交流电的有效值，即交流电的有效值就是与它的平均耗能相等的直流电的数值。

1.3.3 三相电路与三相电源

目前，电力系统都采用三相三线制输电、三相四线制配电。三相电流与单相电流相比有如下优点：

（1）在输送功率、电压、距离和线路损失都相同的情况下，采用三相制输电可大大节省输电线路；

（2）三相异步电动机和三相交流发电机与单相的相比，具有效率高、性能好等优点。

实际工程中一般都采用三相四线制供电，即三根相线一根零线的供电体制。三根相线与零线之间的电压是一种频率相同、幅值相等、相位互差120°的三相对称电压。单相交流电是三相交流电中的一相，三相交流电可视为三个特殊单相交流电的组合。

三相发电机主要由定子和转子组成。首端分别用A、B、C表示；末端分别用X、Y、Z表示，三个首端（或末端）在空间互差120°。

当转子由原动机带动按顺时针方向以ω的速度匀速转动时，三相定子绕组依次被磁力线切割而产生正弦感应电动势e_A、e_B、e_C。它们具有以下特点：

（1）由于三根绕组以同一速度切割磁力线，三个电动势的频率相同；

（2）由于三根绕组的结构完全相同，因此，三个电动势的最大值相等；

（3）由于三根绕组在空间互差120°，因此，三个电动势之间相互存在120°的相位差。

规定电动势的正方向从每根绕组的末端指向首端。若以A相电动势为参考，则三相电动势的瞬时值表达式为

$$e_A = E_m \sin \omega t$$
$$e_B = E_m \sin(\omega t - 120°) \qquad (1-33)$$
$$e_C = E_m \sin(\omega t + 120°)$$

有效值相量表达式为

$$E_A = E\angle 0°$$
$$E_B = E\angle -120° \qquad (1-34)$$
$$E_C = E\angle 120°$$

式中 $E = \dfrac{E_m}{\sqrt{2}}$，$e_A$、$e_B$、$e_C$波形图和相量图分别如图1-8和图1-9所示。

频率相同、幅值（或有效值）相等、相位互差120°的三个电动势称为对称三相电动势；能提供对称三相电动势的电源称为对称三相电源。发电厂提供的三相电源均为对称三相电源。对称三相电动势瞬时值的和及相量和均等于零，即

$$e_A + e_B + e_C = 0 \qquad (1-35)$$
$$E_A + E_B + E_C = 0 \qquad (1-36)$$

三相发电机中，三相电源有两种连接方式：星形（Y）连接和三角形（△）

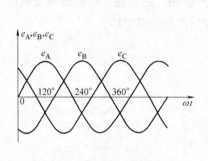

图1-8 三相电动势波形图

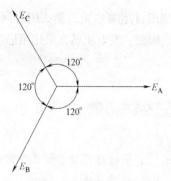

图1-9 三相电动势相量图

连接。

星形（Y）连接是将三根定子绕组的三个末端X、Y、Z连在一起，从三个首端A、B、C分别引出三根导线的连接方式。三个末端的连接点N称为电源中点，从中点N引出的导线称为中线，用黑色或者白色导线来表示。通常中点与大地连在一起，此时中点又称为零点，用0表示，中线又称零线。从三个首端分别引出的三根导线统称为相线，俗称火线，分别用黄、绿、红三色表示。从发电机或变压器引出一根中线和三根相线的供电方式称为三相四线制；不引出中线只引出三根相线的供电方式称为三相三线制。三相四线制可以向负载提供两种电压：相电压和线电压。相电压即相线与中线之间的电压，分别用u_A、u_B、u_C表示（或一般用u_P表示）；线电压即两根相线之间的电压，分别用u_{AB}、u_{BC}、u_{CA}表示（或一般用u_L表示），如图1-10所示。

三角形（△）连接是将一根绕组的末端（或首端）与它相邻的另一根绕组的首端（或末端）依次相连，即X与B、Y与C、Z与A分别相连，再从三个连接点A、B、C分别引出三根导线的连接方式。三角形连接的三根绕组在没有负载时本身就构成了一个闭合回路。若三根电动势对称，由于对称三相电动势任一时刻瞬时值的和等于零，所以回路中不会产生环流。但若三相电动势不对称，或者某

图1-10 三相发电机绕组的星形连接

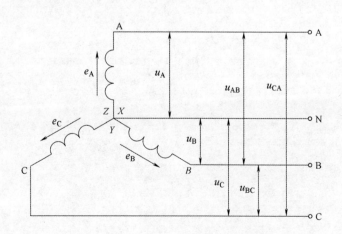

相绕组首尾端接错，那么闭合回路中将会产生很大的环流，可能烧坏发电机绕组。因此，发电机通常采用星形连接，极少采用三角形连接。

思考与练习题

1. 通过建筑物墙壁的传热包括哪些过程？

2. 什么是导热？通过平壁的导热量如何计算？导热系数的基本概念是什么？

3. 什么是对流？对流换热量如何计算？什么是对流换热系数？

4. 什么是传热系数？什么是传热阻？两者之间有何关联？

5. 如何增强或削弱传热？

6. 什么是流体的黏性？用来描述流体的黏性的物理量是什么？

7. 什么是压力流和无压流？试举例说明。

8. 流体流动过程的阻力有哪几种？分别如何计算？

9. 电路由哪几个部分组成？

10. 正弦交流电的三要素是什么？

2

物业设施设备
工程常用材料

本章要点及学习目标

掌握管道及其附件的通用标准、管材及其附件的种类和连接方法、阀门的分类及工作原理、板材及型材的种类、绝热材料的种类和特点、常用电线的种类及表示方法。熟悉钢管、铜管、塑料管材及复合管材的特点、阀门结构、绝热材料的选用方法。了解钢管、铜管、塑料管材及复合管材的分类。

2.1 管道及其附件的通用标准

在管道工程中，管道及其附件通用标准的主要内容是统一管道及其附件的主要参数与结构尺寸，如公称直径、公称压力等，使管道及其附件具有通用性和互换性。

1. 公称直径

公称直径是人为规定的各种管道元件的通用口径，也称公称通径、公称口径、公称尺寸等。对管道而言，公称直径既不是管道的外径也不是管道的内径，只是在一般情况下接近于管道的内径。同一公称直径管道的外径相同，壁厚却不一定相等。对于内螺纹管件、阀门等附件，公称直径等于其内径。

公称直径用符号 DN表示，公称直径的数值由DN后的无因次整数数字表示，如DN150表示公称直径为150mm。现行管道元件的公称直径见表2-1。

管道元件的公称通径（GB/T 1046—2005） 表2-1

DN6	DN25	DN80	DN250	DN500	DN1000	DN1600	DN2600	DN3600
DN8	DN32	DN100	DN300	DN600	DN1100	DN1800	DN2800	DN3800
DN10	DN40	DN125	DN350	DN700	DN1200	DN2000	DN3000	DN4000
DN15	DN50	DN150	DN400	DN800	DN1400	DN2200	DN3200	
DN20	DN65	DN200	DN450	DN900	DN1500	DN2400	DN3400	

2. 公称压力、试验压力、工作压力

（1）公称压力

公称压力是设备、管道及其附件在基准温度下的耐压强度，用符号PN表示，公称压力的大小由PN后的无因次数字表示，如PN16表示公称压力为1.6MPa（16bar）。管道的公称压力见表2-2。不同材料的制品如设备、管道及其附件等所允许承受的压力（耐压强度）不同，即使是同一材料的制品在温度不同时耐压强度也不同，并且随着温度的升高，其耐压强度降低。不同材料制品的基准温度不同，铸铁和铜的基准温度为120℃，合金钢、钢、塑料制品的基准温度分别为250℃、200℃、20℃。

管道元件的公称压力（GB/T 1047—2005） 表2-2

DIN 系列	PN2.5	PN6	PN10	PN16	PN25	PN40	PN63	PN100
ANSI 系列	PN20	PN50	PN110	PN150	PN260	PN420		

注：必要时允许选用其他 PN 值。

（2）试验压力

在常温下对设备、管道及其附件进行强度和严密性试验的压力标准，称为试验压力。试验压力用符号 Ps 表示，Ps 后跟以 "MPa" 为单位的试验压力数值，如 Ps1.5MPa 表示试验压力为1.5MPa。设备、管道及其附件在出厂前必须进行压力试验。一般情况下，进行强度试验时，$Ps=1.5PN$；进行严密性试验时，$Ps=PN$。

（3）工作压力

在正常运行条件下设备、管道及其附件所承受工作介质的最大压力，称为工作压力。工作压力用符号 Pt 表示，"t" 为介质最高温度的1/10的整数值。如 $P30$ 10MPa 表示介质的最高温度为300℃，工作压力为10MPa。

2.2 钢管、铜管及其附件

2.2.1 钢管及其附件

1. 钢管

钢管是应用最广泛的管材。按照制造时所用钢种不同可分为碳素钢管（普通碳素钢管、优质碳素钢管）和合金钢管（低合金钢管和高合金钢管）两大类。

碳素钢管有较好的力学性能，能承受较高的压力，也具有较好的焊接、加工等机械性能，碳素钢管的使用温度范围为-40～450℃，同时碳素钢管管材产量大、规格品种多、价格低廉，使用广泛。

常用的碳素钢管材按照制造方法分为焊接钢管（有缝钢管）和无缝钢管两类。焊接钢管可用普通碳素钢制造，也可用优质碳素钢制造；无缝钢管一般用优质碳素钢制造。

（1）焊接钢管

焊接钢管也称有缝钢管，是由钢板卷制焊接而成的。常用的焊接钢管有低压流体输送用焊接钢管、螺旋缝焊接钢管和直缝卷制电焊钢管三种。

1）低压流体输送用焊接钢管

低压流体输送用焊接钢管可用来输送给水、污水、空气、蒸汽、煤气等低压流体。由于水、煤气等通常采用焊接钢管输送，所以焊接钢管俗称水煤气管。这种钢管表面有镀锌和不镀锌两种，镀锌管俗称白铁管，非镀锌管俗称黑铁管。按管壁厚度分为普通管（适用于 $PN≤1.0MPa$）和加厚管（适用于 $PN≤1.6MPa$）两种，普通管是最常用的管材之一。

低压流体输送用焊接钢管用公称直径来表示其规格，如 $DN50$。

2）螺旋缝焊接钢管

螺旋缝焊接钢管可用作蒸汽、凝水、热水、污水、空气等室外管道和长距离输送管道。其适用于介质压力 $PN≤2MPa$，介质温度 $t≤200℃$ 的场合。螺旋缝焊接钢管的管缝成螺旋形，采用自动埋弧焊或高频焊焊接而成，外径219～1420mm，壁厚6～16mm。螺旋缝焊接钢管的规格，用外径×壁厚表示，如用φ325×8（也可用D325×8）来表示公称直径为DN300的螺旋缝焊接钢管。

3）直缝卷制电焊钢管

直缝卷制电焊钢管在暖通空调工程中多用在室外汽、水和废气等管道上。适用于压力$PN\leqslant1.6MPa$，温度≤200℃的范围。公称直径小于150mm的为标准件，公称直径大于或等于150mm的为无标准件，无标准件通常是在现场制作或委托加工。

（2）无缝钢管

无缝钢管按用途可分为普通无缝钢管和专用无缝钢管两类。按制造方法分为热轧无缝钢管和冷拔（冷轧）无缝钢管。

普通无缝钢管的品种规格齐全。外径6～1016mm，壁厚0.25～120mm，长度3000～12500mm。在公称直径小于50mm的管道一般可采用冷拔（冷轧）管，公称直径大于或等于50mm的一般采用热轧管。同一公称直径的无缝钢管外径相同，但有多种壁厚，以满足不同压力的需要。与螺旋缝焊接钢管相同，无缝钢管的规格用外径×壁厚表示。如φ159×4.5（或D159×4.5）表示外径为159mm，壁厚为4.5mm，对应公称直径为DN150的无缝钢管。无缝钢管多用在锅炉房、热力站、制冷机房以及供热外网工程中。

（3）不锈钢管

不锈钢管具有较强的耐腐蚀性能、材料强度高、性能稳定、抗冲击力强、管内壁光滑和外表美观等特点。建筑设施设备工程中主要用于给水、生活热水、饮水等系统中。不锈钢管按照制造方法分为不锈钢焊接钢管和不锈钢无缝钢管两类。目前建筑用不锈钢管主要是薄壁焊缝管，其工作压力≤1.6MPa，工作温度为-20～110℃。使用时应根据不同的使用条件选用不同材质的不锈钢管及管件。

2. 管子配件

管道系统中往往需要不同的管子配件来实现管子的连接、转弯、分支。大直径钢管多采用焊接连接或法兰连接，其管子配件种类较少；小直径焊接钢管一般采用螺纹连接，其管子的配件种类齐全。下面仅对钢管螺纹连接的管子配件进行介绍。

（1）管子配件的类型

管子配件的类型可按照管子在管道系统中的用途来划分，见表2-3。管子配件示意如图2-1所示。

管子配件的类型 表2-3

序号	用途	名称
1	延长	管箍、外丝
2	分支	三通（丁字管）、四通（十字管）
3	转弯、跨越	90°弯头、45°弯头、元宝弯
4	接点碰头	根母、活接头（由任）、带螺纹法兰盘
5	变径	补心（内外丝）、异径管箍（大小头）
6	堵口	丝堵、管堵头

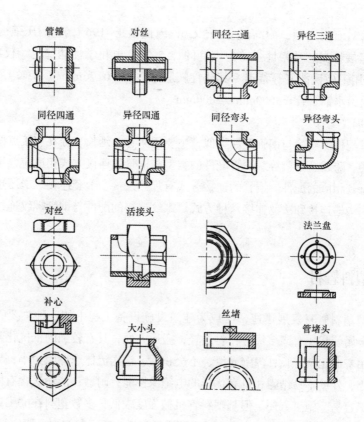

图2-1 管子配件

（2）管子配件的材质、压力、规格

1）材质。管子配件的材质主要为可锻铸铁或软钢。根据管件是否镀锌，管件分为白铁（镀锌）管件和黑铁（非镀锌）管件。

2）压力。可锻铸铁管子配件公称压力为1.0MPa，软钢配件的公称压力为1.6MPa。

3）规格。钢管螺纹连接的管子配件以公称直径来表示其规格，管道连接中管子配件的公称直径应与钢管的公称直径一致。

三通的规格。同径三通的三个接口的公称直径相同，可用一个数值或三个数值表示。如三个接口为$DN20$的三通，可表示为⊥20或⊥20×20×20。异径三通的直通部分管子接口直径与分支接口管径不同，如直通管直径为25mm，支管直径为20mm的三通用⊥25×20表示。

变径的规格。变径俗称大小头，其规格用大头直径×小头直径来表示，如▷25×20。

2.2.2 铜管及其附件

1. 铜管

管道工程中应用较多的是紫铜和黄铜。建筑设施设备工程中，给水管、热水管、饮用水管等采用无缝紫铜管。铜管的壁厚越大，硬度越高，其承压能力越强。

铜管具有耐腐蚀，耐高温（205℃），耐低温（-196℃），耐压强度高、韧性好，延展性高、致密性强（为钢管的1.15倍），电化学性能稳定（仅次于金、银）、使用卫生性能好等特点。其线性膨胀系数为0.0176mm/（m·K），比钢管大。建筑给水铜管管长3000mm或5800mm。

2．铜管配件

铜管配件的用途与钢管配件类似，主要用途有：延长、分支、接点碰头、转弯、变径、跨越、堵口等。铜管配件的类型与铜管的连接方式相适应，不同的连接方式有其相应的配件。铜管的连接方式有焊接连接、卡套连接、卡压连接、螺纹连接、沟槽连接和法兰连接六种方式。螺纹连接的配件与钢管螺纹连接配件基本相同。

2.3 塑料管材

新型塑料管材发展迅速，已成为建筑设施设备工程中的一种主要管材。塑料管与金属管相比有诸多优势：材质轻，搬运方便；具有较强的抵抗化学腐蚀性能，使用寿命比钢管长；内壁光滑，不会积垢，输送流体摩擦阻力小；导热系数比钢管小，外壁不易结露；具有优异的电绝缘性能；耐磨，能输送含有固体的流体；加工容易，施工方便。但是塑料管机械强度较低，多数塑料在60℃以下才能保证适当的强度，温度在70℃以上时强度明显降低，高于90℃则不能作管材使用。

2.3.1 塑料管材标准

1．额定压力、标准尺寸比、管系列

（1）额定压力

管道在选定使用温度和寿命下所允许的压力，称为额定压力。用P表示，单位MPa。

（2）标准尺寸比

管子的工程外径与管子的壁厚之比，称为标准尺寸比。用字母SDR来表示，如SDR11表示管子外径是管子壁厚的11倍。

（3）管系列

管子的许用环应力与额定压力之比。用字母S来表示，一般有S10、S8、S6.3、S5、S4、S3.2、S2.5、S2等系列。

管系列与标准尺寸SDR比有如下关系

$$S=(SDR-1)/2 \tag{2-1}$$

2．塑料管材规格表示

塑料管材规格在我国塑料管材的新标准中采用ISO国际标准的表示方法，用"管系列S公称外径d_n×公称壁厚e_n"表示。如"S5 25×2.3mm"，表示管系列为S5，公称外径d_n为25mm，壁厚e_n为2.3mm的塑料管。在施工图中，习惯用

"De25×2.3"来表示上述管道。

2.3.2 塑料管材的种类

物业设施设备中常用塑料管材有下列几类：硬聚氯乙烯塑料（PVC-U）管材、聚乙烯（PE）管材、交联聚乙烯（PE-X）管材、耐热聚乙烯（PE-RT）管材、聚丙烯（PP）管材、无规共聚聚丙烯（PP-R）管材、聚丁烯管（PB）管材、丙烯腈-丁二烯-苯乙烯（ABS）管材等。其中PVC-U管材习惯上称为UPVC管材。

1. 硬聚氯乙烯塑料（UPVC）管材

硬聚氯乙烯塑料（UPVC）管材是以聚氯乙烯树脂（PVC）为主要原料，添加稳定剂、润滑剂、填充剂、增色剂等，经塑料挤出机挤出成型或注塑机注塑成型的硬质管材。

UPVC管材与金属管道比具有重量轻、耐腐蚀、流体输送阻力小、自熄性能良好、价格低廉等优点。但是UPVC的机械强度只是钢管的1/4，施工时易受锐物损伤，其膨胀系数为5.9×10^{-5}m/（m·K），是钢材的5～6倍，因此安装长距离管道时，必须注意受内、外温度影响所引起的伸缩性，每隔一定长度需设置温度补偿装置。

UPVC管主要用于排水、给水、落水、排污、穿线、通风等方面。由于UPVC加工过程中需添加稳定剂，而铅化物是最有效的稳定剂，但所含的铅在使用过程中能够析出，所以UPVC管用于生活饮用水系统时，材料必须达到饮用水卫生标准，必须对每种新管进行卫生检验。

UPVC给水管的外表面标有公称压力（表示20℃条件下，所允许输送介质的最大工作压力）。UPVC管不得输送温度高于45℃的介质，应根据管道的公称压力和使用温度来确定管道所允许承受的最大工作压力。表2-4给出了部分给水用硬聚氯乙烯管的公称压力和规格尺寸。UPVC管材供货长度一般为4m、6m、8m、12m。

给水用硬聚氯乙烯管的公称压力和规格尺寸（节选自 GB/T 10002.1—2006） 表2-4

公称外径（mm）	管材 S 系列和公称压力（MPa）						
	S16 PN0.63	S12.5 PN0.8	S10 PN1.0	S8 PN1.25	S6.3 PN1.6	S5 PN2.0	S4 PN2.5
	公称壁厚（mm）						
20	—	—	—	—	—	2.0	2.3
25	—	—	—	—	2.0	2.3	2.8
32	—	—	—	2.0	2.4	2.9	3.6
40	—	—	2.0	2.4	3.0	3.7	4.5
50	—	2.0	2.4	3.0	3.7	4.6	5.6

公称外径（mm）	管材 S 系列和公称压力（MPa）						
	S16 PN0.63	S12.5 PN0.8	S10 PN1.0	S8 PN1.25	S6.3 PN1.6	S5 PN2.0	S4 PN2.5
	公称壁厚（mm）						
63	2.0	2.5	3.0	3.8	4.7	5.8	7.1
75	2.3	2.9	3.6	4.5	5.6	6.8	8.4
90	2.8	3.5	4.3	5.4	6.7	8.2	10.1

注：公称壁厚根据设计应力 10MPa 确定，最小壁厚不小于 2.0mm。

公称外径（mm）	管材 S 系列 SDR 系列和公称压力（MPa）						
	S20 PN0.63	S16 PN0.8	S12.5 PN1.0	S10 PN1.25	S8 PN1.6	S6.3 PN2.0	S5 PN2.5
	公称壁厚（mm）						
110	2.7	3.4	4.2	5.3	6.6	8.1	10.0
125	3.1	3.9	4.8	6.0	7.4	9.2	11.4
140	3.5	4.3	5.4	6.7	8.3	10.3	12.7
160	4.0	4.9	6.2	7.7	9.5	11.8	14.6
180	4.4	5.5	6.9	8.6	10.7	13.3	16.4
200	4.9	6.2	7.7	9.6	11.9	14.7	18.2
225	5.5	6.9	8.6	10.8	13.4	16.6	—
250	6.2	7.7	9.6	11.9	14.8	18.4	—
280	6.9	8.6	10.7	13.4	16.6	20.6	—
315	7.7	9.7	12.1	15.0	18.7	23.2	—
355	8.7	10.9	13.6	16.9	21.1	26.1	—
400	9.8	12.3	15.3	19.1	23.7	29.4	—
450	11.0	13.8	17.2	21.5	26.7	33.1	—
500	12.3	15.3	19.1	23.9	29.7	36.8	—

注：公称壁厚根据设计应力 12.5MPa 确定。

注：表中略去了公称外径为 560、630、710、800、900、1000 管径的数据。

2. 聚乙烯（PE）管材

（1）聚乙烯（PE）管的种类及特点

聚乙烯（PE）管材通常有高密度聚乙烯（HDPE）管、中密度聚乙烯（MDPE）管、低密度聚乙烯（LDPE）管三种。HDPE管具有较高的强度、刚度和耐热性能；LDPE管柔软性、伸长率、耐冲击性能较好，尤其是化学稳定性和高频绝缘性能优良；MDPE管既具有HDPE管的强度和刚度，又具有LDPE管的良好的柔软性和抗蠕变性能。

PE管具有如下特点：①无毒无味，符合饮用水卫生指标；②不溶于石油、矿物油等非极性溶剂，能耐一般的酸、碱侵蚀；③管道口径范围大、流动阻力小；④熔点低、耐热性能差，工作温度不宜超过40℃。

（2）聚乙烯（PE）管的用途与规格

PE管用途广泛。HDPE管和MDPE管广泛用于城市燃气及供水管道上，LDPE管在农村主要用于给水、灌溉工程，也可用作饮用水管道以及电力、电缆、邮电通信线路的保护套管等。燃气用埋地PE管用于输送工作温度在-20℃到40℃之间，最大工作压力不大于0.4MPa的各种燃气。给水用聚乙烯（PE）管用于输送工作温度不超过40℃的给水及生活饮用水。目前国内聚乙烯（PE）给水管产品的公称外径在16～315mm之间，颜色为蓝色或黑色。聚乙烯管材质软，低密度和中密度在管径小于110mm时，可盘绕成盘供应，盘卷内径不小于管外径的24倍，并不小于400mm。给水聚乙烯（PE）管材规格尺寸见表2-5。

PE100级聚乙烯管材公称压力和规格尺寸（摘自GB/T 13663—2000）　表2-5

公称外径 d_n （mm）	公称壁厚 e_n（mm）				
	标准尺寸比				
	SDR26	SDR21	SDR17	SDR13.6	SDR11
	公称压力（MPa）				
	0.6	0.8	1.0	1.25	1.6
32	—	—	—	—	3.0
40	—	—	—	—	3.7
50	—	—	—	—	4.6
63	—	—	—	4.7	5.8
75	—	—	4.5	5.6	6.8
90	—	4.3	5.4	6.7	8.2
110	4.2	5.3	6.6	8.1	10.1
125	4.8	6.0	7.4	9.2	11.4
140	5.4	6.7	8.3	10.3	12.7
160	6.2	7.7	9.5	11.8	14.6
180	6.9	8.6	10.7	13.3	16.4

国内聚乙烯（PE）燃气管有黄色管和带黄色条的墨色管，燃气用埋地聚乙烯（PE）管材规格可参见《燃气用埋地聚乙烯（PE）管道系统第1部分：管材》GB 15558.1—2003。

聚乙烯对多种溶剂有很好的化学稳定性，因此聚乙烯管材不能粘接而应采用熔接。

3. 交联聚乙烯（PE-X）管材

交联聚乙烯（PE-X）是在聚乙烯内添加交联剂，使聚乙烯分子交联而得到的。

（1）交联聚乙烯（PE-X）管的特点

PE-X管具有以下优点：

1）优良的耐温性能。使用温度范围为-70～110℃，额定工作压力可达1.25MPa。

2）良好的抗化学腐蚀性能。在高温下也能输送多种化学物质，而不被腐蚀。

3）不结垢特性。PE-X管具有较低的表面张力不易黏附其他物质，可防止管内水垢的形成。

4）良好的记忆性能。PE-X管被加热到适当温度（小于180℃）时会变成透明状，再冷却时会恢复到原来形状，安装和使用过程中的错误弯曲可用热风枪加热后予以矫正。

5）良好的环保性能。PE-X管无毒、无味，对输送的水质不产生污染，焚烧后只产生水和二氧化碳，PE-X管是一种绿色环保管材。

PE-X管也有如下缺点：

1）一般只有小口径管（管径20～63mm），大口径管道因交联过程中消耗大量能源，致使价格昂贵；

2）PE-X管的连接一般采用夹紧式铜制接头或卡环式铜制接头，因此其配件成本较高；

3）线性膨胀系数比较大，约为1.8×10^{-4}m/（m·K）。

（2）交联聚乙烯（PE-X）管的用途与规格

PE-X管主要用于建筑物内冷热水系统，如室内给水系统、热水供应系统、纯净水输送系统、水暖供热系统、中央空调管道系统、地面辐射供暖系统、太阳能热水器系统等。也可用作食品工业中液体食品输送管道，电信、电气用配管以及用于电镀、石油、化工厂输送管道系统。

4．无规共聚聚丙烯（PP-R）管材

聚丙烯（PP）是采用石油炼制厂的丙烯气体为原料聚合而成的一种热塑性塑料。可适用于加工冷、热水管道的聚丙烯分为三类，分别是I型——均聚聚丙烯（PP-H）、II型——嵌段聚丙烯（PP-B）、III型——无规共聚聚丙烯（PP-R）。在60℃的温度下，PP-R管的长期承压能力最高，所以PP-R管是冷热水管道的一种理想材料。

（1）无规共聚聚丙烯（PP-R）管的特点

PP-R管除具有塑料管共同的优点外，还具有如下优点：

1）无毒、卫生。PP-R管的原料分子只由碳、氢元素组成，原料达到食品卫生要求。

2）较好的耐热性。PP-R管的维卡软化点为131.5℃，最高工作温度可达95℃。

3）使用寿命长。PP-R管在工作温度70℃、工作压力1.0MPa条件下，使用寿命一般可达50年以上；若在常温下（20℃）使用，寿命可达100年以上。

4）保温节能。PP-R管导热系数为0.21W/（m·K），仅为钢管的1/200。

5）安装方便，连接可靠。可电熔和热熔连接，其连接部位强度大于管材本身。

6）物料可回收利用。PP-R废料经清洗、破碎后可回收利用。回收料用量不超过总量的10%时，不影响产品质量。

但是PP-R管材刚韧性较差，采用国外进口原材料的管材价格较高。

（2）无规共聚聚丙烯（PP-R）管的用途与规格

PP-R管用途广泛，可用于民用和工业建筑内的冷热饮用水给水系统、净水、纯水管道系统、饮料生产输送系统、热水供暖系统、空调系统、工业流体输送系统、压缩空气管道系统、花园和温室的灌溉系统等。

5．丙烯腈-丁二烯-苯乙烯（ABS）管

ABS树脂是20世纪40年代末在国外市场上开始出现的一种热塑性工程塑料，它是丙烯腈、丁二烯、苯乙烯的共混物（三元共聚）。调整三种共聚物的比例可以制造出不同性能的ABS制品。

ABS管有如下特性：耐热性能好，在-40～100℃范围内，仍能保持其韧性和刚度；比硬聚氯乙烯、聚乙烯等具有更高的冲击韧性；耐腐蚀性、抗蠕变性、耐磨性良好；管材本身无毒，卫生性能良好；管道传热性能差，应避免长期阳光照射。

ABS管日益得到广泛的应用。在国外常用于排污、透气系统、灌溉系统，并且可作为饮用水管道、地下电气导管以及输送腐蚀性盐水溶液、含有流体腐蚀剂的有机物（如原油和食物）等的工业管道。在国内一般用作给水管道、室内热水管道、水处理加药管道以及输送腐蚀性介质的工业管道。

ABS管可采用胶粘连接，承插胶粘接口强度大于管材强度。与其他管道连接时，可采用螺纹、法兰或活结头等过渡接口，螺纹连接时应采用注塑螺纹管件，不能进行螺纹切削。

2.4 复合管材

2.4.1 铝塑复合管材

铝塑复合管是以聚乙烯（中密度聚乙烯或高密度聚乙烯）或交联聚乙烯为内层或外层，以焊接铝管为中间层，经热熔胶粘合而复合成的一种管道。按制作工艺的不同，铝塑复合管分为铝管对接焊式铝塑管和铝管搭接焊式铝塑管，两种管道的结构如图2-2所示。

聚乙烯铝塑复合管的代号为PAP，交联聚乙烯铝塑复合管的代号为XPAP。

按铝塑管复合组分材料，GB/T 18997.2—2003将对接焊式铝塑管分为四种类型。

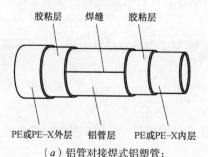
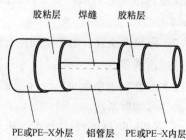

图2-2 铝塑管结构图

（a）铝管对接焊式铝塑管；　　（b）铝管搭接焊式铝塑管

（1）一型铝塑管。外层为聚乙烯，中间层为铝合金，内层为交联聚乙烯，代号为XPAP1；

（2）二型铝塑管。外层和内层都是交联聚乙烯，中间层为铝合金，代号为XPAP2；

（3）三型铝塑管。外层和内层都是聚乙烯，中间层为铝，代号为PAP3；

（4）四型铝塑管。外层和内层都是聚乙烯，中间层为铝合金，代号为PAP4。

在我国《铝塑复合压力管（对接焊）》CJ/T 159—2006行业标准中增设了五型铝塑管即外层和内层都是耐热聚乙烯，中间层为铝合金，代号为RPAP5。

XPAP1、XPAP2、RPAP5都适用于输送较高工作温度和工作压力的流体，但XPAP2具有更好的抗外部恶劣环境性能。PAP3和PAP4适用于输送较低工作温度和工作压力的流体，PAP4还可用于燃气输送。其中PAP3、PAP4和RPAP5可热熔连接。

铝塑管的种类比较多，基于铝塑管的不同用途，宜采用如下颜色来标识：冷水用铝塑复合压力管——白色或蓝色；热水用铝塑复合压力管——橙红色；燃气用铝塑复合压力管——黄色；特殊流体用铝塑复合压力管——红色。室外用铝塑管外层应采用黑色，但管道应标有表示用途颜色的色标。

铝塑复合管同时兼有高分子材料和金属材料的优点，主要表现为：

（1）良好的耐腐蚀性。常温下能耐各种酸、碱、盐溶液的腐蚀。

（2）卫生性能优异。PE层作为管内层，无毒无味，符合饮用水卫生标准，并且内壁不积水垢和孳生微生物。

（3）耐温性能好、耐压强度高。PE-X复合铝塑管的长期使用温度范围为-40～95℃，工作压力1.25MPa；HDPE铝塑管的长期使用温度范围为-40～60℃，工作压力1.0MPa。

（4）抗老化性能好、使用寿命长。铝塑管冷脆温度低，防紫外线及热老化能力强，在无强射线辐射的条件下，寿命可达50年。

（5）流动阻力小。铝塑管内壁的PE塑料层表面光滑，沿程阻力系数仅为0.009，而且内管壁不发生锈蚀，阻力不会像钢管一样随使用时间的增长而增大。

（6）具有较强的塑性变形能力。由于铝层有很好的可塑性，铝塑管能在一定半径范围内任意弯曲伸直，并且保持不反弹。管材可以盘绕，连续长度可达200m以上。

（7）隔氧性能好。由于中间夹有铝层，克服了塑料管透氧的缺点，可使氧气的渗透率达到零。

（8）线性膨胀系数小。线性膨胀系数约为0.025mm/（m·K），远小于一般塑料管的线性膨胀系数。

（9）具有抗静电性。铝合金的良好的导电性能，解决了塑料的静电积聚问题。

（10）阻燃性能好。聚乙烯燃点高达340℃，铝塑管中间的铝合金利于热量传导，使热能难以积聚，耐燃性能进一步提高。

铝塑管的不足主要是：

（1）管材不能回收；

（2）只有小口径管道；

（3）XPAP管不能采用热熔连接，一般采用价格较高的黄铜管件连接；

（4）生产技术和设备较复杂，生产成本较高。

铝塑复合管以直管或盘卷供货，盘管的长度一般为50m或100m。

2.4.2 钢塑复合管材

钢塑复合管是在钢管内壁衬（涂）一定厚度的塑料层复合而成的管子。钢塑复合管分为衬塑钢管和涂塑钢管两种。衬塑钢管是采用紧衬复合工艺将塑料管衬于钢管内而制成的复合管，涂塑钢管是将塑料粉末均匀地涂敷于钢管表面并经过加工而制成的复合管。

钢塑复合管内衬（涂）的塑料为热塑性塑料，内衬塑料有聚氯乙烯（PVC）、聚乙烯（PE）、聚丙烯（PP）等；内涂塑料有聚乙烯（PE）、环氧树脂等。钢塑复合管既有钢管的机械性能又有塑料管的防腐性能。总体来说，钢塑复合管有如下特点：

（1）耐腐蚀性能好。不仅能承受水和空气的腐蚀，还能耐弱酸、弱碱腐蚀，可以用来输送弱酸性或弱碱性的化工流体。

（2）卫生性能好。由于内衬存在聚乙烯、聚丙烯等，输送流体与钢管不接触，而聚乙烯、聚丙烯无毒无味，并且不受输送流体的腐蚀，能够达到GB/T 17219—1998的卫生指标。

（3）耐温性能好。内衬聚乙烯的管道长期使用温度可达60℃，内衬耐热聚乙烯的管道长期使用温度可达95℃。

（4）内层塑料光滑，不会结垢，流动阻力小。

（5）不会老化，使用寿命长。钢管保护内层塑料管不受光照，使内层塑料管不易老化；塑料隔绝了流体与钢管的接触，避免了流体引起的钢管氧化腐蚀。钢塑复合管使用寿命可超过50年。

（6）线性膨胀系数小。虽然塑料管的线性膨胀系数大，但是由于塑料管与钢管之间热熔胶的黏结作用，阻碍了内衬塑料与钢管之间的位移。

（7）刚性好，支架间距大。钢管的支撑使钢塑复合管的支架间距比塑料管大得多。

（8）有一定的保温性能。内层塑料的导热系数远小于钢的导热系数，使钢塑复合管具有了一定的保温性能。

钢塑复合管可用于给水、生活热水、净水等的输送，也可用于石油化工、食品、纯水处理、生物工程及化学工业管道系统。钢塑复合管外层钢管采用焊接钢管或无缝钢管，前者一般用于工作压力不大于1.0MPa的管道系统，后者一般用于工作压力不大于2.5MPa的管道系统。钢塑复合管的长度一般与钢管的长度一致。

2.5 阀门

在流体输送系统中，阀门通常具有截断、调节、稳压、泄压、溢流、防止倒流等功能。即使有同样的功能要求，也应根据管道和设备内介质（液体、气体、粉末）的种类、管道和设备的参数或管径来选择不同构造、规格、材质的阀门。

2.5.1 阀门的分类

阀门的种类很多，分类方法也很多。常用的分类方法有兼顾原理、作用和结构的分类方法以及分别按公称压力、工作温度、驱动方式、连接方法、阀体材料等进行分类的方法。

既按原理、作用又按结构划分的分类方法是最常用的一种分类方法，即通用分类法。按这种分类方法一般将阀门分为：闸阀、截止阀、蝶阀、球阀、旋塞阀、止回阀、节流阀、隔膜阀、调节阀、减压阀、安全阀、疏水阀等。

按公称压力分为真空阀（$PN<0$MPa）、低压阀（0.6MPa$\leq PN \leq 1.6$MPa）、中压阀（2.5MPa$\leq PN \leq 6.4$MPa）、高压阀（10MPa$\leq PN \leq 80$MPa）和超高压阀（$PN \geq 100$MPa）。

按工作温度分为超低温阀（$t<-100$℃）、低温阀（-100℃$\leq t \leq -40$℃）、常温阀（-40℃$< t \leq 120$℃）、中温阀（120℃$< t \leq 450$℃）和高温阀（$t>450$℃）。

按驱动方式分为驱动阀门和自动阀门两类。驱动阀门是借助手轮、手柄、杠杆、链轮等由人力来驱动或依靠电力、气力、液力进行驱动的阀门，如闸阀、截止阀、蝶阀、球阀、旋塞阀等。自动阀门是指依靠介质自身的能量来使阀门动作的阀门，如止回阀、减压阀、安全阀、疏水阀、自动调节阀等。

按连接方法分为螺纹阀门、法兰阀门、焊接阀门、卡箍阀门、卡套阀门、对夹阀门等。

按阀体材料分为金属材料阀门（铸铁阀门、碳钢阀门、合金钢阀门、铜制阀门等）、非金属材料阀门（如塑料阀门、陶瓷阀门、玻璃钢阀门等）、衬里阀门（阀体为金属，内部与介质接触的主要表面均为衬里，如衬胶阀门、衬塑料阀门、衬陶瓷阀门等）。

2.5.2 阀门的结构

1. 闸阀

闸阀又称闸板阀，是由阀杆带动阀板升降来控制启闭的阀门，主要由阀体、阀座、闸板（阀瓣）、阀杆、阀盖、手轮等部件组成，如图2-3所示。

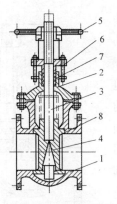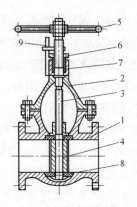

（a）明杆平形式双闸板闸阀；　　　　（b）暗杆楔式闸板阀

1—阀体；2—阀盖；3—阀杆；4—闸板；5—手轮；6—压盖；7—填料；
8—密封圈；9—指示器

图2-3　闸阀

　　闸阀按照阀门阀杆结构分为明杆（升降杆）闸阀（图2-3（a））和暗杆（旋转杆）闸阀（图2-3（b））。明杆闸板阀在开启时阀杆上行，带动闸板上升。明杆闸板阀阀杆不与输送介质接触，并且阀杆向上伸出的高度可以表明阀门的开启程度，但需占用空间，并且要经常向阀杆刷油防止伸出的阀杆生锈。暗杆闸阀的阀杆外螺纹与嵌在阀门内的内螺纹相配合，阀门启闭时，阀杆旋转带动阀体内的闸板升降，而阀杆不做升降运动。暗杆闸阀占用空间小，不能通过阀杆来判断阀门的开启程度，并且输送介质与阀杆直接接触。明杆式闸阀可用于腐蚀性介质，暗杆式仅适用于非腐蚀性介质。

　　闸阀的闸板按结构特征分为平行式闸板（图2-3（a））和楔式闸板（图2-3（b））。平行式闸板阀门的两密封面互相平行，一般采用双闸板结构，它的闸板是由两块对称平行放置的圆盘组成，当闸板下抵阀体时，置于闸板下部的顶楔使两闸板向外扩张并紧紧地压在密封圈上，使阀门关严。这种阀门结构简单，密封面的加工、研磨简便，便于检修，但密封性较差。一般适用于压力不超过1.0MPa，温度不超过200℃的场合。楔式闸板阀门的密封面是倾斜的，楔形闸板的加工和研磨难度大，检修烦琐，但密封性较好。

　　闸阀按连接方式分为螺纹闸阀、法兰闸阀和焊接闸阀。

　　闸阀具有结构简单、阀体较短、流体流动阻力小、启闭所需力矩小、介质流向不受限制等优点，但是闸阀安装高度较高，结构较复杂，密封面磨损较大，高温时容易引起擦伤，而且难以修复，严密性较差。它广泛用于冷、热水及蒸汽管道系统中。闸阀调节能力差，多用于切断流动介质、全启或全闭的场合，不宜用在需要调节流量的场合。

　　闸阀宜水平安装，阀杆垂直向上，严禁阀杆朝下安装。由于流体进出无方向性要求，所以安装亦无方向性。

　　2. 截止阀

　　截止阀是利用阀瓣（又叫阀盘、阀芯）的升降来控制启闭的阀门。主要由阀体、阀座、阀瓣、阀杆、阀盖、手轮等部件组成，如图2-4所示。工作原理为：转动手轮使阀杆升起或降落，从而带动阀瓣上下移动，改变阀瓣与阀座之间的距离，使流道面积改变，达到开启、关闭、调节流量的目的。阀门的严密性主要靠阀座、阀瓣、阀盖、填料（又叫盘根）、压盖来实现。关闭时靠阀杆的压力使阀瓣紧压在阀座上，使阀门严密不漏，由于阀盖和阀杆结合部分的填料被压盖压紧，保证了阀杆在转动时的介质不泄漏。

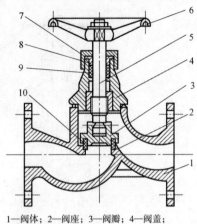

1—阀体；2—阀座；3—阀瓣；4—阀盖；
5—阀杆；6—手轮；7—压盖；
8—填料压环；9—填料；10—密封圈

图2-4　截止阀

截止阀按阀杆螺纹的位置可分为明杆和暗杆两种。暗杆截止阀用于小直径的管路，明杆截止阀用于大直径、输送温度较高或腐蚀性介质的管路。截止阀按连接方式的不同可分为螺纹截止阀、法兰截止阀、卡套截止阀。

截止阀具有结构简单、严密性好、密封面的检修较为方便等优点，但其缺点是介质流动阻力大、阀件安装长度较大。常用于管径小于*DN*200的蒸汽、水、空气、氨、氧气、油品以及腐蚀性介质的管路上。

截止阀安装有方向性，应按"低进高出"的原则进行安装。截止阀宜水平安装，阀杆向上且不得朝下安装。

3．蝶阀

蝶阀是利用蝶板（阀瓣）绕固定轴旋转来启闭的阀门。工作原理是：旋转轴带动阀板转动使得阀板角度改变从而改变流道截面积，达到开关、调节的目的，如图2-5所示。

蝶阀按结构形式分为：中心密封蝶阀、单偏心密封蝶阀、双偏心密封蝶阀和三偏心密封蝶阀四类；按密封面材料分为：软密封蝶阀和金属硬密封蝶阀；按连接方式分为：对夹式蝶阀、法兰式蝶阀、支耳式蝶阀和焊接式蝶阀四种。

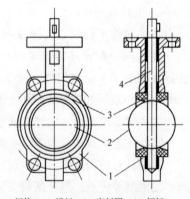

1—阀体；2—蝶板；3—密封圈；4—阀杆

图2-5　蝶阀

蝶阀具有结构简单，体积小，重量轻，操作灵活简便、迅速，耗材少、造价低等特点。目前蝶阀制造技术发展迅猛，工程上蝶阀已取代部分截止阀、闸阀和球阀，但其严密性有待进一步提高。蝶阀可广泛应用于冷热水、油品、燃气等管路。

4．节流阀

节流阀是利用阀瓣移动改变阀门流道的面积来实现调节流量、压力的阀门。

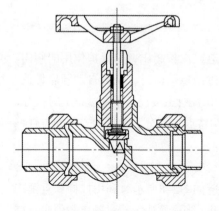

图2-6　节流阀

其结构与截止阀类似，如图2-6所示。

根据阀瓣形状分为窗形、塞形和针形节流阀，节流阀利用阀瓣与阀座之间狭窄的流道起节流降压作用。窗形节流阀用于大直径管道，塞形节流阀用于中直径管道，针形节流阀用于小直径管道。

节流阀流道小，阀内流体的流速高，易磨损，不宜用于黏度大或含砂的不洁净流体。节流阀安装具有方向性，可按照"低进高出"的原则安装。

5. 止回阀

止回阀，又名逆止阀、单流阀，是利用阀瓣的自动动作来阻止介质逆流的阀门。工作原理是当流体按照阀门允许的方向流动时，依靠流体的压力使阀门自动开启，当流体逆向流动时流体压力使阀门自动关闭。

止回阀按结构形式一般分为旋启式止回阀、升降式止回阀两种。旋启式止回阀依靠阀瓣的旋转来开启和关闭（图2-7（a））。旋启式止回阀阻力较小，噪声较大，在低压时密封性能较差，多用于大直径或压力较高的管路。旋启式止回阀有单瓣式和多瓣式两种。单瓣式止回阀用于较小管径的管道上，其规格为$DN50 \sim DN500$。多瓣式止回阀用于$DN \geqslant 600mm$的管道上，当流体倒流时阀瓣不同时关闭，能够减轻阀门关闭时的冲击力。升降式止回阀的阀瓣垂直于阀体通道做升降运动（图2-7（b）），其密封性较好，噪声较小，但制造较为困难，一般用于$DN200$以下的管道上。

止回阀安装在不允许流体倒流的场合，最常见的安装位置是水泵出口。止回阀的安装具有严格的方向性，不同的止回阀安装的朝向也不同。旋启式止回阀可安装在水平管道上也可安装在垂直管道上，而升降式止回阀只能安装在水平管道上。

除了传统的旋启式止回阀、升降式止回阀外，蝶式止回阀（图2-7（c））应用也较多。蝶式止回阀适用于低压大口径管道的场合，其占地小，既可安装在水

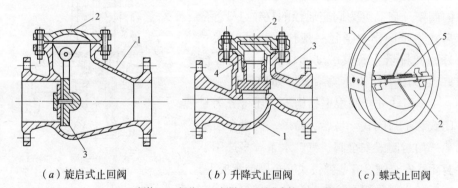

（a）旋启式止回阀　　　　　（b）升降式止回阀　　　　　（c）蝶式止回阀

图2-7　止回阀　　　　　1—阀体；2—阀盖；3—阀瓣；4—导向套筒；5—弹簧

平管道上，亦可安装在垂直管道或倾斜的管道上。

6. 安全阀

安全阀是安装在管道或设备上，防止管道或设备超压，起保护作用的阀门。工作原理是：当管道或设备内的介质压力超过规定数值时，阀瓣自动开启排放、泄压，当压力低于规定值时，阀门自动关闭，保证管道或设备不超过设定的压力。

安全阀的种类很多，通常按安全阀的结构特点来划分，常见的安全阀有杠杆式安全阀、弹簧式安全阀等。

（1）杠杆式安全阀

杠杆式安全阀也称重锤式安全阀，其构造如图2-8所示。利用杠杆和重锤产生的作用力使阀瓣和阀座之间密封，阀门关闭。当流体压力超过额定数值时，杠杆失去平衡，阀瓣打开。杠杆式安全阀可以利用重锤在杠杆上的位置来调节设定的压力。这种安全阀的优点是，在阀门开启和关闭过程中荷载的大小不变；其缺点是对振动较敏感，且回座性能差。所以这种结构的安全阀只能用在固定设备上，适用于压力温度较高的汽、水系统。

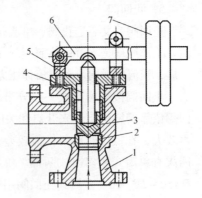

1—阀体；2—阀座；3—阀盘；4—阀杆；
5—阀盖；6—杠杆；7—重锤

图2-8 杠杆重锤式安全阀

（2）弹簧式安全阀

弹簧式安全阀的构造如图2-9所示。利用弹簧的压力来平衡阀瓣下介质的压力，使阀瓣与阀座之间密封，流体超压时阀瓣打开。转动弹簧上的螺母可调节设定的压力。

根据阀瓣的开启高度，弹簧式安全阀又分为微启式和全启式。微启式安全阀的阀瓣开启高度为阀座通径的1/40～1/20，微启式安全阀出口通径一般等于进口通径，其排量较小。在热力系统中，为减少汽、水损失，一般采用微启式安全阀。全启式安全阀的阀瓣开启高度为阀座通径的1/4～1/3。全启式安全阀出口通径一般比进口通径大一号，其排量大，灵敏度亦较高，回座性能好，多用于气体介质系统（如燃气系统）。

弹簧式安全阀根据结构不同还可分为封闭式和不封闭。易燃、易爆、有毒介质一般选用封闭式安全阀，汽、水系统多选用不封闭式安全阀。有些弹簧式安全阀带有扳手，扳手的主要作用是检查阀瓣的灵活程度，有

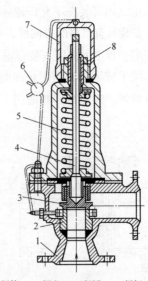

1—阀体；2—阀座；3—阀瓣；4—阀杆；
5—弹簧；6—铅封；7—安全护罩；
8—锁紧螺母

图2-9 微启式弹簧式安全阀

时也可作人工泄压用。弹簧式安全阀结构简单、占地小、灵敏度高，但弹簧在高温下易蠕变使弹性发生变化，所以一般宜用于温度、压力较低的系统。

7. 减压阀

减压阀是通过阀门的节流作用，使介质压力降低，并依靠介质本身的能量使出口压力自动保持稳定的阀门。

根据减压阀的构造和工作原理，常用的减压阀有：弹簧薄膜式减压阀、活塞式减压阀、波纹管式减压阀、比例式减压阀等。

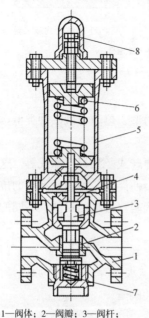

1—阀体；2—阀瓣；3—阀杆；
4—薄膜；5—阀盖；6—调节弹簧；
7—主阀弹簧；8—调节螺丝

图2-10　弹簧薄膜式减压阀

（1）弹簧薄膜式减压阀

弹簧薄膜式减压阀构造如图2-10所示。其工作原理是：当流体作用在薄膜上的压力发生改变时，调节弹簧的作用力相应改变，二者共同的作用使阀瓣的开启程度发生变化，保证阀后压力在固定的范围内。弹簧薄膜式减压阀的敏感度较高，但薄膜的行程较小，容易损坏。由于薄膜使用温度限制，一般用于水、空气等温度与压力不高的场合。

（2）活塞式减压阀

活塞式减压阀工作原理是：利用阀后流体作用于薄膜上的力与调节弹簧的作用力之间的平衡来控制主阀的活塞移动，从而控制主阀的开度，使阀后压力维持在一定范围内。

活塞式减压阀减压范围较大、工作可靠、维修量小，但是由于活塞的摩擦作用，灵敏度较低，启动力矩大，因此，它适用于温度、压力高的蒸汽和空气等介质的管道工程上。

（3）波纹管式减压阀

波纹管式减压阀的工作原理是：阀后流体通过平衡通道作用于波纹管上，利用波纹管与调节弹簧之间的平衡来调节阀门开度，控制阀后压力。

波纹管式减压阀的敏感度较高，且波纹管的行程比较大，不容易损坏，但波纹管的制造工艺较为复杂。可用于温度、压力较高的水、空气、蒸汽等系统。

（4）比例式减压阀

比例式减压阀能够使阀前压力和阀后压力呈比例关系变化。广泛用于生产给水系统以及温度不大于80℃的高层建筑供水、生活热水、消防给水等需要减压的管道系统。

8. 疏水阀

疏水阀常称为疏水器，能够自动迅速地排出用热设备及管道中的凝水，并自动阻止蒸汽逸漏，同时还能排除系统中积留的空气和其他不凝性气体。常见疏水器的结构如图2-11所示。

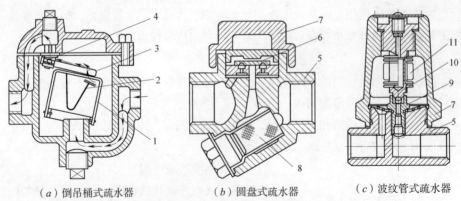

（a）倒吊桶式疏水器　　　　（b）圆盘式疏水器　　　　（c）波纹管式疏水器

1—吊桶；2—双金属片；3—杠杆；4—珠阀；5—阀体；6—阀片；7—阀盖；8—过滤器；9—阀座；
10—阀瓣；11—波纹管

图2-11　疏水器

根据作用原理不同，疏水器可分为机械型、热动力型、热静力型三种类型。

（1）机械型疏水器

常用的机械型疏水器有浮筒式、倒吊桶式、自由浮球式、杠杆浮球式等，这些疏水器的工作原理是：疏水器内凝水液位的变化，会使浮筒、吊桶或浮球的位置发生升降变化，从而自动打开或者关闭排水孔，达到阻汽排水的目的。不同的疏水器液位升降与排水孔的启闭关系不同。

（2）热动力型疏水器

热动力型疏水器主要有圆盘式、脉冲式、孔板式疏水器等。其工作原理是：利用蒸汽和凝水的热动力学（流动）特性的不同来开关阀瓣。

（3）热静力型（恒温型）疏水器

热静力型疏水器主要有波纹管式、双金属片式、液体膨胀式。其工作原理是：利用蒸汽和冷凝水的温度不同引起感温元件的膨胀、收缩或变形来启闭阀门，达到阻汽排水的目的。

2.6　板材和型材

2.6.1　板材

板材是物业设施设备工程中应用广泛的一种材料，用来制作风管、水箱、气柜、设备等。根据材料性质可分为两大类，金属薄板和非金属板材。常用的金属薄板有钢板、铝板、不锈钢板、塑料复合钢板，它们的优点是易于工业化加工制作、安装方便、能承受较高温度；常用的非金属板材主要为硬聚氯乙烯板。

1. 钢板

通风空调工程中常用的金属薄板有：普通薄钢板、镀锌钢板。

普通薄钢板具有良好的加工性能和结构强度，价格便宜，通常用来制造风管、水箱、气柜等，但其表面易生锈，应刷油漆进行防腐。

镀锌钢板由普通钢板表面镀锌而成，耐锈蚀性能比钢板好，但在加工的过程中镀锌皮容易脱落，油漆对它的附着力不强，镀锌钢板是否涂漆和如何涂漆，要根据镀锌面层的质量及风管所在的位置确定。镀锌钢板一般用来制作不受酸雾作用的潮湿环境中的风管或用于空调、超净等防尘要求较高的通风系统。

通风空调工程中通常采用薄钢板，常用的薄钢板厚度为0.5～4mm。薄钢板的规格通常用"短边×长边×厚度"来表示，例如1000mm×2000mm×1.0mm。通风空调工程常用"短边×长边"为1000mm×2000mm、900mm×1800mm和750mm×1800mm的薄钢板。热轧钢板及冷轧钢板的尺寸可参见GB/T 709—2006。

2. 铝板

铝板是指用铝材或铝合金材料制成的板型材料。铝板延展性能好，适宜咬口连接，耐腐蚀、不起尘，在摩擦时不易产生火花。但铝板价格贵，与钢铁直接接触易发生腐蚀。铝板常用于通风工程的防爆系统，也是高洁净度（≤1000级）净化空调系统的可用材料之一。

3. 不锈钢板

不锈钢板一般是不锈钢板和耐酸板的总称。不锈钢板是指耐大气、蒸汽和水等弱介质腐蚀的钢板，而耐酸板则是指耐酸、碱、盐等化学浸蚀性介质腐蚀的钢板。不锈钢板不仅外表光亮美观，而且具有较强的耐锈、耐酸能力，常用于化工高温环境中的耐腐蚀通风系统。

4. 塑料复合钢板

塑料复合钢板是在普通薄钢板表面喷上一层0.2～0.4mm厚的塑料层制作而成。塑料复合钢板刚性好、耐腐蚀、不起尘，但是使用温度范围窄，加工过程中咬口、翻边、铆接等处的塑料面层易破裂或脱落，需要用环氧树脂等涂抹保护。塑料复合钢板常用于净化空调系统和-10℃～70℃温度下的耐腐蚀通风系统。

5. 非金属板材

非金属板材一般指硬聚氯乙烯塑料板，它具有较高的强度和弹性、表面光滑、便于加工成型等优点。但不耐高温、不耐寒，在太阳辐射的作用下，易脆裂、易带静电，且价格较贵。它适用于-10～60℃有酸性腐蚀介质作用的通风系统。

通风空调系统还可采用无机玻璃钢风管，该风管在工厂中直接加工成型。无机玻璃钢风管具有耐腐蚀、质轻、高强、不燃烧、耐高温、抗冷融、价格较低等优点。一般用于腐蚀性气体的输送。

2.6.2 型材

物业设施设备工程中常用的型钢有角钢、槽钢、圆钢等，通常用这些材料来制作设备框架、设备支座、管道支架、吊架等。

1. 扁钢

扁钢的断面呈矩形，在建筑设备安装工程中常用来制作风管法兰、加固圈及管道支架等。扁钢规格是"宽度×厚度"（以mm为单位的数值）来表示，如

6×20表示扁钢宽度为6mm，厚度为20mm。扁钢长度一般为3~9m。

2. 角钢

角钢又名角铁，是横断面两边互相垂直的长条钢材。角钢分为等边角钢和不等边角钢两种。

等边角钢的两边相等，规格用"边宽×边宽×边厚"（以mm为单位的数值）来表示，如"∠50×50×6"表示边宽为50mm，边厚为6mm的等边角钢；角钢型号可用边宽（以cm为单位的数值）表示，例如，"∠3号"表示边宽为30mm的角钢，称为"3号角钢"。

不等边角钢的两边不相等，规格用"长边宽×短边宽×边厚"表示，型号以长边宽与短边宽（以cm为单位的数值）之比来表示。例如，"∠4/2.5号"表示一长边宽为40mm，短边宽为25mm的不等边角钢。不等边角钢规格见GB/T 705—2008。

角钢用于制作管道支架、吊架、风管法兰以及用于风管加固。

3. 槽钢

槽钢是截面为凹槽形的长条钢材。规格用"高度×腿宽×腰厚"（以mm为单位的数值）表示，如"槽钢100×48×5.3"表示高度为100mm，腿宽为48mm，腰厚为5.3mm的槽钢。槽钢也可用cm为单位的槽钢高度来表示，上例中槽钢也可用"[10"来表示。如果槽钢高度相同，腿宽和厚度不同时，则在型号后面加"*a*"、"*b*"、"*c*"来区别，"[14*a*"和"[14*b*"分别表示高度为140mm，腿宽为58mm，腰厚为6mm的槽钢和高度为140mm，腿宽为60mm，腰厚为8mm的槽钢。

槽钢主要用于箱体、柜体的框架结构及风机、成套机组等设备的机座。

4. 圆钢

圆钢是指截面为圆形的实心长条钢材。规格用直径表示，如"φ10"表示直径为10mm的圆钢。物业设施设备工程中，圆钢用于制作管箍、吊架的吊杆等。

圆钢分为热轧、锻制和冷拉三种。热轧圆钢的规格为5.5~250mm。轧制的圆钢分盘条和直条两种，一般直径为5.5~12mm的小圆钢热轧后卷成盘状供应，称为盘条，直径小于等于25mm的直条大多成捆供应，常用作钢筋、螺栓及各种机械零件；直径大于25mm的圆钢，主要用于制造机械零件或做无缝钢管坯。

2.7 绝热材料

绝热是保温和保冷的统称。保温是指为减少管道及设备等向周围环境散热而采取的措施；保冷是为减少管道及设备等从周围环境吸收热量以及防止管道及设备表面结露而采取的措施。通常所说的保温往往既指保温又指保冷。

2.7.1 绝热的作用及使用场所

（1）减少管道及设备的热量或冷量的损失，这是绝热的主要作用。

（2）防止管道及设备内液体的冻结。当冬季室外温度低于零度时，为防止管道中的液体停止流动时冻结，应采取保温措施，使其在规定的时间内不冻结。

（3）防止管道及设备表面结露。当管道或设备表面温度低于周围空气的露点温度时，空气中的水蒸气会在管道或设备表面结露，加快管道及设备的腐蚀。所以需要在管道及设备表面采取保冷措施。同时为防止大气中的水蒸气渗入绝热材料内使绝热材料的导热系数增大或使绝热材料因受潮而发霉腐烂，必须在保冷结构的绝热层外设置防潮层。

（4）预防流体介质的结晶或凝固。如输送高黏度、高凝固点的油品时，为防止散热后油品凝固，需采取保温措施。

（5）改善操作环境或预防火灾。高温管道和设备加以保温后，可使操作环境温度降低，减少操作人员的不舒适感。高温管道穿过存放易燃易爆材料的房间时必须采取保温措施将管道表面温度降低到安全范围内。

2.7.2　绝热材料的选用

1. 绝热材料的性能及要求

（1）材料导热系数要小。保温材料导热系数不得大于0.12W/（m·K）；保冷材料的导热系数不应大于0.064W/（m·K）。

（2）密度要小。用于保温的硬质绝热材料密度不得大于300kg/m³；软质及半硬质绝热材料密度不得大于200kg/m³；保冷材料的密度不得大于200kg/m³。

（3）具有较好的耐热性能，用于制冷系统的保冷材料应具有良好的抗冻性能。

（4）绝热材料的物理、化学性能要稳定，不得对金属有腐蚀作用。

（5）湿率低，抗蒸汽渗透能力强。

（6）绝热材料应具有一定的机械强度。

（7）绝热材料的耐燃性能、防潮性能、膨胀性能符合使用要求。

（8）易于施工，价格低、材料来源广、使用寿命长。

（9）耐候性好，抗微生物侵蚀，不怕虫害和鼠灾。

2. 常用的绝热材料

绝热材料的种类很多，常用的有10类：岩棉类、矿渣棉类、泡沫塑料类、玻璃纤维类、软木类、珍珠岩类、蛭石类、硅藻土类、泡沫混凝土类、石棉类。管道设备保温工程中常采用膨胀珍珠岩制品、超细玻璃棉制品、岩棉制品、矿棉制品、硬质聚氨酯泡沫塑料等。保冷工程中多采用硬质聚氨酯泡沫塑料、可发性自熄聚苯乙烯泡沫塑料制品、橡塑海绵制品、软木等。由于橡塑海绵制品导热系数小、抗水汽渗透性能优良、阻燃性好、施工方便，近年来在保冷工程中得到了广泛应用。

各生产厂家的同一保温材料的性能有所不同，选用时应按照厂家的产品样本或使用说明书中的技术数据选用。常用绝热材料及制品性能见表2-6。

常用绝热材料及制品性能　　　　　　　　　表2-6

材料名称	使用密度 （kg/m³）		推荐 使用温度 （℃）	导热系数 λ_0 【W/（m·K）】	导热系数 λ 的参考 计算公式【W/（m·K）】	抗拉强度 （MPa）
超细玻璃棉制品	板	48	≤ 300	≤ 0.043	$\lambda = \lambda_0 + 0.00011 t_m$	—
		64 ～ 120		≤ 0.042		
	管	≥ 45		≤ 0.043		
岩棉及矿渣棉	板	80	≤ 250	≤ 0.044	$\lambda = \lambda_0 + 0.00018 t_m$	
		100 ～ 120		≤ 0.046		
		150 ～ 160		≤ 0.048		
	管	≤ 200	≤ 250	≤ 0.044		
微孔硅酸钙	170		≤ 550	≤ 0.055	$\lambda = \lambda_0 + 0.000116 t_m$	0.4
	220			≤ 0.062		0.5
	240			≤ 0.064		0.5
硅酸铝纤维制品	120 ～ 200		≤ 900	≤ 0.056	$\lambda = \lambda_0 + 0.0002 t_m$	—
复合硅酸 铝镁制品	板	45 ～ 80	≤ 600	≤ 0.036	$\lambda = \lambda_0 + 0.000112 t_m$	—
	管 （硬质）	≤ 300		≤ 0.041		0.4
聚氨酯泡沫 塑料制品	30 ～ 60		−65 ～ 120	≤ 0.027	$\lambda = \lambda_0 + 0.00009 t_m$	—
聚苯乙烯泡沫 塑料制品	≥ 30		−65 ～ 70	≤ 0.0349	$\lambda = \lambda_0 + 0.00014 t_m$	—
泡沫玻璃	150		−196 ～ 400	≤ 0.06	$\lambda = \lambda_0 + 0.00022 t_m$	0.5
	180			≤ 0.064		0.7
橡塑海绵制品	65 ～ 85		−65 ～ 105	≤ 0.038	—	

2.8 电工线材

2.8.1 电线

　　电线也称导线，它的种类很多，根据是否有绝缘外皮可分为裸导线和绝缘线两种。物业设施设备工程的配电线路常用塑料绝缘或橡皮绝缘的导线。导线的导电线芯有铜、铝和钢三种，最常用的线芯是铜和铝。铜线具有电阻率小、强度较高等特点，但价格较高；铝线与铜线相比，重量轻、价格便宜，但是铝线电阻率大、强度低、焊接困难。常用导线型号、名称和主要用途见表2-7。

常用导线型号、名称和主要用途　　表2-7

型号		名称	主要用途
铝芯	铜芯		
U	TJ	裸绞线	室外架空
LGJ		钢芯铝绞线	室外大跨度架空输电线路
BLV	BV	聚氯乙烯绝缘线	室内固定架空或穿管敷设
BLX	BX	橡皮绝缘线	供干燥及潮湿场所固定架空或穿管敷设
BLXV	BXP	氯丁绝缘橡皮线	室内外敷设用
BLVV	BVV	聚氯乙烯绝缘及护套线	室内固定敷设
	RV	铜芯聚氯乙烯绝缘软线	交流250V及以下各种移动电器接线
	RVB	扁平型聚氯乙烯绝缘软线	
	RVS	双绞型聚氯乙烯绝缘软线	
	RVV	聚氯乙烯绝缘及护套软线	交流250V及以下移动电器接线
	RXB	扁平型橡皮绝缘软线	
	RH	普通橡套软线	交流500V，供室内照明和日用电器接线用

　　按国家规定制造的导线截面有：1.5mm^2、2.0mm^2、2.5mm^2、4mm^2、6mm^2、10mm^2、16mm^2、25mm^2、35mm^2、50mm^2、70mm^2、95mm^2、120mm^2、150mm^2、185mm^{2}等。

2.8.2　电缆

1．电缆结构

　　电缆由导电线芯（缆芯）、绝缘层和保护层三部分构成，电缆的结构如图2-12、图2-13所示。

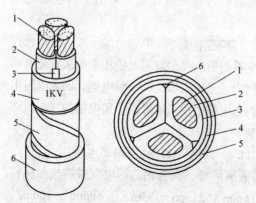

1—导线；2—聚氯乙烯绝缘；3—聚氯乙烯内护套；
4—铠装层；5—填料；6—聚氯乙烯外护套

图2-12　三芯统包聚氯乙烯电缆结构

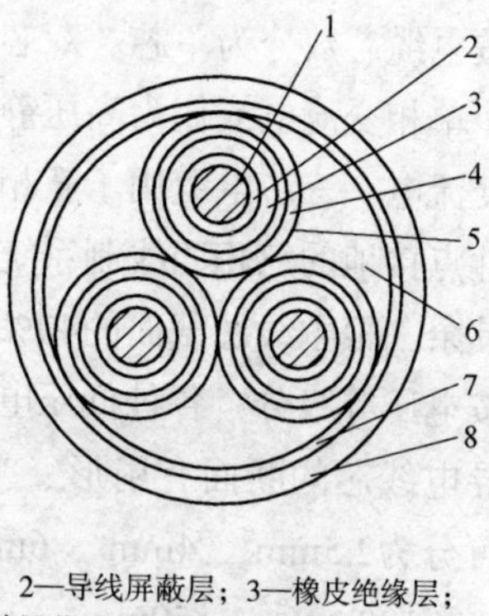

1—导线；2—导线屏蔽层；3—橡皮绝缘层；
4—半导体屏蔽层；5—钢带屏蔽层；6—填料；
7—涂橡胶布带；8—聚氯乙烯外护套

图2-13　橡皮电缆结构

（1）电线芯

导电线芯是传导电流的载体，必须具有较好的导电性和一定的抗拉强度及伸长率，且应具有一定的耐腐蚀能力。通常当线芯截面$\geq 16mm^2$时，导电线芯由多股铜线或铝线绞合而成，以使电缆比较柔软易于弯曲。

（2）绝缘层

绝缘层的主要作用是保证电流沿线芯传输以及导电线芯之间、导电线芯与外界的绝缘。常用的绝缘材料有油浸纸绝缘、聚氯乙烯绝缘、聚乙烯绝缘、交联聚乙烯绝缘、橡皮绝缘等。绝缘层通常包括分相绝缘和统包绝缘，统包绝缘在分相绝缘层之外。

（3）保护层

电缆的保护层分为内护层和外护层两部分。内护层有铅包、铝包、橡套、聚氯乙烯套和聚乙烯套等，主要作用是保护电缆的统包绝缘不受潮湿及防止电缆浸渍剂外流和电缆的轻度机械损伤。外护层包括铠装层和外被层两部分。一般铠装层为钢丝或钢带，外被层为聚乙烯护套、聚氯乙烯护套和纤维绕包等。外护层的作用是防止内护层受到机械损伤或化学腐蚀等。

2．电缆的分类

在电力系统中最常用的电缆有电力电缆和控制电缆两大类。

（1）电力电缆

电力电缆是用来输送和分配大功率电能的。

按照电力电缆采用的绝缘材料可分为油浸纸绝缘电缆、聚乙烯绝缘电力电缆、交联聚乙烯绝缘电力电缆、聚氯乙烯绝缘电力电缆及橡皮绝缘电力电缆等。

按结构特征可分为统包型电缆、分相型电缆、钢管型电缆、屏蔽型电缆等。

按传输电能形式可分为交流电缆和直流电缆。因直流电缆的电场分布情况与交流电缆大不相同，所以直流电缆是经过特殊设计的。目前交流电缆应用较多。

按电缆芯数分为单芯、双芯、三芯和四芯电缆等。单芯电缆一般用来输送直流电、单相交流电或作为高压静电发生器的引出线。双芯电缆用来输送直流电和单相交流电。三芯电缆用于三相交流网中，是应用最广的一种电缆。四芯电缆用于中性点接地的三相四线制系统中。四芯电缆中用来通过不平衡电流的线芯截面仅为其余三根主线芯截面的40%～60%。

按电压等级分：各种低压电缆和10kV、35kV、110kV等高压电缆。

导电线芯的断面有扇形、半圆形或圆形等。我国制造的电缆线芯按照标称截面可分为$2.5mm^2$、$4mm^2$、$6mm^2$、$16mm^2$、$25mm^2$、$35mm^2$、$50mm^2$、$70mm^2$、$95mm^2$、$120mm^2$、$150mm^2$、$185mm^2$、$240mm^2$、$300mm^2$、$400mm^2$、$500mm^2$、$625mm^2$、$800mm^2$等。

按敷设条件分为地下直埋电缆、地下管道敷设电缆和适合在空气中、水下、矿井中、潮热地区、高海拔地区以及大高差情况下敷设的电缆等。

（2）控制电缆

控制电缆属于低压电缆，是在配电装置中传导操作电流、连接电气仪表、继电保护和自动控制等回路用的，控制电缆的运行电压一般在交流500V或直流1000V以下，因控制电缆的负荷是间断性的且电流较小，所以导电线芯截面较小，一般为1.5～10mm^2。

控制电缆均为多芯电缆，导电线芯数范围为4芯到37芯。它的绝缘层材料及规格型号的表示方法与电力电缆基本相同。

3. 电缆型号的表示方法

电力电缆型号的表示方法为若干汉语拼音字母后加上两个阿拉伯数字。型号中汉语拼音字母的含义及排列次序见表2-8，阿拉伯数字含义见表2-9，不带外护层的电缆没有这两位阿拉伯数字。电缆型号的读写次序一般按线芯、绝缘、内护层、铠装层、外被层的顺序进行。例如，ZLQD$_{02}$电缆读写为铝芯、不滴流油浸纸绝缘、裸铅套、聚氯乙烯套电力电缆；VV$_{22}$电缆读写为铜芯、聚氯乙烯绝缘、聚氯乙烯护套、钢带铠装电力电缆。

电缆的型号、规格和尺寸的完整表示方法为"型号、芯数×截面、额定电压、长度"。例如VV$_{22}$—3×95—10—250表示铜芯、聚氯乙烯绝缘、聚氯乙烯护套、钢带铠装、三芯、线芯截面为95mm^2、额定电压10kV、长度为250m的电力电缆。

常用电缆型号字母含义　　　　　　　　　　　　　表2-8

类别	绝缘种类	线芯材料	内护层	其他特征
电力电缆不表示 K——控制电缆 Y——移动式软电缆 P——信号电缆 H——市内电话电缆	Z——纸绝缘 X——橡皮 V——聚氯乙烯 Y——聚乙烯 YJ——交联聚乙烯	T——铜（省略） L——铝	Q——铅护套 L——铝护套 H——橡套 （H）F——非燃性橡套 V——聚氯乙烯护套 Y——聚乙烯护套	D——不滴流 F——分相铅包 P——屏蔽 C——重型

电缆外护层代号的含义　　　　　　　　　　　　　表2-9

第一位数字		第二位数字	
代号	铠装层类型	代号	外被层类型
0 1 2 3 4	无 — 双钢带 细圆钢丝 粗圆钢丝	0 1 2 3 4	无 纤维绕包 聚氯乙烯护套 聚乙烯护套 —

思考与练习题

1．什么是管道及附件的公称直径、公称压力、试验压力、工作压力？

2．常用的碳素钢管按照制造方法可分为哪几种？钢管的型号如何表示？

3．塑料管材有哪几种类型？什么是塑料管材额定压力、标准尺寸比、管系列？塑料管材的规格如何表示？

4．常用的复合管材有哪几种？各有什么优缺点？

5．阀门有哪几种？各用在什么场合？

6．常用的板材有哪几种？各有什么特点？

7．什么是绝热材料？对绝热材料的性能有哪些要求？常用的绝热材料有哪些？

8．常用的导线有哪几种？其型号如何表示？分别用在什么场合？

9．电缆的结构包括哪几部分？电缆如何分类？其型号如何表示？

3

给水排水系统

本章要点及学习目标

　　掌握室内给水系统的分类与组成及供水方式、饮用凉水供应的水处理流程、热水用水量标准和热水水质、消火栓给水系统及自动喷水灭火系统的工作原理、室内排水系统的分类与组成、屋面雨水系统的组成、小区给水系统的组成以及小区排水系统的组成。熟悉室内热水管网的布置和敷设、其他消防灭火系统的种类和组成、水景及游泳池供水系统的组成和中水系统的流程。了解普通集中热水供应方式及加热设备。

3.1 室内给水系统

3.1.1 室内给水系统的分类与组成

室内给水系统的任务就是根据用户对水质、水量和水压等方面的要求，将水由城市给水管网安全可靠地输送到安装在室内的各种配水器具、生产用水设备和消防设备等用水点。

1. 室内给水系统的分类

室内给水系统按其用途不同可划分三类：

（1）生活给水系统。供民用、公共建筑和工业企业建筑物内部的饮用、烹调、盥洗、洗涤、淋浴等生活上的用水。生活给水的水质必须严格符合国家规定的饮用水水质标准。

（2）生产给水系统。用于生产设备的冷却、原料和产品的洗涤、锅炉用水和某些工业的原料用水等。生产用水对水质、水量、水压以及安全方面的要求由于工艺不同，差异较大，所以应根据生产性质和要求而确定。

（3）消防给水系统。主要为建筑物消防系统供水。消防用水对水质要求不高，但必须按建筑防火规范规定保证有足够的水量和水压。

根据具体情况，有时将上述三类基本给水系统或其中两类合并设置，如生产、消防共用给水系统，生活、生产共用给水系统，生活、生产、消防共用给水系统等。当两种或两种以上用水的水质、水压相近时，应尽量采用共用给水系统。

生活给水系统又可划分为生活饮用水系统和生活杂用水系统。生活饮用水的水质，应符合现行的《生活饮用水水质标准》的要求。生活杂用水系统的水质要求则根据具体的用水场所不同而不同，详见本章3.5节部分内容。

2. 室内给水系统的组成

室内给水系统由以下几个基本部分组成，如图3-1所示。

（1）引入管。对单幢建筑物而言，引入管是将室外给水管引入建筑物的管段。

（2）水表节点。指引入管上装设的水表及其前后设置的阀门、泄水装置的总称。

（3）配水管网。指室内给水水平或垂直干管、配水支管等组成的管道系统。

（4）给水附件。指装设在给水管道上的各式阀门和各式水龙头等。

（5）升压与贮水设备。在室外给水管网压力不能满足室内供水要求或室内对安全供水、水压稳定有要求时，需要设置各种附属设备，如水箱、水泵、气压装置、水池等。

（6）室内消防设备。根据《建筑设计防火规范》的要求，在建筑物内设置的各种消防设备。

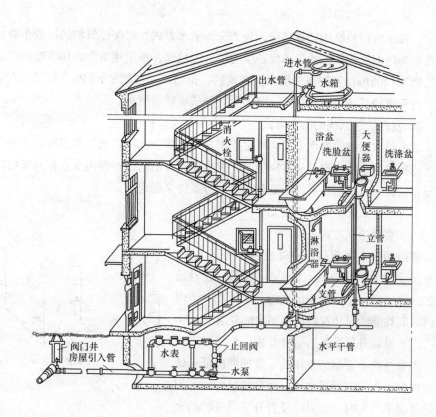

图3-1 室内给水系统

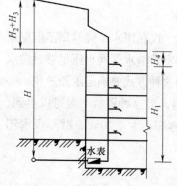

图3-2 室内给水系统所需压力示意图

3.1.2　室内给水系统的供水方式

1．室内给水系统所需压力

室内给水系统所需要的压力必须保证能将需要的水量输送到建筑物内最不利配水点（通常是整个给水系统的最高最远点）的配水龙头或用水设备处，并保证有足够的流出水头。

室内给水系统所需压力，由图3-2分析可用下式计算：

$$H = 10H_1 + H_2 + H_3 + H_4 \qquad (3-1)$$

式中　H——室内给水系统所需的水压，kPa；

H_1——最不利配水点与引入管起端之间的标高差，m；

H_2——计算管路的水头损失，kPa；

H_3——水表的水头损失，kPa；

H_4——最不利配水点的流出水头，kPa。

流出水头是指各种配水龙头或用水设备，为获得规定的出水量（额定流量）而必需的最小压力。它是为供水时克服水龙头内的摩擦、冲击、流速（大小、方向）变化等阻力所需的静水压头，一般取15～20kPa。

室内给水系统所需的压力应在系统设计时由水力计算确定。对于住宅的生活给水，在未进行精确的计算之前，为了选择给水方式，可按建筑物的层数粗略估计自室外地面算起所需的最小保证压力值。一般地，单层建筑物为100kPa；二层建筑物为120kPa；三层或三层以上建筑物，每增加一层增加40kPa。对于引入管或室内管道较长或层高超过3.5m时，上述数值应适当增加。

2. 室内给水系统的给水方式

室内给水系统的给水方式必须根据用户对水质、水压和水量的要求，室外管网所能提供的水质、水量和水压情况，卫生器具及消防设备等用水点在建筑物内的分布情况，以及用户对供水安全的要求等条件来确定。

室内给水系统给水方式主要有：

（1）直接给水方式

室内给水系统直接在室外管网压力下工作，这是最简单的给水方式，如图3-3所示。这种给水方式要求室外给水管网的水量、水压在一天内任何时间均能满足建筑物内部用水的要求。

（2）设置升压设备的给水方式

当室外给水管网的水压低于或周期性低于建筑物内部给水管网所需水压，而且建筑物内部用水量又很不均匀时，宜采用设置升压设备的给水方式。

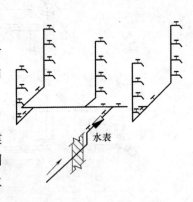

图3-3 直接给水方式

1）单设水箱给水方式

当一天内室外管网压力大部分时间能满足要求，仅在用水高峰时刻不能保证建筑物上层用水时，可采用单设水箱方法解决。当室外给水管网水压足够时向水箱充水，当室外管网压力不足时由水箱供水。采用这种方式要确定水箱容积，必须掌握室外管网一天内流量、压力的逐时变化资料，但这种资料一般难以得到，需要时可做调查或进行实测。一般建筑物内水箱容积不大于20m³，故单设水箱方式仅在日用水量不大的建筑物中采用。

2）单设水泵给水方式

若一天内室外管网压力大部分时间不能满足要求，且室内用水量较大又较均匀时，则可单设水泵升压。此时由于出水量均匀，水泵工作稳定，电能消耗比较少。这种给水方式适用于生产车间给水。

对于水量较大，但用水不均匀性比较突出的建筑物，如住宅等，为了降低电耗，提高水泵工作效率，可考虑水泵变速运行，使水泵供水曲线和用水曲线接近，达到节能的目的。目前多采用水泵的变频调速运行，它通过变频器改变供电频率，从而使电动机以及由电动机驱动的水泵的转速变化。图3-4为给水系统水泵的变频调速恒压运行方式。

变频调速给水系统可以自动调节水泵的流量，从而不需设置高位水箱，避免了水箱的二次污染。变频器还可使电机实现软启动，从而降低电机启动对电网的

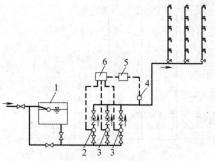

图3-4 水泵出口
恒压的变速运行
给水方式

1—贮水池；2—变速泵；3—恒速泵；
4—压力变送器；5—调节器；6—控制器

冲击。但需注意的是，当频率较低时，变频器的效率急剧下降，因此变频器调速不宜使水泵的转速过低。当系统在小流量运行时，最好能配置一套小流量的定速泵。

3）水泵—水箱联合给水方式

此给水方式是目前应用最广的一种给水方式，如图3-5所示。由于水泵可及时向水箱充水，使水箱容积大为减小；又因为水箱的调节作用，水泵的出水量稳定，可以使水泵高效率地工作；水箱如采用自动液位控制（如浮球继电器等装置），可实现水泵启闭自动化。因此，这种方式技术合理、供水可靠，虽然费用较高，但其长期效果是经济的。

若水泵直接从室外给水管网吸水会造成室外给水管网的压力大幅度波动，影响其他用户的用水，因此一般不允许水泵直接从室外给水管网吸水，必须设置断流水池（贮水池）。

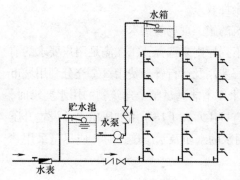

图3-5 设水泵—
水箱联合给水方式

（3）分区供水的给水方式

在层数较多的建筑物中，室外给水管网水压往往只能供到建筑物下面几层，而不能供到建筑物上面几层，为了充分有效地利用室外给水管网水压，常将建筑物分成上下两个供水区，如图3-6所示，下区直接在城市管网压力下工作，上区由水箱—水泵联合供水。两区间由一根或两根立管连通，在分区处装设阀门，必要时可使整个管网全由水箱供水或由室外给水管网直接向水箱充水。

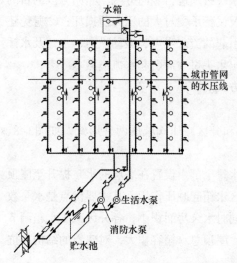

图3-6 分区给水
方式

在分区供水的给水方式中，水泵及水箱均按上区要求设计。如果设有室内消防时，消防水泵则要按上下两区用水考虑。这种给水方式对于低层设有洗衣房、浴室、大型餐厅和厨房等用水量大的建筑物尤有意义。

（4）气压罐给水方式

在室外给水管网水压经常不足，而建筑物内又不宜设置高位水箱或设水箱确有困难的情况下，可设置气压给水设备。气压给水装置是利用密闭压力水罐内气体的可压缩性贮存、调节和压送水的给水装置，其作用相当于高位水箱或水塔，如图3-7所示。水泵从贮水池吸水，经加压后送至给水系统和气压罐内。停泵时，再由气压罐向室内给水系统供水，并由气压水罐调节、贮存水量及控制水泵运行。

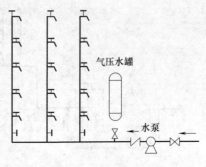

图3-7 气压罐给水方式

气压罐给水系统的主要设备可设在建筑物的任何高度上，安装方便，水质不易受污染，投资省，建设周期短，便于实现自动化等。但由于给水压力变动较大，所以管理及运行费用较高，供水安全性较差。

气压罐给水系统尤其适用于新建建筑的施工现场的供水。

室内给水系统的给水方式一般根据下列原则来选择：①在满足用户要求的前提下，应力求给水系统简单，以降低工程费用及运行管理费用；②充分利用城市管网水压直接供水，如果室外给水管网水压不能满足整个建筑物的用水要求时，可以考虑建筑物下层利用室外管网水压直接供水，上层采用加压供水（设置升压设备）；③当两种或两种以上不同性质用水的水质及水压接近时，应尽量采用共用给水系统。

3. 高层建筑的室内给水方式

由于高层建筑层数多，因此其给水系统必须进行竖向分区。竖向分区的目的在于：①避免建筑物下层给水系统管道及设备承受过大的压力而损坏；②避免建筑物下层压力过高，管道内流速过大而引起的流水噪声、振动噪声、水锤及水锤噪声；③避免下层给水系统中水龙头流出水头过大而引起水流喷溅。

高层建筑给水系统竖向分区有多种方式。

（1）分区减压给水方式

分区减压给水方式有分区水箱减压和分区减压阀减压两种形式，如图3-8、3-9所示。

分区水箱减压是整幢建筑物内的用水量全部由设置在底层的水泵提升至屋顶总水箱，然后再分送至各分区水箱，分区水箱起减压作用。其主要优点是水泵数量少，设备费用较低，管理维护简单，同时水泵房面积小，各分区减压水箱调节容积小。其主要缺点是水泵运行费用高，屋顶总水箱容积大，对建筑的结构和抗震不利。

分区减压阀减压的工作原理与分区减压水箱供水方式相同，不同之处在于用减压阀来代替减压水箱。其最大优点是减压阀不占楼层面积，从而能够使建筑面积发挥出最大的经济效益。其缺点是水泵运行费用较高。

（2）分区并联给水方式

分区并联给水方式是在各区独立设水箱和水泵，且水泵集中设置在建筑物底

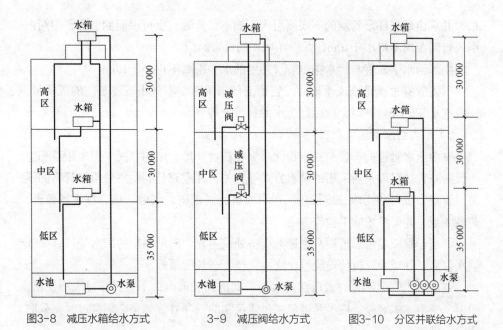

图3-8　减压水箱给水方式　　　3-9　减压阀给水方式　　　图3-10　分区并联给水方式

层或地下室，分别向各区供水，如图3-10所示。这种供水方式的优点主要表现在各区是独立的给水系统，互不影响，某区发生事故，不影响其他区的供水，供水安全可靠，而且各区水泵集中设置，管理维护方便。这种系统的缺点在于水泵台数多，水泵出水高压管线长，增加了设备费用，分区水箱占建筑层若干面积，减少了建筑使用面积，影响经济效益。

3.1.3　室内给水系统管路及设施设备

1．给水管路

（1）给水管材

室内给水管道应选用耐腐蚀和安装连接方便可靠的管材，可采用塑料给水管、塑料和金属复合管、铜管、不锈钢管及经可靠防腐处理的钢管。在高层建筑立管中，由于立管长度长，塑料管道会形成较大的热胀性；而且，高层建筑立管需要承受较大的水压，因此，在高层建筑立管中一般不采用塑料管。

目前，建筑室内给水管道常用的材料主要有PPR、ABS、衬塑钢管、铝塑复合管、铜管、不锈钢管等，各管材的特性详见第2章相关内容。

（2）室内给水管道的管路布置

1）引入管的布置

建筑物的给水引入管，从配水平衡和供水可靠角度考虑，宜从建筑物用水量最大处和不允许断水处引入。当建筑物内卫生用具布置比较均匀时，应在建筑物中部引入，以缩短管网向最不利点的输水长度，减少管网的水头损失。引入管一般设置一根，当建筑物不允许间断供水或室内消火栓总数在10个以上时，需要设置两根，并应由城市环形管网的不同侧引入；如不可能时，也可由同侧引入，但两根引入管间距离不得小于10m，并应在接点间设置阀门。

生活给水引入管与污水排出管管外壁的水平距离不得小于1.0m。

引入管穿过承重墙或基础时，管顶上部预留净空不得小于建筑物的沉降量，一般不小于0.1m。同时，应做好防水的技术处理。

2）室内给水管道的布置

室内给水管道的布置与建筑物性质、建筑物外形、结构状况、卫生用具和生产设备布置情况以及所采用的给水方式等有关，并应充分利用室外给水管网的压力。管道布置时应力求长度最短，尽可能呈直线走向，与墙、梁、柱平行敷设，兼顾美观，并要考虑施工检修方便。

给水干管应尽量靠近用水量最大设备处或不允许间断供水的用水处，以保证供水可靠，并减少管道传输流量，使大口径管道长度最短。

室内给水管道不允许敷设在排水沟、烟道和风道内，不允许穿过大小便槽、橱窗、壁柜、木装修，应尽量避免穿过建筑物的沉降缝，如果必须穿过时要采取相应的措施。

（3）室内给水系统的管路敷设

室内给水管道的敷设，根据建筑对卫生、美观方面的要求不同，分为明装和暗装两类。

1）明装

即管道在室内沿墙、梁、柱、天花板下、地板旁暴露敷设。明装管道造价低，施工安装、维护修理均较方便。缺点是管道表面积灰、产生凝水等会影响环境卫生，而且明装有碍房屋美观。一般民用建筑和大部分生产车间均为明装方式。

2）暗装

即管道敷设在地下室天花板下或吊顶中，或在管井、管槽、管沟中隐蔽敷设。管道暗装时，卫生条件好、房间美观，在标准较高的高层建筑、宾馆等均采用暗装；在工业企业中，某些生产工艺要求高，如精密仪器或电子元件车间要求室内洁净无尘时，也采用暗装。暗装的缺点是造价高，施工维护均不便。

引入管的敷设，其室外部分埋深由土壤的冰冻深度及地面荷载情况决定。引入管通常敷设在冰冻线以下20mm，覆土深度不小于0.7~1.0m。在穿过墙壁进入室内部分，可有下面两种情况：①由基础下面通过；②穿过建筑物基础或地下室墙壁。其中任一情况都必须保护引入管不致因建筑物沉降而受到破坏。为此，在管道穿过基础墙壁部分需预留大于引入管直径200mm的孔洞，在管外填充柔性或刚性材料，或者采取预埋套管、砌分压拱或设置过梁等措施。

2. 水表

水表是一种计量建筑物用水量的仪表。目前室内给水系统中广泛采用流速式水表。流速式水表是根据管径一定时，通过水表的水流速度与流量成正比的原理来测量的。水流通过水表时推动翼轮旋转，翼片轮轴传动一系列联动齿轮（减速装置），再传递到记录装置，在度盘指针指示下便可读到流量的累积值。

流速式水表按翼轮的构造不同分为旋翼式和螺翼式。旋翼式的翼轮转轴与水流方向垂直，水流阻力较大，多为小口径水表，宜用于测量小流量。螺翼式的翼轮转轴与水流方向平行，阻力较小，适于大流量的大口径水表。

流速式水表按其计数机件所处状态又分干式和湿式。干式水表的计数机件用金属圆盘与水隔开；湿式水表的计数机件浸在水中，在计数度盘上装一块厚玻璃（或钢化玻璃）用以承受水压。湿式水表机件简单、计量准确、密封性能好，但只能用在水中不含杂质的管道上，若水质浊度高，不仅会影响计量精度，而且会产生磨损，缩短水表寿命。图3-11为流速式水表。

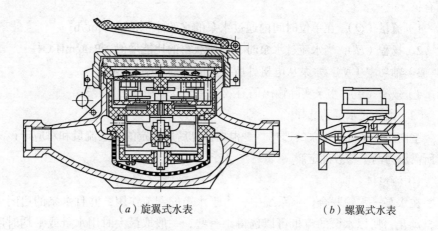

图3-11 流速式水表　　　　（a）旋翼式水表　　　　　（b）螺翼式水表

水表的性能参数有：

（1）特性流量：水表中水头损失等于100kPa时的流量值；

（2）最大流量：水表在短时间内（每昼夜不超过1h）超负荷使用的流量上限值；

（3）额定流量：水表长期正常运转的工作流量；

（4）最小流量：水表能准确计数的流量下限值；

（5）灵敏度：水流通过水表时，水表指针由静止开始转动的最小启动流量。

选择水表是按通过水表的设计流量（不包括消防流量），以不超过水表的额定流量确定水表直径，并以平均每小时流量的6%～8%校核水表灵敏度。对生活消防共用系统，还需要加消防流量复核，使总水流量不超过水表的最大流量限值。

3.水泵

（1）水泵装置

在建筑室内给水系统中，一般采用离心式水泵。在离心式水泵中，靠叶轮旋转产生的离心作用使水获得能量，从而使压力升高，将水输送到需要的地点。

离心式水泵装置形式，按进水方式分为水泵直接从室外给水管网抽水和水泵从贮水池抽水两种。在很多情况下，水泵直接从管网抽水会使室外管网压力降低（甚至出现负压），影响对周围其他用户的正常供水。因此，许多城市都对直接从管网抽水加以限制。当建筑内部水泵抽水量较大，不允许直接从室外管网抽水时，需要建造贮水池，水泵从贮水池中抽水。贮水池既可用来贮存一定的水量，也可做调节池。

离心式水泵的工作方式，分为"吸入式"和"灌入式"两种。泵轴高于吸水池水面的称"吸入式"，吸水池水面高于泵轴的称"灌入式"。"吸入式"水泵在每次运行前必须向泵体注水，使水淹没水泵的叶轮。而"灌入式"由于吸水池水面始终高于泵轴，使水泵的叶轮总是被水淹没，因此无需专门设置灌水设备。

（2）水泵的参数

为了正确地选用水泵，必须了解水泵的工作参数。离心式水泵的主要工作参数有：

1）流量（Q）：在单位时间内通过水泵的水的体积，L/s或m^3/h；

2）扬程（H）：当水流过水泵时，水所获得的比能增值，Pa或mH_2O柱；

3）轴功率（N）：水泵从电机处所得到的全部功率，kW；

4）效率（η）：水泵实际输出的有效功率与其轴功率之比，%。

（3）离心式水泵的选择

室内给水系统中水泵的选择，是根据计算后所确定的水泵流量和对应于该流量所需压力两个参数确定。

1）流量

在水泵—水箱联合供水系统中，由于水箱的调节作用，并且水泵的启闭可以自动化，所以水泵的流量可以选得小一些，一般取最大时用水量或平均时用水量。但根据平均时用水量选择水泵将导致水箱调节容积的增大，只有在建筑物日总用水量不大时才采用，因此设计时需要视具体条件进行技术经济比较后确定。

2）扬程

在贮水池—水泵—水箱供水系统中，水泵总扬程为：

$$H_b = 10\Delta Z + H_1 + H_2 \tag{3-2}$$

式中　ΔZ —— 贮水池最低水面与水箱进水口之间的垂直距离，m；

　　　H_1 —— 水泵吸水管的总水头损失，kPa；

　　　H_2 —— 水泵压水管的总水头损失，kPa。

（4）水泵房

水泵机组一般设置在专门的水泵房内。水泵房应有良好的通风、采光、防冻和排水措施。在要求防振、安静的房间周围不要设置水泵。泵房内水泵机组的布置要便于起吊设备的操作，管道的连接要力求管线短、弯头少，间距要保证检修时能拆卸、放置电机和泵体，并满足维护要求。水泵机组应设高度不小于0.1m的独立基础，水泵基础不得与建筑物基础相连。每台水泵应设独立的吸水管以免相邻水泵吸水时互相影响。多台水泵共用吸水管时，吸水管应从管顶平接。水泵出水管上要设置阀门、止回阀和压力表并宜有防水锤的措施。为减少噪声，在水泵及其吸水、出水管上均应设隔振装置，通常可采用在水泵机组的基础下面设橡胶、弹簧减振器或橡胶隔振垫，在吸、出水管上装设可挠曲橡胶接头等装置。

4. 水箱

建筑给水系统中，在需要增压、稳压、减压或者需要贮存一定的水量时，均可设置水箱。水箱一般用钢板、钢筋混凝土、玻璃钢等材料制作。钢板水箱施工安装方便，但易锈蚀，所以内外表面都应做防腐处理。钢筋混凝土水箱适合于大型水箱，经久耐用，维护简单，造价低，但自重大，与管道连接不好易漏水。玻璃钢水箱重量轻、强度高、耐腐蚀、安装维修方便，大容积可现场组装，目前应用越来越多。

水箱构造如图3-12所示，与水箱连接的管道有：

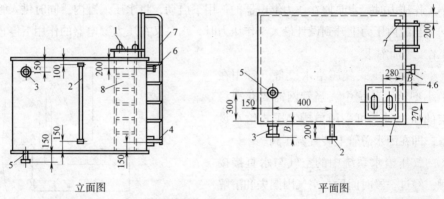

立面图　　　　　　　　　平面图

图3-12　水箱　　　1—人孔；2—水位计；3—溢水管；4—出水管；5—泄水管；6—进水管；7—外人梯；8—内人梯

（1）进水管。进水管管径按水泵流量或室内设计秒流量计算确定。当水箱利用管网压力进水时，其进水管上应装设不少于两个浮球阀或液压水位控制阀。为了检修的需要，在每个浮球阀或液压水位控制阀前应设置阀门。进水管距水箱上沿应保留200mm的距离。当水箱利用水泵压力进水时，并采用水箱液位自动控制水泵启闭时，在进水管出口处可不设浮球阀或液压水位控制阀。

（2）出水管。出水管管径按设计秒流量计算。管口下缘应高出水箱底50~100mm，以防污物流入配水管网。对生活与消防共用水箱，出水管口应设在消防贮水量对应的水位之上。

（3）溢流管。溢流管口应高于设计最高水位50mm，溢流管上不得装设阀门。溢流管不得直接和排水系统相连，还应有防止尘土、昆虫、蚊蝇等进入的措施，如设置水封等。

（4）排水管。为放空水箱和排出冲洗水箱后的污水而设置的。管口由水箱底部接出与溢流管连接，管径DN40或DN50，在排水管上应设置阀门。

（5）水位信号管。安装在水箱壁溢流管口以下10mm处，管径为DN15，信号管另一端应通到经常有值班人员的房间的污水池上，以便随时发现水箱浮球阀是否失灵。

（6）通气管。供生活饮用水的水箱应设有密封箱盖，箱盖上应设有检修人孔和通气管，通气管上不得装设阀门，管口应朝下设置且管口应装设防尘滤网。通气管管径一般不小于50mm。

当生活水箱和消防水箱共用时，水箱的有效容积应根据调节水量和消防贮水量确定。

5. 气压给水设备

气压给水设备，由密闭罐、水泵、空气压缩机、控制器材等部分组成。

图3-13为单罐变压式气压给水设备。其工作过程为：罐内空气的起始压力高于管网所需的设计压力，水在压缩空气的作用下被送至管网。但是，随着水量的减少，水位下降，罐内的空气容积增大，压力逐渐减小，当压力下降到设计最小工作压力时，水泵便在压力继电器的作用下启动，将水压入罐内，同时供入管网。当罐内压力上升到设计最大工作压力时，水泵又在压力继电器的作用下停止工作，如此往复。

单罐变压式气压给水设备，常用在中小型给水系统中。当管网需要获得稳定的压力时，可采用单罐定压式给水设备，即在配水总管上装置调压阀。

气压给水系统中的空气与水直接接触，经过一段时间后，空气因漏失和溶解于水而逐渐减少，使调节容积逐渐减小，水泵启动渐趋频繁，因此需要定期予以补充。最常用的是用空气压缩机补气，在小型系统中也可采用水泵压水管中积存的空气补气、水射器补气和定期泄空补气等方式。

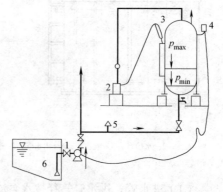

1—水泵；2—空气压缩机；3—水位继电器；4—压力继电器；5—安全阀；6—水池

图3-13 单罐变压式气压给水设备

气压给水设备的水罐可以水平放置，也可以垂直放置。在水罐的进气管和出水管上，应分别设止水阀和止气阀，以防止水进入空气管道，以及防止压缩空气进入配水管网。

普通直接接触式气压罐内气、水直接接触，易使水质受到污染，图3-14为隔膜式气压给水设备，是一种新型的气压给水设备。气压罐内装有橡胶或塑料囊式弹性隔膜，隔膜将罐体分为气室和

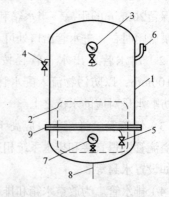

1—罐体；2—橡胶隔膜；3—电接点压力表；4—充气管；5—放气管；6—安全阀；7—压力表；8—进出水水管；9—法兰

图3-14 隔膜式气压给水设备

水室，水与压缩空气不直接接触，因而不会使水质受到污染。它靠囊的伸缩变形来调节水量，可以一次充气，长期使用，不需补气设备，使系统得到简化，扩大了气压给水设备的使用范围。

3.1.4 室内给水系统的用水量确定

建筑物内的生活用水是满足生活上的各种需要所消耗的用水，其用量是根据建筑物内卫生设备的完善程度、气候、使用者的生活习惯、水价等因素确定。生活用水的变化较大，而且随气候、生活习惯的不同，各地差别也很大。一般来说，卫生器具越多，设备越完善，用水的不均匀性越小。

生活用水的计算是根据用水量定额及用水单位数来确定的。我国各种类型的建筑物的生活用水定额及小时变化数按照《建筑给水排水设计规范》GB 50015—2003的要求进行确定。

根据规范规定，按设计要求可以计算出建筑物内生活用水的最高日用水量及最大时用水量。

$$Q_d = m \cdot q_d \qquad (3-3)$$

式中　Q_d ——最高日用水量，L/d；

　　　m ——用水单位数，人、床位等；

　　　Q_d ——最高日生活用水定额，L/人·d等。

$$Q_h = \frac{Q_d}{T} \cdot K_h \qquad (3-4)$$

式中　Q_h ——最大时用水量，L/h；

　　　T ——建筑物内的每日用水时间，h；

　　　K_h ——小时变化系数，它是最大时用水量和平均时用水量之比。

$$K_h = \frac{Q_h}{Q_p} \qquad Q_h = Q_p \cdot K_h \qquad (3-5)$$

式中　Q_p ——平均时用水量，L/h。

以最大时用水量Q_h设计给水管道，能够适应室外给水管网或街区、厂区、建筑群。因为室外给水管网服务的区域大，卫生设备数量及使用人数多，而且使用参差交错，使用水量大致保持在某一范围的可能性较大，用水相对比较均匀。对于单个建筑物，根据最大时用水来选择设备，也能够满足要求。

3.1.5 室内饮水供应

室内饮水供应，包括开水、凉开水和饮用冷水供应三大类。

1. 开水供应

饮用开水量标准一般按用水单位制定。开水水温通常按100℃考虑，其水质应符合国家现行的《生活饮用水水质标准》的要求。

根据热源的具体情况，开水供应系统分为分散供应方式和集中供应方式。其中，集中供应方式又可分为集中制备分装供应和管道输送。

（1）集中供应方式

集中制备分装供应方式耗热量小，节约燃料，便于操作管理，投资省，但饮用不方便，饮用者需用保温容器到煮沸站打水，而且饮水点温度不易保证。工矿企业、机关、学校等，目前均广泛采用这种供应方式。为了便于管理，开水间常布置在靠近食堂、锅炉房、公共浴室等地方或设在同一建筑内。若打水距离大于200m，则可考虑设几个集中煮沸站。

集中制备管道输送供应系统是在锅炉房或开水间集中烧制开水，然后用管道输送至各饮用点。开水的供应可采用定时制，也可采用连续供应。为使各饮水点维持一定的水温，需设循环管道。在不能自然循环时，还需设循环水泵。这种供应方式便于操作管理，使用方便，能保证各饮水点的水温，但耗热量及投资较大。一般在可以自然循环时采用，适用于四层及四层以上的旅馆、办公楼、教学楼、科研工业楼、医院等建筑。

（2）分散供应方式

分散供应方式，是指将蒸汽、燃气或电等热源送至各制备点，就地将水煮沸供应。开水炉可设在专用开水间内，也可设在生活间、值班室和大厅内，小型开水器也可设在车间或走廊内。这种供应方式使用方便，可保证饮水点的水温，但不便于集中管理，投资较高，耗热量较大。

分散供应方式广泛应用于旅馆、饭店、工矿企业、办公楼、科研楼、医院等建筑。

2. 饮用凉水供应

在大型的公共集会场所，如体育馆、展览馆、游泳场、车站及公园等人员众多处，饮用热开水很不方便，尤其夏季饮用冷温水更为适宜。在此情况下，可以装设饮用凉水供应系统。

（1）凉开水供应

将开水冷却，然后供给人们饮用。饮用凉水供应系统往往和开水供应系统共用开水炉，将开水炉制备的开水一组用以直接供应开水，另一组则经过冷却器降温供应凉开水，以满足不同的需求。

（2）饮用冷水供应

在一些高级宾馆和写字楼中，对给水水质要求较高，要求室内给水均能直接饮用，这时就需设置饮用冷水供应系统。室内通过给水管网供水，公共场所则一般通过喷饮设备供应。

饮用冷水一般先由自来水供水，再对其进行深度处理（一般包括过滤和消毒），图3-15为饮用冷水处理系统图，整个处理系统由机械过滤器、活性炭过滤器、微孔精滤器、紫外线消毒及加药装置等组成。

1）机械过滤器。内装精制石英砂。石英砂颗粒由上到下分层，上细下粗，水流经过过滤器，起砂滤作用。机械过滤器除装填石英砂外，还应设有人孔、视

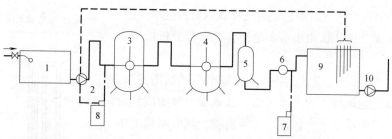

1—自来水蓄水池；2—水泵；3—机械过滤器；4—活性炭过滤器；5—微孔精滤器；
6—紫外线灭菌灯；7—注药器（NaClO₃）；8—注药器（混凝剂）；
9—饮用冷水水箱；10—水泵

图3-15 饮用水
处理系统图

镜及冲洗系统。人孔为加装石英砂及检修用，视镜为观察水位用。冲洗系统定期把水中停留在过滤器中的杂质冲洗掉。水在过滤器内的流速要适中，一般取 15～18m/h，如流速太小，会影响处理流量，流速太大，会带走杂质，影响过滤效果。机械过滤器能去除水中的杂质，减少浊度。

2）活性炭过滤器。利用活性炭的吸附能力，能去除水中的色度、臭味，对其他化学性指标、细菌学指标及毒性指标也有很好的处理效果。经过活性炭过滤器处理后的水就是纯净的饮用水。活性炭过滤器运行一段时间后也应进行冲洗。需要说明的是，水在活性炭过滤器内的流速越慢，其处理效果越好。活性炭经过一段时间的运行，可能失效，影响处理效果，所以要定期更换。

3）微孔精滤器。过滤器内装陶瓷微孔滤芯。滤芯由1～10μm及 10～20μm两组组成，其主要作用是截留从活性炭过滤器流出的水中夹带的活性炭颗粒及其他微小颗粒，以确保饮用水的纯净度。滤芯也需定期更换，更换周期与活性炭相同。

4）紫外线灭菌灯。为防止细菌繁殖，在市政用水中，由自来水厂在水中注入适当的氯用以杀菌。而经过活性炭过滤器后，由于活性炭具有极强的吸附作用，水中的余氯大为降低，如处理后停放时间过长，细菌极易繁殖，水质再次受到污染。为此，要用紫外线灯进行灭菌消毒。一般紫外线灭菌灯的功率为 30W×3，使用方便、可靠。

5）注药器。用注药器（NaClO₃）可以代替紫外线灭菌灯。NaClO₃注药器由药箱和计量泵组成。药箱由PVC制成，内盛NaClO₃液体。调整好计量泵的流量，连续不断地把NaClO₃溶液注入饮用蓄水池内以确保饮用蓄水池的余氯量在3ppm左右。药箱内的溶液需每天进行检查，定期加满，并做好检查及加药的记录。

混凝剂注药器也由药箱及计量泵组成。但药箱只放混凝剂，如明矾等，以加强水中杂质的凝聚作用。杂质凝聚后极易在机械过滤器中被石英砂滤出，从而提高了过滤效果，但药箱内的溶液亦需每天进行检查，定期加满，并做好检查及加药的记录。计量泵和处理水泵联动，同时启动，同时停止。

饮用水蓄水池的人孔一定要常关闭，并加锁。饮用水蓄水池也要分室，以便定期清洗。清洗以后一定要先加氯以后再进水使用。同时每天必须从饮用水蓄水池中直接取样分析饮用水水质。

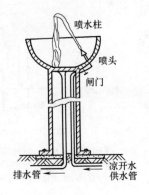

图3-16 饮水器

6）饮水器。喷饮设备必须保证水质和饮用安全，饮水器不能造成水的二次污染。饮水器的喷嘴应斜向喷出，以免饮后余水回落，污染喷嘴。同时喷嘴上还应有防护设备，避免饮水者接触喷嘴。喷嘴装设的高度应高出排水口，喷饮水的压力应能由阀门调节，以便保持一定的喷水高度而便于饮用。

饮水器如图3-16所示，其装设高度一般为0.9～1.0m，材料应采用搪瓷或金属镀铬等，表面光滑且易于清洗；供水管应采用镀锌钢管，零件亦用镀锌材料，以免污染水质。

3.2 室内热水供应系统

3.2.1 热水要求及供应系统分类

1. 热水用水量标准和热水水质

（1）热水用水量标准

室内热水供应是对水的加热、储存和输配的总称。室内热水供应系统主要供给生产、生活用户洗涤及盥洗用热水，应保证用户随时可以得到符合设计要求的水量、水温和水质。

用水量的标准有两种：①按热水用水单位所消耗的热水量及其所需水温而制定，如每人每日的热水消耗量及其所需水温、洗涤每1kg干衣所需的水量及水温等；②按卫生器具一次或1h热水用水量和所需水温而制定。用水量标准的具体数值可参考《建筑给水排水设计规范》。

（2）热水的水质

生产用热水的水质标准要根据生产工艺要求标准来确定。生活用热水的水质标准除了应该符合我国现行的《生活饮用水水质标准》外，对集中热水供应系统加热前水质是否需要软化处理，应根据水质、水量、使用要求等因素进行技术经济比较确定。一般情况下热水供应系统按60℃水温计算时，小于10m³的日用水量可不进行软化处理。

（3）水温

热水水温应当满足生产和生活需要，以保证系统不因水温高而导致金属管道腐蚀、设备和零件损毁以及维护难度大。水温过高还容易产生烫伤。热水锅炉和水加热器的出水温度一般均按65～70℃水温设计，最高不得超过75℃。配水管网最不利配水点的最低水温：供洗涤时应不低于60℃，供应浴盆时不低于55℃。水加热设备出口与配水管网最不利配水点温度差不得大于15℃。

2．热水供应系统的分类

室内热水供应系统，按照热水供应范围分为：局部热水供应系统、集中热水供应系统、区域热水供应系统。

（1）局部热水供应系统

在建筑物内各用水点设置小型加热器把水加热后供该场所使用。其热源为电力、燃气、蒸汽等。该系统适用于用水点少、用水量小的建筑物。

（2）集中热水供应系统

在锅炉房或热交换间设加热设备，将冷水集中加热，通过热水管网供各用水点使用。这种系统适用于医院、疗养院、旅馆、公共浴室、体育馆、集体宿舍等建筑。

一个完整的热水供应系统，由加热设备、热媒管道、热水输配管网和循环管道、配水龙头或用水设备、热水箱及水泵组成。其工作流程是：锅炉产生的蒸汽经热媒管送入水加热器把冷水加热，蒸汽凝结水由凝结水管排至凝水池，锅炉用水由凝水池旁的凝结水泵压入。水加热器中所需要的冷水由给水箱供给，加热器中热水由配水管送到各个用水点。为了保证热水温度，循环管（回水管）和配水管中还循环流动着一定数量的循环热水，用来补偿配水管路在不配水时的散热损失。因此，可以认为集中热水供应系统由第一循环系统（发热和加热器等设备）和第二循环系统（配水和回水管网等设备）组成。

（3）区域热水供应系统

加热冷水的热媒多使用热电站、工业锅炉房所引出的余热集中制备热水，供建筑群需要。这种系统热效率最高，供应范围比集中热水供应系统大得多，每幢建筑物热水供应设备也最少。因此，有条件时优先采用此系统。

3.2.2 普通集中热水供应系统

1．普通集中热水供应方式

普通集中热水供应方式有很多，按加热冷水方法的不同，可分直接加热式和间接加热式；按有无循环管道，可分为全循环式、半循环式和无循环式；按循环方式的不同，可分为设循环水泵的机械循环式和不设循环水泵的自然循环式；按配水干管在建筑内布置位置不同，可分为下行上给式和上行下给式。

图3-17（a）为干管下行上给全循环供水方式，由两大循环系统组成：第一循环系统由锅炉水加热器、凝结水箱、水泵及热媒管道等构成，其作用是制备热水；第二循环系统主要由上部贮水箱、冷水管、热水管、循环管及水泵等构成，其作用是输配热水。该系统适用于热水用水量大、要求较高的建筑。

图3-17（b）是上行下给式系统，此时循环立管是由每根热水立管下部延伸而成。这种方式一般适用于五层以上，并且对热水温度的稳定性要求较高的建筑。因配水管与回水管之间的高差较大，往往可以采用不设循环水泵的自然循环

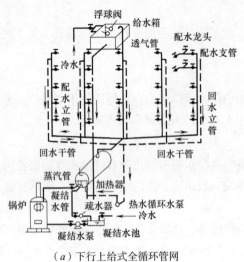

（a）下行上给式全循环管网

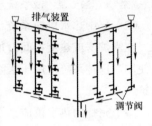

（b）上行下给式全循环管网

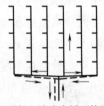

（c）下行上给式半循环管网

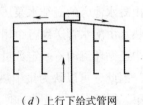

（d）上行下给式管网

图3-17　集中热水供应方式

系统。这种系统的缺点是维护和检修管道不便。

图3-17（c）为干管下行上给半循环管网方式，适用于对水温的稳定性要求不高的五层以下建筑物，比上述全循环方式节省管材。

图3-17（d）为不设循环管道的上行下给管网方式，适用于浴室、生产车间等建筑物内。这种方式的优点是节省管材，缺点是每次供应热水前需排泄掉管中的冷水。

热水供应方式的选择，必须根据建筑物性质、要求卫生器具供应热水的种类和数量、热水供应标准、热源的情况等因素，继而选择不同的可用方式进行技术和经济方案比较后确定。

2．普通集中热水供应设备

水加热器是供热系统中最常用的一种热交换设备，是指被加热介质为水的换热器。

按换热器热交换方式的不同，热交换设备可分为表面式换热器和混合式换热器。表面式换热器的热交换通过金属表面进行，加热用热媒与被加热水不直接接触，亦称间接式。混合式换热器加热热媒与被加热水直接接触、混合，故又称直接式。

按参与热交换的介质分类，水加热器分为汽—水加热器和水—水加热器。汽—水加热器可分为两种：一种是容积式加热器，另一种是快速加热器。

（1）容积式水加热器

有立式和卧式两种。卧式水加热器比立式性能好，所以应用较多。图3-18为卧式容积式水加热器，中下部放置加热排管，蒸汽由排管上部进入，凝结水由排管下部排出。加热排管可采用铜管或钢管。冷水由加热器底部压入，制备的热水由其上部送出，对于一般立式及卧式容积式水加热器，经选型计算后均可按国家标准图选用。

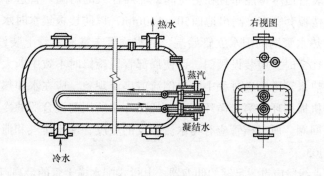

图3-18　容积式水加热器

（2）快速式水加热器

有汽—水和水—水两种类型。前者热媒为蒸汽，后者热媒为过热水。汽—水快速加热器也有两种类型，图3-19是多管式汽—水快速加热器。它的优点是效率高，占地面积小；缺点是水头损失大，不能贮存热水供调节使用，在蒸汽或冷水压力不稳定时，出水温度变化较大。快速加热器适用于用水量大而且比较均匀的建筑物。为避免水温波动，最好装设自动温度调节器或贮水罐。

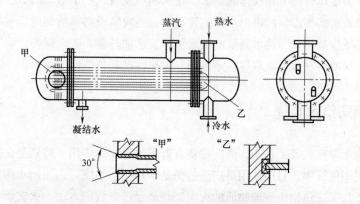

图3-19　汽—水快速水加热器

水—水快速加热器的外形和多管汽—水加热器相同，只是套管内为多管排列，热媒是过热水。热效率比汽—水加热器低，但比容积式水加热器高。

（3）热水贮存器

它是一种单纯贮存热水的容器。在热水供应系统用水不均匀时，贮水器起调节作用。它分为开式和密闭式两种，前者称为热水箱，后者称为热水贮水罐，一般均用钢板制造。热水箱可做成方形或圆形。热水贮水罐一般均与加热设备放在一起，但其底部应高出加热设备最高部位。热水箱及贮水罐的容积应经计算确定。

3.2.3 室内热水管网的布置和敷设

热水管网布置的基本原则应该是在满足使用、便于维修管理的情况下使管线最短。热水干管根据所选定的方式可以敷设在室内地沟、地下室顶部、建筑物最高层或专用设备技术层内。一般建筑物的热水管线放置在预留沟槽、管道竖井内。明装管道尽可能布置在卫生间或非居住人的房间。管道穿楼板及墙壁应有套管，楼板套管应该高出地面50～100mm，以防楼板集水时水由楼板孔流到下一层。热水管网的配水立管始端、回水立管末端和支管上装设水嘴多于5个但不超过10个时，应装设阀门，以使局部管段检修时不致中断大部分管路配水。为防止热水管道输送过程中发生倒流或串流现象，应在水加热器或贮水罐给水管上、机械循环的第二循环管上、加热冷水所用的混合器的冷热水进水管道上装设止回阀。所有横管应有与水流相反的坡度，便于排气和泄水。坡度一般不小于0.003。

横干管直线段应设置足够的伸缩器。上行式配水横干管的最高点应设置排气装置（自动排气阀或排气管），管网最低点还应设置泄水阀门或丝堵以便泄空管网存水。对下行上给全循环式管网，为了防止配水管网中分离出的气体被带回循环管，应当把每根立管的循环管始端都接到其相应配水立管最高点以下0.5m处。

热水贮水罐或容积式水加热器上接出的热水配水管一般从设备顶接出，机械循环的回水管从设备下部接入。热媒为热水的进水管应在设备顶部以下1/4高度接入。其回水管和冷水管应分别在设备底部引出和接入。

为了满足运行调节和检修的要求，在水加热设备、贮水器、锅炉、自动温度调节器和疏水器等设备的进出水口的管道上，还应装设必需的阀门。

为了减少散热量，热水系统的配水干管、水加热器、贮水罐等，均需采取保温措施。保温材料应当选取导热系数小、耐热性高和价格低的材料。

3.3 消防给水系统

在物业设施设备工程中，消防设备有着十分重要的作用，特别是在高层建筑中。在民用建筑中，目前使用最广泛的仍是给水消防系统。因为用水作为灭火工质，用于扑灭建筑物中一般物质的火灾，是最经济有效的方法。火灾统计资料表明，设有室内消防给水设备的建筑物内，在发生火灾的初期，主要是由室内消防给水设备进行控制和扑灭的。

根据我国常用消防车的供水能力，建筑高度不大于27m的住宅建筑（包括设置商业服务网点的住宅建筑），建筑高度大于24m的单层公共建筑，建筑高度不大于24m的其他公共建筑的室内消防给水系统，属于低层建筑室内消防给水系统，主要用于扑灭建筑物初期火灾。高层建筑灭火必须立足于自救，因此高层建筑的室内消防给水系统应具有扑灭建筑物大火的能力。

常用的室内消防给水系统有消火栓灭火系统、闭式自动喷水灭火系统、开式自动喷水灭火系统等。

3.3.1 消火栓给水系统

1．消火栓给水系统的组成

消火栓给水系统由水枪、水龙带、消防管道、消防水池、消防水泵、增压设备等组成。

水枪是灭火的重要工具，一般用铜、铝合金等制成，它的作用在于产生灭火需要的充实水柱。充实水柱是指消防水枪射出的有足够力量扑灭火焰的那一段射流长度。消防水枪喷口直径有13mm、16mm、19mm三种。喷嘴口径13mm的水枪配有50mm的接口；喷嘴口径16mm的水枪配有50mm和65mm的接口；喷嘴口径19mm的水枪配有65mm的接口。采用何种规格的水枪，要根据消防水量和充实水柱长度的要求确定。

水龙带有麻织、棉织和衬胶三种，衬胶的压力损失小，但抗折叠性能不如麻织的和棉织的好。室内常用的消防水龙带有φ50和φ65两种规格，其长度不宜超过25m。

室内消火栓上带内扣式接头的角形截止阀，按其出口形式分直角单出口式、45°单出口式、直角双出口式三种，如图3-20所示。

室内消火栓、水龙带、水枪一般安装在消火栓箱内，消火栓箱一般采用木材、铝合金或钢板制作而成，外装玻璃门，门上应有明显的标志。

室内消火栓应布置在建筑物内各层明显、易于取用和经常有人出入的地方，如楼梯间、走廊、大厅、车间的出入口，消防电梯的前室等处。消火栓阀门中心装置高度距地面1.2m，出水方向宜向下或与设置消火栓的墙面成90°。室内消火栓的布置，应保证有两支水枪的充实水柱能同时达到室内任何部位。

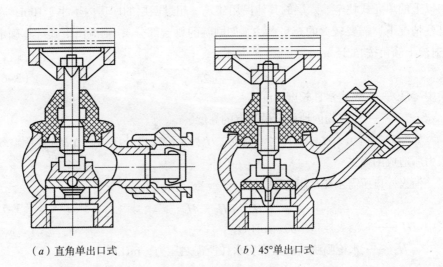

图3-20 单出口
室内消火栓

（a）直角单出口式　　　　（b）45°单出口式

2. 消防用水量

室内消防用水量为同时使用的水枪数量和每支水枪用水量的乘积。根据灭火效果统计,在火灾现场出一支水枪的控制率为40%,同时出二支水枪的控制率为65%。因而初期火灾应保证不宜少于二支水枪同时出水,只有建筑物容积较小时才考虑出一支水枪。

建筑物室内消火栓设计流量,应根据建筑物的用途功能、体积、高度、耐火等级、火灾危险性等因素综合确定,具体详见相关规范的要求。

消防用水与生活、生产用水统一的室内给水管网,当生活、生产用水达到最大用水量时,应仍能保证供应全部消防用水量。

3. 消防给水管道

室内消火栓系统管网应布置成环状,当室外消火栓设计流量不大于20L/s,且室内消火栓不超过20个时,除《消防给水及消火栓系统技术规范》GB 50974—2014要求应采用环状给水管网外,可布置成枝状。向室外、室内环状消防给水管网供水的输水干管不应少于两条。当其中一条发生故障时,其余的输水干管应仍能满足消防给水设计流量。

室内消火栓环状给水管道检修时应符合下列规定:室内消火栓竖管应保证检修管道时关闭停用的数量不超过1根,当竖管超过4根时,可关闭不相邻的2根;每根竖管与供水横干管相接处应设置阀门。一般按管网节点的管段数$n-1$的原则设置阀门,如图3-21所示。消防阀门平时应开启,并有明显的启闭标志。室内消火栓给水系统与自动喷水灭火系统宜分开设置。

根据防火要求,从水枪喷口射出的水流,不但要能射及火焰,而且还应有足够的力量扑灭火焰,因此计算时只采用射流中最有效的一段作为消防射流,此段射流称为充实水柱,即图3-22中的H_m。充实水柱按规定应在26～38mm直径圆断面内,包含全部水量的75%～90%,充实水柱的上部一段在灭火时不起作用,计算时不予考虑。按一般规定在居住、公共建筑内,充实水柱长度不小于7m;六层以上的单元式住宅、六层的其他民用建筑、超过四层的库房内不小于10m;在某些情况下,需要较大的充实水柱(如剧院的舞台部分),则应由下式计算确定(射流上倾角按45°计):

$$H_m = \sqrt{2h} \tag{3-6}$$

式中　H_m——充实水柱长度,m;

　　　h——建筑物内地面至最高点的高度,m。

如图3-22所示,H_t称垂直射流高度,H_q为水枪喷口处压力,ΔH为克服空气阻力所造成的损失。

消火栓口所需水压H_{xh}由下式计算:

$$H_{xh} = H_q + H_d \tag{3-7}$$

式中　H_{xh}——消火栓口压力,mH_2O;

　　　H_q——水枪喷嘴造成某充实水柱所需之压力,mH_2O;

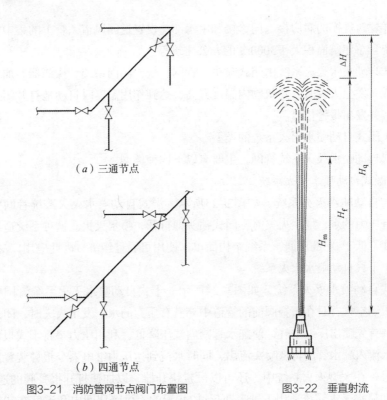

（a）三通节点

（b）四通节点

图3-21 消防管网节点阀门布置图　　　　图3-22 垂直射流

H_d —— 水流通过水龙带的压力损失，mH_2O。

消防管网中的消防立管的管径上下不变，按相关规范规定直径≥50mm。

当建筑物层数较多时，上下层消火栓所受水压相差悬殊，必须采取降低下层压力的措施（如设置阻力隔片），因为下层消耗水量比上层要大得多。例如9～10层的建筑物，下层消火栓流量可达到上层的2～2.5倍，远远超过规定的设计流量，尤其在设有消防水箱的建筑物内，将会使贮存于水箱中10min的消防水量，在4～5min内用完，这是不符合要求的。

3.3.2 自动喷水灭火系统

1. 闭式自动喷水灭火系统

闭式自动喷水灭火系统是当火场达到一定温度时，能自动地将喷头打开，扑灭和控制火势并发出火警信号的室内消防给水系统。它具有良好的灭火效果，火灾控制率达到97%以上。闭式自动喷水灭火系统应布置在以下场所：火灾危险性较大、火势蔓延快的场所；容易自燃而无人管理的仓库；对消防要求较高的建筑物或个别房间内，如大于或等于50000纱锭的棉纺厂开包、清花车间；面积超过1500m²的木器厂房；可燃、难燃物品的高架仓库和高层仓库；特等、甲等剧场；超过1500个座位的其他等级的剧场；超过2000个座位的会堂或礼堂；超过3000个座位的体育馆；超过5000人的体育场的室内人员休息室与器材间；任一层建筑面积大于1500m²或总建筑面积大于3000m²的展览、商店、餐饮和旅馆建筑以及医院中同样建筑规模的病房楼、门诊楼和手术部；设置送回风道（管）的集中空气调节系统且总建筑面积大于3000m²的办公建筑等。

闭式自动喷水灭火系统由闭式喷头、管网、报警阀门系统、探测器、加压装置等组成。发生火灾时，建筑物内温度升高，达到作用温度时自动地打开闭式喷头灭火，并发出报警信号。

（1）闭式自动喷水灭火系统的类型

闭式自动喷水灭火系统管网，主要有以下四种类型。

1）湿式自动喷水灭火系统

湿式自动喷水灭火系统，如图3-23所示。湿式自动喷水灭火系统管网中平时充满有压力的水，发生火灾时，闭式喷头即打开，喷水灭火。这种系统适用于常年温度不低于4℃的房间，系统结构简单，使用可靠且经济，因此应用广泛。

2）干式自动喷水灭火系统

干式自动喷水灭火系统，如图3-24所示。干式自动喷水灭火系统管网中平时充满压缩空气，只在报警阀前的管道中充满有压力的水。发生火灾时，闭式喷头打开，首先喷出压缩空气，使配水管网内气压降低，利用压力差将干式报警阀打开，水流入配水管网再从喷头流出，同时水流到达压力继电器令报警装置发出报警信号。在大型灭火系统中，还可以设置快开器，以加速打开报警阀的速度。干式自动喷水灭火系统适用于供暖期超过240天的不供暖房间内和温度在70℃以上的场所，且其喷头宜向上设置。

3）干湿式自动喷水灭火系统

干湿式自动喷水灭火系统适用于供暖期少于240天的不供暖房间。冬季管网中充满有压气体，而在温暖季节则改为充水，其喷头宜向上设置。

4）预作用自动喷水灭火系统

预作用自动喷水灭火系统，喷水管网中平时不充水，而充以有压或无压的气体。发生火灾时，由火灾探测器接收到信号后，自动启动预作用阀而向配水管网充水。当起火房间内温度持续升高，闭式喷头的闭锁装置脱落，喷头就会自动喷水灭火。预作用自动喷水灭火系统一般适用于平时不允许有水渍损失的重要建筑物内或干式自动喷水灭火系统适用的场所。

（2）闭式喷头

闭式喷头是闭式自动喷水灭火系统的重要设备，由喷水口、控制器和溅水盘三部分组成。其形状和样式较多，如图3-25所示。闭式喷头是用耐腐蚀的铜质材料制造，喷水口平时被控制器所封闭。喷头的动作温度和色标见表3-1。在不同环境温度场所内设置喷头时，喷头公称动作温度应比环境温度高30℃左右。喷头之间的水平距离应根据火灾危险等级确定，见表3-2。其布置形式可采用正方形、长方形、菱形或梅花形。喷头与吊顶、楼板、屋面板的距离不宜小于7.5cm，也不宜大于15cm，但楼板、屋面板如为耐火极限不低于0.5h的非燃烧体，其距离可为30cm。

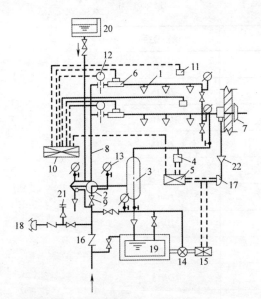

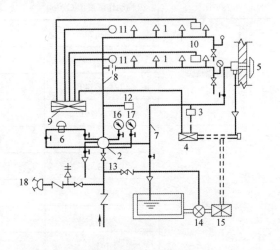

1—闭式喷头；2—湿式报警阀；3—延迟器；
4—压力继电器；5—电气自控箱；6—水流指示器；
7—水力警铃；8—配水管；9—阀门；10—火灾收信机；
11—感温、感烟火灾探测器；12—火灾报警装置；
13—压力表；14—消防水泵；15—电动机；16—止回阀；
17—按钮；18—水泵接合器；19—水池；20—高位水箱；
21—安全阀；22—排水漏斗

图3-23 湿式自动喷水灭火系统

1—闭式喷头；2—干式报警阀；3—压力继电器；
4—电气自控箱；5—水力警铃；6—快开器；7—信号管；
8—配水管；9—火灾收信机；10—感温、感烟火灾探测器；
11—报警装置；12—气压保持器；13—阀门；
14—消防水泵；15—电动机；16—阀后压力表；
17—阀前压力表；18—水泵接合器

图3-24 自动喷水灭火系统

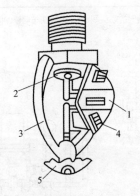

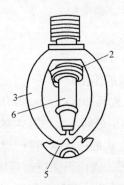

（a）易熔合金闭式喷头　　　　　　　（b）玻璃瓶闭式喷头

1—易熔合金锁闸；2—阀片；3—喷头框架；4—八角支撑；5—溅水盘；6—玻璃球

图3-25 闭式喷头

喷头的动作温度和色标　　　　　　　　　　　　表 3-1

类别	公称动作温度（℃）	色标	接管直径
易熔合金喷头	57 ~ 77	本色	DN15
	79 ~ 107	白色	DN15
	121 ~ 149	蓝色	DN15
	163 ~ 191	红色	DN15
玻璃球喷头	57	橙色	DN15
	68	红色	DN15
	79	黄色	DN15
	93	绿色	DN15
	141	蓝色	DN15
	182	紫红色	DN15

不同火灾危险等级的喷头布置　　　　　　　　表 3-2

建、构筑物危险等级分类		每只喷头最大保护面积(m²)	喷头最大水平间距(m)	喷头与墙柱最大间距（m）
严重危险等级	生产建筑物	8.0	2.8	1.4
	贮存建筑物	5.4	2.3	1.1
中危险等级		12.5	3.6	1.8
轻危险等级		21.0	4.6	2.3

注：1. 表中是标准喷头的保护面积和间距；2. 表中间距是正方形布置时的喷头间距；3. 喷头与墙壁的间距不宜小于0.6m。

（3）控制信号阀

控制信号阀的作用是当系统中闭式喷头自动开启后，此阀即自动送水和报警。

普通的控制信号阀形式如图3-26所示，实际是一种直立式的鞍状单向阀。在洒水喷头未打开之前，阀内铜圆盘前后压力相等。打开一个喷头后，阀的上面压力降低，于是铜圆盘在供水设备水压下沿导杆升起，水即进入管网。同时，鞍状阀上的圆孔被打开，水沿15mm的管流向信号阀叶轮，使叶轮不断旋转，带动轮轴上的小锤敲打警

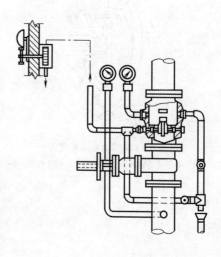

图3-26　控制信号阀

铃发出报警信号。

除上述机械信号外，也可采用电信号（用水力继电器），以便把信号传送较远或同时传送至几个地点。

控制信号阀一般设置在靠近建筑物出入口或消防人员值班室中。对火灾危险性较大，或对消防要求较高的极重要场所，最好设置感温式火灾报警器（恒温器），这样温度升高时，在洒水喷头打开之前就能发出警报。

（4）管网的布置和敷设

供水管网应布成环状，进水管不少于两根。环状管网供水干管应设分隔阀门。当某一段管段损坏或检修时，分隔阀门所关闭的报警装置不得多于三个，分隔阀门应设在便于管理、维修和容易接近的地方。在报警阀的供水管上，应设置阀门，其后的配水管上不得设置阀门和其他用水设备。自动喷水灭火系统报警阀后的管道，应采用镀锌钢管或无缝钢管。湿式系统的管道，可用丝扣连接或焊接。对于干式、干湿式或预作用系统管道，宜采用焊接方法连接，不得采用补心，而应采用异径管。在弯头上不得采用补心，在三通上至多用一个补心，四通上至多用两个补心。

2. 开式自动喷水灭火系统

开式自动喷水灭火系统，按其喷水形式的不同可分为雨淋灭火系统和水幕灭火系统，通常布置在火势猛烈、蔓延迅速的严重危险级建筑物和场所。

雨淋灭火系统用于扑灭大面积火灾。下列建筑或部位应设置雨淋自动喷水灭火系统：火柴厂的氯酸钾压碾厂房，建筑面积大于$100m^2$且生产或使用硝化棉、喷漆棉、火胶棉、赛璐珞胶片、硝化纤维的厂房；乒乓球厂的轧坯、切片、磨球、分球检验部位；建筑面积大于$60m^2$或储存量大于2t的硝化棉、喷漆棉、火胶棉、赛璐珞胶片、硝化纤维的仓库；日装瓶数量大于3000瓶的液化石油气储配站的灌瓶间、实瓶库；特等、甲等剧场，超过1500个座位的其他等级剧场和超过2000个座位的会堂或礼堂的舞台葡萄架下部；建筑面积不小于$400m^2$的演播室，建筑面积不小于$500m^2$的电影摄影棚。

水幕灭火系统用于阻火、隔火、冷却防火隔断物和局部灭火。如设置在应设防火墙等隔断物而无法设置的开口部分，大型剧院、会堂、礼堂的舞台口，或防火卷帘或防火幕的上部。

按照淋水传动管网的充水与否，开式自动喷水灭火系统又分为开式充水系统和开式空管系统。开式充水系统用于易燃易爆的特殊危险场所；开式空管系统则用于一般火灾危险场所。

开式自动喷水灭火系统由火灾探测自动控制传动系统、自动控制成组作用阀系统、带开式喷头的自动喷水灭火系统三部分组成，系统管网可设计成枝状或环状，如图3-27所示。

水幕喷头系不带合金锁闸的普通开口喷头，其端部装有布水盘。布水盘的喷水角度按所需喷水方向而定。水幕喷头有两种，一种用于保护立面或斜平面（如

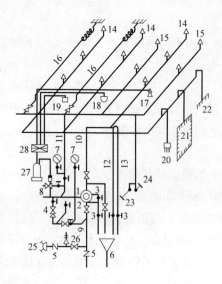

1—成组作用阀；2—闸阀；3—截止阀；
4—小孔阀（孔径 3mm）；5—止回阀；
6—排水斗；7—压力表；8—电磁阀；
9—供水干管；10—配水立管；
11—传动管网；12—溢流管；13—放气管；
14—开式喷头；15—闭式喷头；
16—易熔销封传动装置；17—感光探测器；
18—感温探测器；19—感烟探测器；
20—淋水器；21—淋水环；22—水幕；
23—长柄手动开关；24—短柄手动开关；
25—水泵接合器；26—安全阀；27—自控箱；
28—报警装置

图3-27　开式自动喷水灭火系统

墙、窗、门、帷幕）的喷头称窗口水幕喷头，其布水盘一般为铲形，喷出的水流集中在一个面形成水幕，图3-28（a）；一种用于保护上方屋檐、吊平顶等的称为檐口水幕喷头，其布水盘多用双面坡的三角形或铲形，喷出的水流散水角度较大，从而形成水幕，如图3-28（b），（c）。

水幕喷头口径一般为12.7mm、10mm、8mm、6mm，喷口处压力不低于3mH$_2$O柱，以保证出水量不小于0.6L/s。喷头可以向上或向下安装。

开式自动喷水灭火系统的火灾延续时间按1h计算，火灾初期10min消防用水量可来自消防水箱、水塔或贮水池。若室外管网的流量和水压均能满足室内最不利点消防用水量和水压要求时，可不设消防水箱、水池等贮水设备。

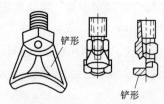

（a）铲形布水盘

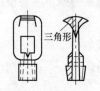

（b）双面坡三角形布水盘

（c）双面坡铲形布水盘

图3-28　水幕喷头

3.3.3 消防水泵、水箱和水池

1．消防水泵

室内消火栓灭火系统的消防水泵房，宜与其他水泵房合建，以便于管理。高层建筑的室内消防水泵房，宜设在建筑物的底层。独立设置的消防水泵房，其耐火等级不应低于二级。在建筑物内设置消防水泵房时，应采用耐火极限不低于2h的隔板和1.5h的楼板，与其他部位隔开，并应设甲级防火门。泵房应有独立的安全出口。

每台消防水泵应设有独立的吸水管，分区供水的室内消防给水系统，每区的进水管不应少于两条。在水泵的出水管上应装设试验与检查用的出水阀门。水泵装置的工作方式应采用自灌式。固定式消防水泵应设有和主要泵性能相同的备用泵，但室外消防用水量不超过25L/s的工厂和仓库，或七至九层单元式住宅可不设备用泵。设有备用泵的消防水泵房，应设置备用动力。若采用双电源有困难时，可采用内燃机作备用动力。

为了及时启动消防水泵，保证消防灭火供水，高层工业建筑应在每个室内消火栓处设置直接启动消防水泵的按钮。消防水泵应保证在火警后5min内开始工作，并在火场断电时仍能正常运转。消防水泵与动力机械应直接连接。消防水泵房宜有与本单位消防队直接联络的通信设备。

2．消防水箱

消防水箱的设置，应据室外管网的水压和水量来确定。设有能满足室内消防要求的常高压给水系统的建筑物，可不设消防水箱；设置临时高压和低压给水系统的建筑物，应设消防水箱或气压给水装置。

消防水箱设在建筑物的最高部位，其高度应能保证室内最不利点消火栓所需水压。若确有困难时，应在每个室内消火栓处，设置直接启动消防水泵的设备，或在水箱的消防出水管上安设水流指示器，当水箱内的水一经流入消防管网，立即发出火警信号报警。此外，还可设置增压设施，其增压泵的出水量不应小于5L/s，增压设施的气压罐调节水量不应小于450L。

消防用水与其他用水合并的水箱，应有保证消防用水不作他用的技术措施，发生火灾后，由消防水泵供应的水不得进入消防水箱。消防水箱应贮存10min的室内消防用水量。高位消防水箱的有效容积应满足初期火灾消防用水量的要求，并应符合下列规定：一类高层公共建筑，不应小于36m³，但当建筑高度大于100m时，不应小于50m³，当建筑高度大于150m时，不应小于100m³；多层公共建筑、二类高层公共建筑和类高层住宅，不应小于18m³。当一类高层住宅建筑高度超过100m时，不应小于36m³；二类高层住宅建筑，不应小于12m³；建筑高度大于21m的多层住宅，不应小于6m³；当工业建筑室内消防给水设计流量小于或等于25L/s时，不应小于12m³，大于25L/s时，不应小于18m³；总建筑面积大于10000m²且小于30000m²的商店建筑，不应小于36m³，总建筑面积大于30000m²

的商店建筑，不应小于50m³，当与前述规定不一致时应取其较大值。

3．消防水池

应设置消防水池的情况如下：生产、生活用水量达到最大，市政给水管网或入户引入管不能满足室内、室外消防给水设计流量；采用一路消防供水或只有一根入户引入管，且室外消火栓设计流量大于20L/s或建筑高度大于50m；市政消防给水设计流量小于建筑室内外消防给水设计流量。当市政给水管网能保证室外消防给水设计流量时，消防水池的有效容积应满足在火灾延续期间内室内消防用水量的要求；当市政给水管网不能保证室外消防给水设计流量时，消防水池的有效容积应满足火灾延续期间内室内消防用水量和室外消防用水量不足部分之和的要求。

不同场所消火栓系统的火灾延续时间：高层建筑中的商业楼、展览楼、综合楼、建筑高度大于50m的财贸金融楼、图书馆、书库、重要的档案楼、科研楼和高级宾馆，不应小于3h；其他公共建筑及住宅，不应小于2h；甲、乙、丙类仓库和厂房，不应小于3h；丁、戊类仓库和厂房，不应小于2h。除另有规定外，自动喷水灭火系统的持续喷水时间，应按火灾延续时间不小于1h确定。

发生火灾时，在保证向水池连续供水的条件下，计算消防水池容积时，可减去火灾延续时间内连续补充的水量。火灾后消防水池的补水时间不宜大于48h，但当消防水池有效总容积大于2000m³时，不应大于96h。

供消防车取水的消防水池应设取水口，取水口与被保护建筑物的距离不宜小于15m。消防车吸水高度不超过6m，消防水池的保护半径不宜大于150m。

消防水池与其他用水共用时，应有确保消防用水不被占用的技术措施。寒冷地区的消防水池，应有防冻措施。

消防水池的容积超过1000m³时，应分设成两个或两格。

4．水泵接合器

水泵接合器是消防车或机动泵往室内消防管网供水的连接口。下列场所的室内消火栓给水系统应设置消防水泵接合器：高层民用建筑；设有消防给水的住宅、超过五层的其他多层民用建筑；超过两层或建筑面积大于10000m²的地下或半地下建筑（室）、室内消火栓设计流量大于10L/s平战结合的人防工程；高层工业建筑和超过四层的多层工业建筑；城市交通隧道。自动喷水灭火系统、水喷雾灭火系统、泡沫灭火系统和固定消防炮灭火系统等灭火系统，均应设置消防水泵接合器。消防给水为竖向分区供水时，在消防车供水压力范围内的分区，应分别设置水泵接合器。

水泵接合器的设置数量，应按室内消防用水量确定。每个水泵接合器的流量，应按10～15L/s计算。当计算出来的水泵接合器数量少于两个时，仍应采用两个，以利安全。当建筑高度小于50m，每层面积小于500m³的普通住宅，在采用两个水泵接合器有困难时，也可采用一个。

水泵接合器已有标准定型产品，其接出口直径有65mm和80mm两种。水泵

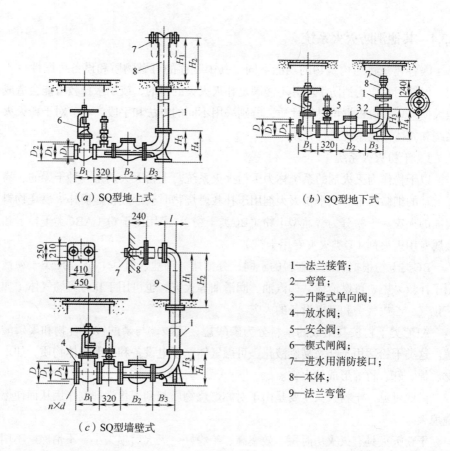

(a) SQ型地上式

(b) SQ型地下式

1—法兰接管；
2—弯管；
3—升降式单向阀；
4—放水阀；
5—安全阀；
6—楔式闸阀；
7—进水用消防接口；
8—本体；
9—法兰弯管

图3-29　接合器外形图

(c) SQ型墙壁式

接合器可安装成墙壁式、地上式、地下式三种类型。图3-29为墙壁式水泵接合器，形似室内消火栓，可设在高层建筑物的外墙上，但与建筑物的门、窗、孔洞应保持一定的距离，一般不宜小于1.0m。地上式水泵接合器形似地上式消火栓，可设在高层建筑物附近，便于消防人员接近和使用的地点。地下式水泵接合器形似地下式消火栓，可设在高层建筑物附近的专用井内，且井应设在消防人员便于接近和使用的地点，但不应设在车行道上。水泵接合器应有明显的标志，以区别于消火栓。

水泵接合器与室内管网连接处，应有阀门、止回阀、安全阀等。安全阀的定压一般可高出室内最不利点消火栓要求的压力0.2~0.4MPa。水泵接合器应设在便于消防车使用的地点，其周围15~40m范围内应设室外消火栓、消防水池，或有可靠的天然水源。

5. 减压设施

室内消火栓栓口处的静水压力不应超过80mH$_2$O，如超过时宜采用分区给水系统或在消防管网上设置减压阀。消火栓栓口处的出水压力超过50mH$_2$O时，应在消火栓栓口前设减压孔板。设置减压设施的目的在于保证消防贮水的正常使用。若出流量过大，将会迅速用完消防贮水。

3.3.4 其他消防灭火系统

因各建筑物与构筑物的功能不同，其中贮存的可燃物质和设备可燃性也不同，仅使用水作为消防手段并不能满足扑灭火灾的目的，或用水扑救可能会造成很大损失。故应根据可燃物性质，分别采用不同的方法和手段。本节对干粉灭火系统和气体灭火系统进行介绍。

1. 干粉灭火系统

以干粉作为灭火剂的系统称为干粉灭火系统。干粉灭火剂是一种干燥的、易于流动的细微粉末。当干粉灭火剂用于扑救燃烧物时会形成粉雾而扑灭燃烧物料表面的火灾。干粉分为普通型干粉（BC类干粉）、多用途干粉（ABC类干粉）和金属专用灭火剂（D类火灾专用干粉）。

BC类干粉根据其制造基料的不同，分钠盐、钾盐、氨基干粉。BC类干粉适用于扑救易燃、可燃液体，如汽油、润滑油等火灾，也可用于扑救可燃气体（如液化气、乙炔气）和带电设备的火灾。

ABC类干粉按其组成的基料分为磷酸盐、硫酸铵与磷酸铵混合物和聚磷酸铵。这类干粉适用于扑救易燃液化、可燃气体、带电设备和一般固体物质，如木材、棉、麻、竹等形成的火灾。

由此可见，干粉灭火主要是由于对燃燃烧物质起到了化学抑制作用从而使燃烧熄灭。

干粉灭火具有灭火历时短、效率高、绝缘好、灭火后损失小、不怕冻、不用水、可长期贮存等优点。干粉灭火系统的组成如图3-30所示。

干粉灭火系统按其安装方式的不同，可分为固定式、半固定式；按其控制启动的方法不同又分为自动控制与手动控制；按其喷射干粉的方式不同，有全淹没和局部应用之分。

设有干粉灭火系统，其干粉灭火剂的贮存装置应靠近其防护区，但不能使干粉贮存器存在着火的危险。输送干粉的管道宜短而直、光滑，无焊瘤、缝隙。管内应清洁，无残留液体和固体杂质，以便喷射干粉时提高效率。

2. 泡沫灭火系统

泡沫灭火的工作原理是应用泡沫灭火剂与水混合后产生一种可漂浮物质黏附在可燃、易燃液体或固体表面，或者充满某一着火物质的空间，达到隔绝、冷却燃烧物质的效果从而实现灭火。泡沫灭火剂有化学泡沫灭火剂、蛋白泡沫灭火剂、合成型泡沫灭火剂等，泡沫灭火系统广泛应用于油田、炼石油厂、油库、发电厂、汽车库等场所。

泡沫灭火系统按其使用方式有固定式（图3-31）、半固定式和移动式之分。选用和应用泡沫灭火系统时，首先应根据可燃物的性质选用泡沫液；其次是泡沫罐的贮存应置于通风、干燥场所，温度应在0~40℃范围内。此外，还应保证泡沫灭火系统所需的足够的消防水量、一定的水温（4~35℃）和必需的水质。

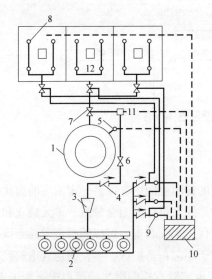 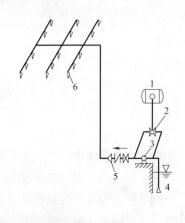

1—干粉贮罐；2—氮气罐和集气管；3—压力控制器；
4—单向阀；5—压力传感器；6—减压阀；7—球阀；
8—喷嘴；9—启动气瓶；10—消防控制中心；
11—电磁阀；12—火灾探测器

图3-30 干粉灭火系统组成

1—泡沫液贮罐；2—比例混合器；
3—消防泵；4—水池；
5—泡沫产生器；6—喷头

图3-31 固定式泡沫喷淋灭火系统

3．卤代烷灭火系统

卤代烷灭火系统是把具有灭火功能的卤代烷碳氢化合物作为灭火剂的一种气体灭火系统。目前应用较多的有FM-200（七氟丙烷）和INERGEN（烟烙尽）。图3-32为卤代烷灭火系统的组成。卤代烷灭火系统适用于不能用水灭火的场所，如计算机房、图书档案室、文物资料库等建筑物。

卤代烷灭火工作过程如图3-33所示，卤代烷灭火系统分为全淹没、局部应

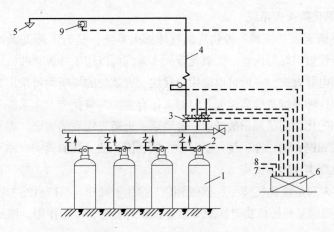

图3-32 卤代烷
灭火系统组成

1—灭火剂贮罐；2—容器阀；3—选择阀；4—管网；5—喷嘴；
6—自控装置；7—控制联动；8—报警；9—火警探测器

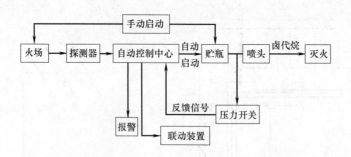

图3-33 卤代烷灭火系统灭火工作框图

用两类。全淹没卤代烷灭火系统能在一定的封闭空间内，保持一定浓度的卤代烷气体，而达到灭火所需的浸渍时间。这种系统又可分为组合分配、单元独立和无管网系统。组合分配系统是指采用一套卤代烷灭火装置，可以同时覆盖几个保护区。无管网系统属于半固定灭火系统，用于小面积防护区，不设固定管道和贮存容器间。局部应用卤代烷灭火系统是由灭火装置直接向燃烧物喷射灭火剂灭火，其系统的各种部件是固定的，可自动喷射灭火剂。

选用卤代烷灭火系统，首先应根据保护对象划分好防护区，然后再根据防护区的数量、大小，分别采用各种相适应的灭火系统。一个固定的封闭区间防护区，当采用卤代烷管网灭火系统时，其防护面积不宜大于500m²、容积不宜大于2000m³；当采用卤代烷无管网灭火系统时，则其防护面积不宜大于100m²、容积不宜大于300m³。防护区围护结构的构件、门和吊顶的耐火极限应分别不低于30min和15min。门窗和围护构件的允许压强均不得低于1.2kPa。防护区尽量不开口、少开口或开小口，以减少卤代烷灭火流失补偿量。当必须开口时，在开口处应设手动或自动关闭装置。此外防护区还应有泄压装置。防护区应有疏散防护区内人员的通道和出口，防护区内的门应能自动关闭，并能从内部开启，且有声音报警器。防护区内设有通风机和通风管道时，应设防火阀，以便喷射灭火剂前关闭防火阀，堵塞向外的通道。

4. 二氧化碳灭火系统

二氧化碳灭火系统是一种物理的气体灭火系统，具有不污染保护物、灭火快、空间淹没效果好等优点。二氧化碳灭火系统可以用于扑灭某些气体、固体表面、液体和电器火灾，一般可以使用卤代烷灭火系统的场所均可采用二氧化碳灭火系统。但这种系统造价高，灭火时对人体有害。二氧化碳灭火系统不适用于扑灭含氧化剂的化学制品如硝酸纤维、赛璐珞、火药等物质的燃烧，亦不适用于扑灭活泼金属如锂、钠、钾、镁、铝、锑、钛、镉、铀、钚的火灾，亦不适用于扑灭金属氢化物类物质的火灾。

CO_2灭火剂是液化气体型，以液相CO_2贮存于高压（5.17MPa）容器内。当CO_2以气体喷向某些燃烧物时，能对燃烧物起到窒息和冷却作用，图3-34为其组成部件图。

二氧化碳灭火系统包括全淹没系统、半固定系统、局部应用系统和移动式

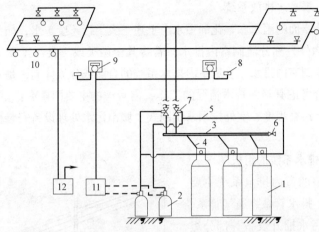

图3-34 二氧化
碳灭火系统组成

1—CO_2 贮存容器；2—启动用气容器；3—总管；4—连接管；5—操作管；6—安全阀；7—选择阀；8—报警阀；9—手动启动装置；10—探测器；11—控制盘；12—检测盘

系统。全淹没二氧化碳灭火系统适用于无人居留或火灾发生后能在30秒内迅速撤离的防护区；局部二氧化碳灭火系统适用于经常有人的较大防护区内，扑灭个别易燃设备或室外设备火灾；半固定系统常用于增援固定二氧化碳灭火系统。

其他还有蒸汽灭火系统和烟雾灭火系统，其灭火机理可参阅有关书籍。

3.4 室内排水系统

3.4.1 室内排水系统的分类与组成

1. 室内排水系统的分类

室内排水系统的任务是接纳、汇集建筑物内各种卫生器具和用水设备排放的污（废）水，以及屋面的雨（雪）水，并在满足排放要求的条件下，排入室外排水管网。室内排水系统按排水的性质可分为以下三类。

（1）生活污水排放系统

排除人们日常生活中所产生的洗涤污水和粪便污水等。这类污水的有机物和细菌含量较高，应进行局部处理后才允许排入城市排水管道。医院生活污水由于含有大量病原菌，在排入城市排水管道之前，还应进行消毒处理。

（2）生产污（废）水排放系统

排除生产过程中所产生的污（废）水。生产污（废）水的成分因生产工艺的不同而不同。有的污染较轻，如仅为水温升高的冷却水；有的污染严重，如冶金、化工等工业排出的含有重金属等有毒和酸、碱性废水。对于污染较轻的生产废水，可直接排放或经简单处理后重复利用。对于污染严重的生产污水，需经处理并达到国家规定的排放标准后才能排放到城市排水管道。

（3）雨（雪）水排放系统

排除建筑屋面的雨水和融化的雪水。上述三大类污（废）水，如分别设置管道排出建筑物外，称分流制室内排水；若将其中两类或三类污（废）水合流排出，则称合流制室内排水。确定室内排水系统的合流或分流体制，是一项较为复杂且必须综合考虑其经济技术情况的工作，需考虑的主要因素有：室内污（废）水污染性质、污染程度、室外排水系统制式、城市污水处理设备完善程度及综合利用情况等。

2. 室内排水系统的组成

一个完整的室内排水系统主要由卫生器具、排水管系、通气管系、清通设备、污水抽升设备等部分组成，如图3-35所示。

（1）卫生器具（或生产设备的受水器）

卫生器具是室内排水系统的起点，接纳各种污水后排入管网系统。污水从器具排出经过存水弯和器具排水管流入排水管系。

（2）排水管系

排水管系由排水横支管、排水立管及排出管等组成。横支管的作用是把各卫生器具排水管流来的污

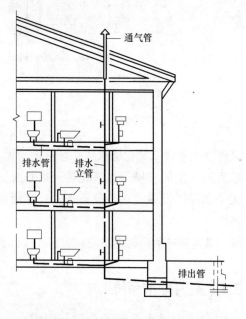

图3-35 室内排水系统示意图

水排至立管。横支管中水的流动属重力流，因此，管道应有一定的坡度坡向立管。立管承接各楼层横支管排入的污水，然后再排入排出管。排出管是室内排水立管与室外排水检查井之间的连接管段，它接受一根或几根立管流来的污水并排入室外排水管网。排出管埋设于地下，坡向室外排水检查井。

（3）通气管系

设置通气管的目的是使室内排水管系统与大气相通，尽可能使管内压力接近大气压力，以保护水封不致因压力波动而受破坏；同时排放排水管道中的臭气及有毒害的气体。

最简单的通气管是将立管上端延伸出屋面300mm以上，称为伸顶通气管，一般可用于低层建筑的单立管排水系统，如图3-36所示。这种排水系统的通气效果较差，排水量较小。

对于层数较多或卫生器具数量较多的建筑，因卫生器具同时排水的概率较大，管内压力波动大，只设伸顶通气管已不能满足稳定管内压力的要求，必须增设专门用于通气的管道。

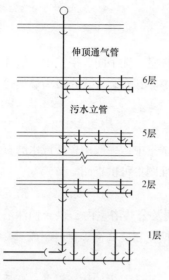

伸顶通气管

6层

污水立管

5层

2层

1层

图3-36 排水系统的伸顶通气管

（4）清通设备

一般有检查口、清扫口、检查井以及带有清通门（盖板）的90°弯头或三通接头等设备，作为疏通排水管道之用。

（5）污水抽升设备

民用建筑中的地下室、人防建筑物、高层建筑的地下技术层、某些工业企业车间地下室或半地下室、地下铁道等地下建筑物内的污（废）水不能自流排到室外时，必须设置污水抽升设备，将建筑物内所产生的污（废）水抽至室外排水管道。局部抽升污（废）水的设备最常用的是离心式污水泵。

3.4.2 卫生设备

各种卫生器具的结构、形式和材料，应根据其用途、设置地点、维护条件等要求而定。作为卫生器具的材料应具有表面光滑、易于清洗、不透水、耐腐蚀、耐冷热和有一定的强度。目前制造卫生器具所选用的材料主要有陶瓷、搪瓷、生铁、塑料、水磨石等。建筑物常用的卫生器具主要有以下几种。

1. 便溺用卫生器具

卫生间中的便溺用卫生器具，主要作用是用来收集和排除粪便污水。

（1）大便器

常用的大便器有坐式、蹲式和大便槽。坐式大便器有冲洗式和虹吸式两种，多安装在高级住宅、饭店、宾馆的卫生间里，具有造型美观、使用方便等优点。蹲式大便器在使用的卫生条件上较坐式为好，多装设在公共卫生间、一般住宅以及普通旅馆的卫生间里，一般使用高水箱或冲洗阀进行冲洗。大便槽的卫生条件较差，由于使用集中冲洗水箱，故耗水量也较大，但是其建造费用低，因此在一些建筑标准不高的公共建筑中仍有使用。

（2）小便器

小便器分为挂式、立式和小便槽。挂式小便器悬挂在墙壁上，冲洗方式视其数量多少而定，数量不多时可用手动冲洗阀冲洗，数量较多时可用水箱冲洗。立式小便器设置在对卫生设备要求较高的公共建筑的男厕所内，如展览馆、大剧院、宾馆等，常以两个以上成组安装，冲洗方式多为自动冲洗。小便槽多为用瓷砖沿墙砌筑的浅槽，其构造简单、造价低，可供多人同时使用，因此广泛应用于公共建筑、工矿企业、集体宿舍的男厕所内，小便槽可用普通阀门控制的多孔管冲洗，也可采用自动冲洗水箱冲洗。

2．盥洗沐浴用卫生器具

（1）洗脸盆

洗脸盆安装在住宅的卫生间及公共建筑物的盥洗室、洗手间、浴室中，供洗脸洗手用。洗脸盆形式有长方形、椭圆形和三角形等。其安装方式一般为墙架式和柱脚式。

（2）盥洗槽

盥洗槽设在公共建筑、集体宿舍、旅馆等的盥洗室中，一般用瓷砖或水磨石现场建造，有长条形和圆形两种形式。有定型的标准图集可供查阅。

（3）浴盆

浴盆一般设在宾馆、高级住宅、医院等卫生间及公共浴室内，供人们沐浴用。有长方形、方形和圆形等形式。一般用陶瓷、搪瓷和玻璃钢等材料制成。

（4）淋浴器

淋浴器是一种占地面积小、造价低、耗水量小、清洁卫生的沐浴设备，广泛用于集体宿舍、体育场馆及公共浴室中。淋浴器有成品的，也有现场组装的。

3．洗涤用卫生器具

洗涤用卫生器具供人们洗涤器物之用，主要分为污水盆、洗涤盆、化验盆等。污水盆通常装设在公共建筑的厕所、卫生间及集体宿舍盥洗室中，供打扫厕所、洗涤拖布及倾倒污水之用；洗涤盆装设在居住建筑、食堂及饭店的厨房内供洗涤碗碟及菜蔬食物之用。

4．地漏及存水弯

（1）地漏

地漏主要用来排除地面积水。因此通常设置在卫生间、厨房、盥洗室、浴室以及需从地面排除积水的房间内。地漏应设置于地面最低处，且地面应有不小于0.01的坡度坡向地漏。

（2）存水弯

存水弯是一种弯管，在管内存有一定深度的水，这个深度称为水封深度。水封可防止排水管网中产生的臭气、有害气体或可燃气体通过卫生器具进入室内。每个卫生器具都必须装设存水弯，有的设在卫生器具的排水管上，有的直接设在卫生器具内部。如图3-37所示，常用的存水弯有P形和S形两种，水封深度多在50～80mm之间。

（a）P形

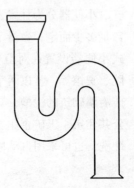

3.4.3 室内排水系统的管路布置与敷设

1．室内排水管路的布置

排水管的布置应满足水力条件最佳、便于维护管理、

（b）S形

图3-37 存水弯

保护管道不受损坏、保证生产和使用安全以及经济和美观的要求。因此，排水管的布置应满足以下原则：

（1）排出管宜以最短距离排至室外。因排水管网中的污水靠重力流，污水中杂质较多，如排出管设置过长，容易堵塞，清通检修也不方便。此外，管道长则坡降大，会增加室外排水管道的埋深。

（2）污水立管应靠近最脏、杂质最多的排水点处设置，以便尽快地接纳横支管流来的水流而减少管道堵塞的机会。污水立管的位置应避免靠近与卧室相邻的墙。

（3）排水立管的布置应减少不必要的转折和弯曲，尽量作直线连接。

（4）排水管与其他管道或设备应尽量减少交叉、穿越；不得穿越生产设备基础，若必须穿越，则应与有关专业协商作技术上的特殊处理；应尽量避免穿过伸缩缝、沉降缝，若必须穿越，要采取相应的技术措施。

（5）排水架空管道不得架设在遇水会引进爆炸、燃烧或损坏的原料、产品的上方，不得架设在有特殊卫生要求的厂房内，以及食品和贵重物品仓库、通风柜和变配电间内。同时还要考虑建筑的美观要求，尽可能避免穿越大厅和控制室等。

（6）在层数较多的建筑物内，为防止底层卫生器具因受立管底部出现过大的下压等原因造成水封破坏或污水外溢现象，底层卫生器具的排水应考虑采用单独排除方式。

（7）排水管道布置应考虑便于拆换管件和清通维护工作的进行，不论是立管还是横支管应留有一定的空间位置。

2. 室内排水管路的敷设

室内排水管道的敷设有两种方式：明装和暗装。

为清通检修方便，排水管道应以明装为主。明装管道应尽量靠墙、梁、柱平行设置，以保持室内的美观。明装管道的优点是造价低、施工方便，缺点是卫生条件差、不美观。明装管道主要适用于一般住宅、无特殊要求的工厂车间。

室内美观和卫生条件要求较高的建筑物和管道种类较多的建筑物，应采用暗装方式。暗装管道的立管可设在管道竖井或管槽内，或用木包箱掩盖；横支管可嵌设在管槽内，或敷设在吊顶内；有地下室时，排水横干管应尽量敷设在天花板下。有条件时可与其他管道一起敷设在公共管沟和管廊中。暗装的管道不影响卫生，室内较美观，但造价高，施工和维修均不方便。

3. 高层建筑室内排水

（1）高层建筑室内排水系统的特点

高层建筑的特点是建筑高度高、层数多、面积大、设备完善、功能复杂，并且使用人数众多。对高层建筑排水系统的基本要求是排水畅通和排气良好。

排水通畅即要求设计合理、安装正确、管径要求能排除所接纳的污（废）水量，配件选择要恰当，不产生阻塞现象。

为了加强排气，防止水塞产生，高层建筑的排水系统应设立专用通气管。

（2）高层建筑的排水方式

高层建筑排水立管长、排水量大，立管内气压波动大。排水系统功能的好坏很大程度上都取决于排水管道通气系统是否合理。我国目前的高层建筑多采用设专用通气管的排水系统。

这种系统由于通气立管通常和排水立管共同安装在一个竖井内，所以又称双立管系统。

当层数在10层及以上且承担的设计排水流量超过排水立管允许负荷时，应设置专用通气立管。如图3-38所示，排水立管与专用通气立管每隔两层用共轭管相连接。专用通气立管的管径一般比排水立管的管径小1～2号。图3-38（a）为合流排放专用通气立管。当洗涤污水立管和粪便污水立管共用一根专用通气管时，如图3-38（b）所示，专用通气立管管径应与排水立管的管径相同。

对于使用条件要求较高的建筑和高层公共建筑也可设置环形通气立管、主通气立管或副通气立管。对卫生、安静要求较高的建筑物内，生活污水管道宜设置器具通气管，如图3-39所示。

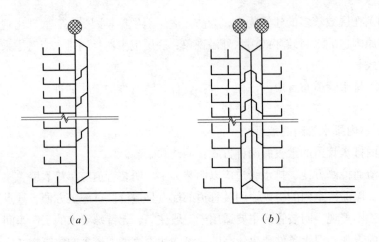

图3-38 专用通气立管系统

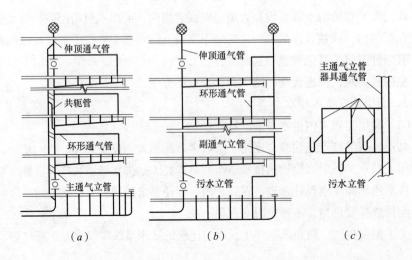

图3-39 辅助通气排水系统

3.4.4　室内排水系统的管径及安装坡度

1. 排水管管径

排水管管径的选择与排水系统的排水量有关。排水量的大小与每人每日的生活污水量、气候、建筑物内卫生设备的完善程度以及生活习惯有关。

为避免排水管道经常淤积、堵塞和便于清通，根据工程实践经验，对排水管道的管径的最小限值做了规定，称为排水管道的最小管径。各类排水管道的最小管径见表3-3。

排水管道的最小管径　　　　　　　　表 3-3

序号	管道名称	最小管径（mm）
1	单个饮水器排水管	25
2	单个洗脸盆、浴盆、净身器等排泄较洁净废水的卫生器具排水管	40
3	连接大便器的排水管	100
4	大便槽排水管	150
5	公共食堂厨房污水干（支）管	100（75）
6	医院污物的洗涤盆、污水盆排水管	75
7	小便槽或连接 3 个或 3 个以上小便槽的排水管	75
8	排水立管管径	不小于所连接的横支管管径
9	多层住宅厨房间立管	75

注：除表中 1、2 项外，室内其他排水管管径不得小于 50mm。

2. 排水管坡度确定

排水系统管道中的流动属于重力流，在系统设计时需要综合考虑直接影响管道中水流工况的主要因素，包括充满度、流速、坡度。

（1）管道充满度。管道充满度即排水横管内水深与管径的比值。重力流上部需保持一定的空间，其目的是：使污（废）水中的有害气体能通过通气管自由排出；调节排水系统的压力波动，防止水封被破坏；用来容纳未预见的高峰流量。

（2）管内流速。为使污（废）水中的杂质不致沉淀管底，并使水流有冲刷管壁污物的能力，管中的流速不得小于表3-4中的最小流速，也称自净流速。

各种排水管道的自净流速　　　　　　　　表 3-4

管渠类别	生活排水管道			明渠（沟）	雨水管道及合流制排水管道
	D<150	D=150	D=200		
自净流速（m/s）	0.60	0.65	0.7	0.40	0.75

为防止管壁因污水流动的摩擦及水流冲击而损坏，不同材质排水管道的最大流速应符合表3-5的规定。

排水管道的最大允许流速值 表 3-5

管道材料	生活排水（m/s）	含有杂质的工业废水、雨水（m/s）
金属管	7.0	10.0
陶土及陶瓷管	5.0	7.0
混凝土及石棉水泥管	1.0	7.0
明渠（水深 0.4 ~ 1m）	3.0（浆砌块石或砖） 4.0（混凝土）	3.0 4.0

（3）管道坡度。为满足管道充满度及流速的要求，排水管应有一定的坡度。

建筑排水塑料管粘接、熔接连接的排水横支管的标准坡度应为0.026。胶圈密封连接排水横管的坡度可按表3-6调整。

建筑排水塑料管排水横管的最小坡度、通用坡度和最大设计充满度 表 3-6

外径（mm）	通用坡度	最小坡度	最大设计充满度
50	0.025	0.0120	
75	0.015	0.0070	
110	0.012	0.0040	0.5
125	0.010	0.0035	
160	0.007	0.0030	
200	0.005	0.0030	
250	0.005	0.0030	0.6
315	0.005	0.0030	

3．通气管管径的确定

通气管的最小管径不宜小于排水管管径的1/2，并可按表3-7确定。

通气管最小管径 表 3-7

通气管名称	排水管管径（mm）				
	50	75	100	125	150
器具通气管	32	—	50	50	—
环形通气管	32	40	50	50	—
通气立管	40	50	75	100	100

注：1. 表中通气立管系指专用通气立管、主通气立管、副通气立管；
2. 自循环通气立管管径应与排水立管管径相等。

3.4.5　屋面雨水排放

降落在建筑物屋面的雨水和融化的雪水，必须妥善地予以排除，以免造成屋面积水、漏水，影响生活和生产。屋面雨水系统主要分为重力流雨水系统、压力流（虹吸式）雨水系统及堰流式雨水排放系统，按管道的设置位置又可分为内排水和外排水。根据建筑物的结构形式、气候条件及生产使用要求，在技术经济合理的情况下，屋面雨水应尽量使用外排水。

1. 外排水与内排水雨水管道系统

（1）外排水雨水管道系统

外排水雨水管道系统可分为檐沟外排水和天沟外排水。

檐沟外排水雨水管道系统也称普通外排水或水落管外排水。对一般居住建筑、屋面面积较小的公共建筑以及小型单跨厂房，雨水的排除多采用屋面檐沟汇集，然后流入有一定间距并沿外墙设置的水落管排泄至地面或地下雨水沟，如图3-40所示。檐沟在民用建筑中多采用铝皮制作，也可采用预制混凝土构件制作。水落管一般采用UPVC管制作，管径多为75～100mm。水落管的间距应根据降雨量及管道的通水能力所确定的一根水落管应服务的屋面面积而定。一般情况下，水落管间距为：民用建筑8～16m，工业建筑18～24m。

天沟外排水雨水管道系统是利用屋面构造上的长天沟的容量和坡度，使雨水向建筑物两端或两边（山墙、女儿墙）泄放，并由雨水斗收集经墙外立管排至地面或雨水道。天沟排水应以伸缩缝或沉降缝为分水线，如图3-41所示。天沟流水长度应根据暴雨强度、汇水面积、屋面结构等进行计算确定，一般以40～50m为宜，过长会使天沟的起终点高差过大，超过天沟限值。天沟坡度不得小于0.003，并伸出山墙0.4m。

（2）内排水雨水管道系统

对于大面积建筑屋面及多跨的工业厂房，当采用外排水有困难时，可采用内排水系统。此外高层大面积平屋顶民用建筑以及对建筑立面处理要求较高的建筑物，也宜采用雨水的内排水形式。内排水系统是由雨水斗、悬吊管、立管、埋地横管、检查井及清通设备等组成，如图3-42所示。视具体建筑物构造等情况，可以组成悬吊管跨越厂房后接立管排至地面（图3-42右半部

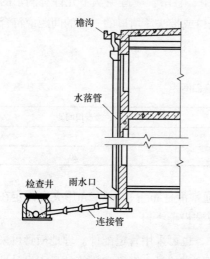

图3-40　水落管外排水

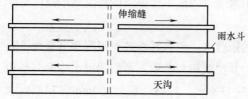

图3-41　天沟布置示意图

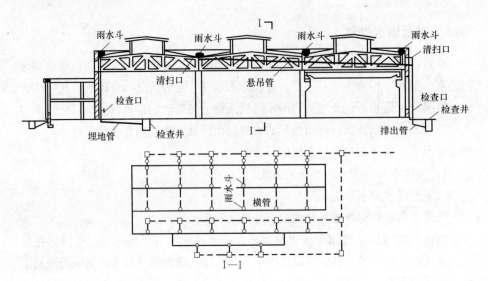

图3-42 内排水
系统构造示意图

分），或不设悬吊管的单斗系统（图3-42左半部分）等方式。

2．重力流和压力流雨水系统

（1）重力流雨水系统

重力流雨水管道一般使用塑料管、铸铁管、镀锌和非镀锌钢管或混凝土管等，悬吊式雨水管一般选用钢管、铸铁管或塑料管。易受振动的雨水管道应使用钢管。雨水管道如使用塑料管，则应按要求设置伸缩节。

悬吊式雨水管可以用铁箍、吊环等固定在建筑物的桁架、梁及墙上，并有不小于0.005的坡度坡向立管。在工业厂房中，悬吊管应避免从不允许有滴水的生产设备上方通过。悬吊式雨水管道的检查口或带法兰堵口的三通的间距应符合表3-8的规定。

悬吊管检查口间距　　　　　　　　　　　　表3-8

序号	悬吊管直径	检查口间距
1	≤ 150	≤ 15
2	≥ 200	≤ 20

立管接纳悬吊管或雨水斗的水流，通常沿柱布置，每隔2m用夹箍固定在柱子上。为便于清通，立管在距地面lm处要装设检查口。

埋地横管与立管的连接可采用检查井，也可采用管道配件。埋地横管可采用钢筋混凝土管或带釉的陶土管。各种雨水管道的最小管径和横管的最小设计坡度宜按表3-9确定。

雨水斗的作用是收集和排除屋面的雨雪水。要求其能最大限度和迅速地排除屋面雨雪水，同时要最小限度的掺气，并拦截粗大杂质。常用的雨水斗为65型和79型。65型雨水斗为铸铁浇铸，如图3-43所示，规格一般为100mm。79型雨水

雨水管道的最小管径和横管的最小设计坡度　　　　表 3-9

管别	最小管径（mm）	横管最小设计坡度	
		铸铁管、钢管	塑料管
建筑外墙雨落水管	75（75）	—	—
雨水排水立管	100（110）	—	—
重力流排水悬吊管、埋地管	100（110）	0.01	0.0050
满管压力流屋面排水悬吊管	50（50）	0.00	0.0000
小区建筑物周围雨水接户管	200（225）	—	0.0030
小区道路下干管、支管	300（315）	—	0.0015
13# 沟头的雨水口的连接管	150（160）	—	0.0100

注：表中铸铁管管径为公称直径，括号内数据为塑料管外径。

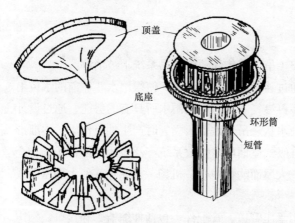

图3-43　65型雨水斗

斗为钢板焊制，其性能与65型雨水斗基本相同，规格有75、100、150、200mm四种。

雨水斗的安装如图3-44所示，雨水斗管的连接应固定在屋面承重结构上。雨水斗边缘与屋面相连处应严密不漏。连接管管径当设计无要求时，不得小于100mm。

（2）压力流雨水系统

压力流雨水系统也称虹吸式雨水系统，与重力流内排水系统一样，虹吸式屋面雨水排放系统一般由雨水斗、悬吊管、立管、出户管和排出管组成，如图3-45所示。与重力流内排水系统所不同的是需要用专门的悬吊系统来稳定悬吊管，悬吊系统又称"消能悬吊系统"，是针对虹吸式系统中水流流速大，震动强而专门设置的消声减震的固定装置，它能将雨水悬吊管轴向伸缩产生的膨胀应力

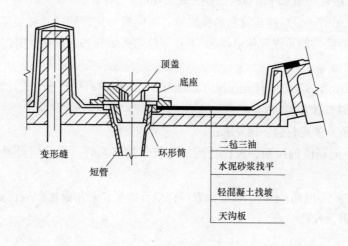

图3-44　雨水斗的安装

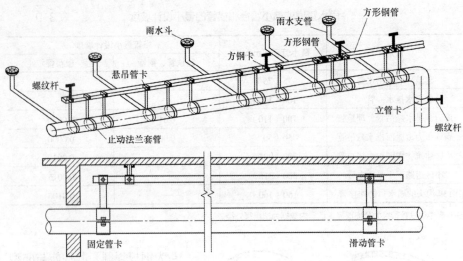

图3-45 虹吸式屋面雨水排放系统示意图

注：管卡加止动法兰套管形成固定点

及工作状态下的振动荷由固定支（吊）架传到消能悬吊系统上被消解。

虹吸式屋面雨水排放系统通过独特的雨水斗设计，使得雨水斗斗前的水位上升到一定高度时，雨水斗进水不再渗气。利用屋面雨水所具有的势能，通过设计使系统悬吊管内形成负压，在雨水从悬吊管跌落入立管时产生抽吸作用，逐渐形成满管流，快速地排除雨水。虹吸式屋面雨水排放系统广泛应用于体育场馆、仓储中心、展览馆、大屋面厂房、大屋面购物中心、机场、机库、其他大型屋面或顶板。

虹吸式雨水管道系统应采用承压管道、管配件（包括伸缩器）和接口，额定压力不小于建筑高度静水压，并要求能承受0.9个大气压力的真空负压。

虹吸式系统排出管的管材一般为承压的金属管、塑料管、钢塑复合管等。目前一般采用高密度聚乙烯（HDPE）管和不锈钢管。

悬吊管的安装应符合下列要求：

1）悬吊管可无坡度敷设，但不得倒坡。

2）悬吊管与雨水斗出口的高差宜大于1m。

3）悬吊管不宜穿越建筑物的膨胀缝、沉降缝和抗震缝，如必须穿越，应采取必要的补偿措施（设置伸缩器）。不宜穿越防火墙，如必须穿越需加防火套管或阻火圈。

4）悬吊管的设置应首先选择以立管为中心，侧向对称布置方式；如不可能，可选择单侧布置方式。

立管的安装应符合下列要求：

1）不同高度的屋面，彼此之间又有较大的高差时，宜分别设置立管和出户管。

2）立管距地面1米处，设置检查口；如有需要，悬吊管可相应设置清扫口，但应确保其气密性。

图3-46　虹吸式雨水斗

3）虹吸式系统的立管管径不受悬吊管管径限制。

4）立管应少转弯，不在管井中的雨水立管应靠墙、柱敷设。

5）高层建筑的立管底部应设托架。

虹吸式雨水斗由进水导流罩、整流器、斗体、出水管等组成，如图3-46所示。目前主要有不锈钢虹吸式雨水斗、铝合金虹吸式雨水斗、钢塑混合式虹吸雨水斗。虹吸式雨水系统常用虹吸式雨水斗口径包括：$DN50$、$DN63$、$DN75$、$DN110$、$DN160$。

虹吸式雨水斗安装应注意下列问题：

1）屋面排水系统应设置雨水斗，雨水斗应经测试，未经测试的（金属或塑料）雨水斗不得使用在屋面上。

2）虹吸式系统接入同一悬吊管的雨水斗应在同一标高层屋面上，各雨水立管宜单独排出室外。当受建筑条件限制时，一个以上的立管必须接入同一排出横管时，立管宜设置出口与排出横管连接。

3）虹吸式雨水斗应设于天沟内，但$DN50$的雨水斗可直接埋设于屋面。

4）虹吸式系统接有多斗悬吊管的立管顶端不得设置雨水斗。

5）在不能以膨胀缝为屋面雨水分水线时，应在缝两侧各设雨水斗。

6）寒冷地区雨水斗宜设在冬季易受室内温度影响的屋顶范围之内。

3.5　小区给水排水

小区给水排水系统的范围是指从邻近的市政给水管网接进小区以内的给水管网，及小区排至红线外附近的市政污水、雨水管网的管道。

3.5.1　小区给水系统

1. 小区给水系统的组成

小区给水系统主要由进入小区主水表井以后的管道、阀门井、进建筑物之前的水表井、排气泄水井、室外消火栓等组成。

（1）给水管网

根据小区内建筑群的用水量、用水的重要性、连续性以及对水压的要求等可将管网布置成枝状或环状。

1）枝状管网

通向各建筑物的管道呈枝状，管网上某一处被破坏，则会影响后面的管道供水，因此这种系统供水可靠性较低。但这种供水系统管网布置简捷，初投资省，适用于小区域或多层住宅小区的生活供水。

2）环状管网

环状管网是将供水主干管首尾连接在一起，当管网某处出现损坏时，不影响其他区域的供水，因此这种供水管网供水较可靠。但初投资大，一般适用于工厂供水或重要的用水区域（医院等）不允许间断水源的建筑群。

（2）阀门井

室外给水管网中的各种附件，一般安装在阀门井内。阀门井的平面尺寸，取决于水管直径以及附件的种类和数量。井的深度由水管的埋地深度决定。但是，井底到承口或法兰盘底的距离不小于0.1m，法兰盘和井壁的距离不小于0.15m，从承口外缘到井壁的距离宜大于0.3m，以便于施工。

位于地下水位较高处的阀门井，井底和井壁应不透水，在水管穿井壁处应保持足够的水密性。

根据阀门的规格、型号及数量，阀门井分为圆形和矩形，单个阀门可采用圆形井，多个阀门可采有矩形井。井盖采用规格统一并有标记的铸铁井盖，在无地面重荷载的地方采用轻型井盖，在主要道路上或经常有重型车辆通过的地方应采用铸铁重型井盖。

（3）水表井及排气泄水井

水表节点应放置在专用的水表井中。水表井的尺寸是按水表的接管的公称直径确定的。DN50以下的水表井，内径为1.0m；DN50及以上的水表井，内径为1.2m。水表井应设置在易于检查维修和管理的地方。

当管网敷设时，由于地下管网交叉或地形变化较大，管道会随地形变坡或返弯，应在管道变坡的高位点设双筒排气阀，避免气塞产生的水击。在管网的最低点设置泄水阀，用于维修时排放水及泥。泄水井中设有集水坑，可安装临时抽水设备将水排到附近的污水检查井内，不允许通过管道直接排入污水井内。目的主要是防止检查井阻塞，污水沿排水管倒流回至泄水井内，污染给水水质，也可在泄水井旁做一湿井排水。

（4）室外消火栓

主要作用是使厂区或生活区、商业区、住宅区内的建筑物，一旦发生火灾时，能及时接通消防设备灭火，或配合消防车取水灭火用。一般布置在区域内道路边，交通方便通畅的位置。

室外消火栓分地上式和地下式，地下式消火栓安装在地下井内，适用于寒冷地区。较温和的地区可安装地上式。

2. 小区给水管道的敷设

室外给水管道的敷设通常采用地沟或埋地敷设。金属管道埋地敷设时必须做防腐处理。

给水管道的埋设深度一般位于所在地区冰冻线以下200mm，且管顶覆土深度不小于0.6m。给水管道应根据敷设的地形情况，在最低处设泄水阀。

室外给水管道应当尽量敷设在室外排水管道的上方，并保证满足有关规定所要求的防护间距。当受条件限制敷在排水管道的下方时，必须采取防护措施，以保证给水不受污染。

室外给水管道通常采用闸阀，DN50及以下采用螺纹连接，DN50以上采用法兰连接。环状给水管网上需装设检修阀门，各分支管道上也要装设阀门。阀门通常设置在专用的阀门井中。

接至每栋建筑物的给水引入管上应装设水表节点，水表节点通常设在专用的水表井中。对于设有消火栓，或不允许断水的建筑物，只有一根引入管时，水表节点应设旁通管。

3.5.2　小区排水系统

1．排水系统的制式

小区排水管网主要包括生活污水系统、雨水系统和生产废水系统。

和室内排水系统一样，小区排水管网也有分流制和合流制两种制式。根据建筑物排出水的水质、水量情况以及室内排水系统的制式，可采用雨水—污水合流制或各系统分流制，另外还应考虑城市市政管网设施情况。

2．排水系统的组成

小区排水系统是将工厂区或生活小区、建筑群红线以内的生活污水或雨水、生产污废水，经过化粪池、废水处理或消毒等处理后的排水，排至小区以外的城市排水管网中。

排水系统主要由排水管道及管道系统上的附属构筑物组成。附属构筑物主要包括污水局部处理构筑物、跌水井、雨水口、检查井等。当室内污水未经处理不允许直接排入城市下水道或污染水体时，必须予以局部处理。民用建筑常用的局部处理构筑物有化粪池、隔油池等。

（1）检查井

因为污水管道极易堵塞，因此在长直的排水管段上，为了定期维修及清理疏通管道，在直管段处每隔40～50m应设置检查井。另外，在管段转弯、管道汇流、管道变径、变坡度时，也应设置检查井。

检查井一般为圆形的砖砌构筑物，它由井基础、井筒及专用井盖组成。井盖一般用铸铁铸成，井盖上有统一标记，便于维修时辨认。设在道路中央的井盖应采用重型井盖，一般人行道上的可采用轻型井盖。

（2）化粪池

化粪池是截流生活污水中可沉淀和悬漂的污物，贮存并厌氧消化、截流污泥与生活污水的局部构筑物。在无污水处理厂的地区，一般室内粪便污水先经化粪池处理后再排入水体或市政管网；在有污水处理厂的地区，可设置在污水处理厂前作为过渡性的生活污水局部构筑物。污水经化粪池处理后一般可去除50%～60%的固体杂质，减少细菌约25%～75%。但它去除有机物的能力较差。在城市排水能力尚不完善的情况下，化粪池的应用仍较普遍。

化粪池可采用砖、石或钢筋混凝土等材料砌筑，其中最常用的是砖砌化粪池。化粪池的形式有圆形和矩形两种，通常多用矩形化粪池。为了改善处理条件，较大的化粪池往往用带孔的间壁分为2～3个隔间，如图3-47所示。

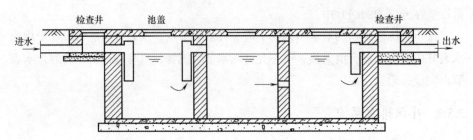

图3-47 化粪池

（3）隔油池

隔油池是截流污水中油类的局部处理构筑物。含有较多油脂的公共食堂和饮食业的污水，应经隔油池局部处理后才能排放，否则油污进入管道后，随着水温下降将凝固并附着在管壁上，缩小甚至堵塞管道。

隔油池一般采用上浮法除油，其构造如图3-48所示。

为便于利用积留油脂，粪便污水和其他污水不应排入隔油池内。对夹带杂质的含油污水，应在排入隔油池前，经沉淀处理或在隔油池内考虑沉淀部分所需容积。隔油池应有活动盖板，进水管要便于清通。此外，车库等使用油脂的公共建筑，也应设隔油池去除污水中的油脂。

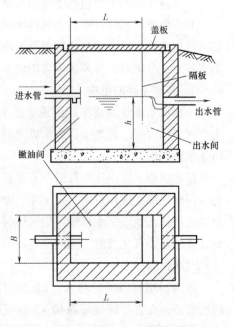

图3-48 隔油池

（4）沉砂池

车库内冲洗汽车的污水中含有大量的泥沙，在排入城市排水管道之前，应设沉砂池，以除去污水中粗大的颗粒杂质。小型沉砂池的构造如图3-49所示。

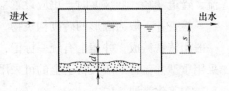

图3-49 沉砂池

（5）跌水井

跌水井主要用于跌落水头超过1m时的分界处。管道由于地形高差相差较大，或支线接入埋设较深的主干线时出现较大的跌落水头。跌水井一般为砖砌井，应按标准图集选择施工。

（6）雨水口

雨水口的作用就是收集小区雨水并排至雨水系统内。雨水口主要包括雨水箅子、连接雨水检查井的窨井及连接管。

3.5.3 水景及游泳池供水

1. 水景

水景是运用水流的形式、姿态和声音组成的美化环境、点缀风景的水体。常见的水景大致可分为镜湖、溪流、瀑布和喷泉四种形式。设计完美的水景不仅能美化生活环境，而且还可以降低周围的空气温度、调节空气湿度、净化灰尘、造就人工小区气候的功能。

（1）水景工程的组成及主要构件

水景工程通常由水池和给排水系统组成。水景工程的给水排水系统由喷头、供水管路、加压设备、水源、排水设施和水处理装置等组成。其中喷头是主要部件。

喷头是喷射各种水柱的设备，各式水柱组合在一起形成了千姿百态的水景。因此在水景工程中，喷头是主要设备。常见的水景喷头有如下几种形式，如图3-50所示。

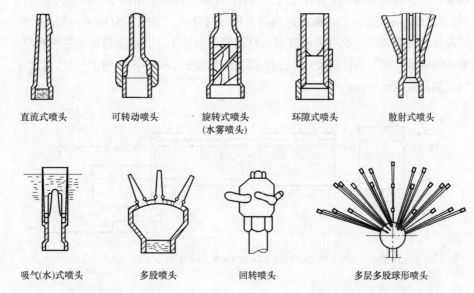

图3-50 常用喷头的形式

直流式喷头　可转动喷头　旋转式喷头（水雾喷头）　环隙式喷头　散射式喷头

吸气(水)式喷头　多股喷头　回转喷头　多层多股球形喷头

1）直流式喷头。直流式喷头使水流沿圆筒形或渐缩形喷嘴直接喷出，形成较长的水柱，是形成喷泉射流的喷头之一。喷头内腔类似于消防水枪形式，构造简单，造价低廉，应用广泛。如果制成球铰接合，还可调节喷射角度，称为"可转动喷头"。

2）旋流式喷头。旋流式喷头由于离心作用使喷出的水流散射成蘑菇圆头形或喇叭花形。旋流式喷头也称"水雾喷头"，其构造复杂，加工较为困难，有时还可采用消防使用的水雾喷头代替。

3）环隙式喷头。环隙式喷头的喷水口是环形缝隙，是形成水膜的一种喷头，使水流喷成空心圆柱，可使用较小水量获得较好的观赏效果。

4）散射式喷头。散射式喷头使水流在喷嘴外经散射形成水膜，根据喷头散射体形状的不同可喷成各种形状的水膜，如牵牛花形、马蹄莲形、灯笼形、伞形等。

5）吸气（水）式喷头。吸气（水）式喷头是可喷成冰塔形态的喷头。它利用喷嘴射流形成的负压，吸入大量空气或水，使喷出的水中掺气，增大水的表观流量和反光效果，形成白色粗大水柱，形似冰塔，景观效果很好。

6）组合式喷头。用几种不同形式的喷头或同一形式的多个喷头组成组合式喷头，可以喷射出极其壮观的图案。

要保证喷水效果，首先必须保证喷头的质量。喷头使用的材质需为不易锈蚀、经久耐用、易于加工的金属材料，如青铜、黄铜、不锈钢等。小型喷头也有选用塑料、尼龙制品的。为保持水柱形状，喷头的加工制作必须精密，表面采用抛光或磨光。同时，水景工程中使用的各式喷头均需符合水力学要求。

（2）水景工程给水排水系统

水景工程常采用循环给水方式。为保证喷水具有稳定的高度和水平射程，设水泵升压，喷头与水泵出水管相连，为节约用水，循环使用池水，并视其卫生状况的变化定期更换，平时则根据水位变化适时补水，如图3-51所示。循环水泵可设在池外泵房中，也可采用潜水泵直接置于水池中。此系统适用于各种规模、形式的水景。在有条件的地方，也可利用天然水源供水景用水，用毕排入排水管网或循环使用。

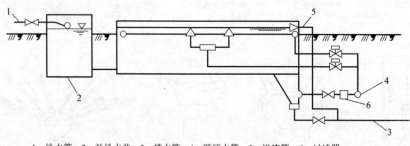

1—给水管；2—补给水井；3—排水管；4—循环水管；5—溢流管；6—过滤器

图3-51 循环给水系统

2. 游泳池供水系统

小区或建筑物内附设的游泳池，一般仅作娱乐及锻炼用，不作比赛用。

（1）室内游泳池的一般标准

1）游泳池尺寸：长度为25m（或25m的倍数）；宽度为每泳道2～2.5m，两侧的泳道再加0.25～0.5m；深度1.4～1.8m。

2）游泳池水质：需要符合生活饮用水卫生标准。

3）游泳池水温：28℃左右。

4）游泳池室温：25℃左右。

（2）室内游泳池的给水方式

室内游泳池给水有多种方式，可以根据当地水资源的具体情况（如水源充足与否，水质卫生情况等）决定。

1）直接给水法。直接给水法就是长期打开游泳池进水阀门连续给水，让满出游泳池的水自动溢出，适当调节游泳池的进水阀门，使每小时的进水量达到0.15倍游泳池的容积。这种方法管理方便，但浪费水资源，并且游泳池的水质、水温极难保证。

2）定期换水给水法。将游泳池的水定期（一般为1~3d）全部放净，再冲洗池底、池壁，重新放满池水。这种方法管理简单，一次性投资节约，但水质污染严重，水温也不能得到保证，并且换水时，游泳池要停止使用。

3）循环过滤给水法。游泳池的水由循环过滤泵抽出，经过过滤器、加热器再回到游泳池，不断净化、消毒、加热，达到游泳池水质要求。这种方法系统较复杂，一次性投资大，管理较复杂，但因为能保证游泳池的水质，所以采用得较多。循环过滤给水法的水系统如图3-52所示。在游泳池使用过程中，循环过滤泵常开使池水不断循环、不断净化、加温。在开启循环泵的同时，加药器的计量泵也联动开启，可以将加药箱的次氯酸钠溶液随循环水一起进入游泳池内，以确保游泳池的余氯达到消毒作用。

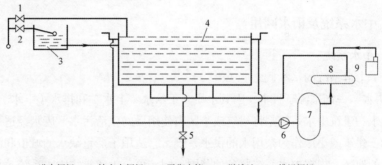

图3-52 循环过滤游泳池水系统图

1—进水阀门；2—补充水阀门；3—平衡水箱；4—游泳池；5—排污阀门；
6—循环过滤泵；7—机械过滤器；8—加热器；9—加药器

（3）游泳池附件

1）给水口。即进水阀的进水口，一般呈格栅状，有多个分别设在池底或池的壁面上，要保证配水均匀。加工给水口的材料有不锈钢、铜、大理石或者工程塑料等。

2）回水口。即循环处理后回到游泳池的回水口，一般也呈格栅状，有多个，分别设在池底或溢水槽内。要保证回水均匀，并且不能产生短路现象，即回水口要同循环泵的吸入口保持一定距离。回水口的材料与给水口相同。

3）排水口。排水口的构造同回水口相同，尺寸可放大，以便排出畅快，一般要求4~6h将水放掉，最多不超过12h。排水口设在池底。

4）溢流口。一般在池边做成溢流槽，溢流槽要保证一定的水平度，槽内均匀布置回水口或循环泵吸入口。

5）排污口。可用排水口兼任。每天在游泳池开始使用前，短时微开排污阀，以排出沉积在池底的污物，保证池水的卫生要求。

（4）水循环系统附件

1）平衡水箱。以不锈钢制，安装位置要保证其水位同游泳池水位保持一致，下设连通管同游泳池相接。平衡水箱内有浮球阀控制水位。游泳池在使用时，向池中的补水会通过平衡水箱进入游泳池，保证其正常水位。

2）机械过滤器。为净化游泳池水质用。如果游泳池的水源为非饮用水系统，则机械过滤后面还需要加装一套活性炭过滤器，才能达到饮用水水质标准。

3）加热器。为保证游泳池内的水温必须采用加热器。加热器一般采用汽—水热交换器，也有采用热水炉及电加热器的。

4）加药器。为了保证池水卫生，游泳池除进行过滤及加热以后，还必须进行消毒。消毒是通过加药器的计量泵自动将药箱内的$NaClO_3$溶液注入循环系统中，随水一起进入游泳池内。因为进入池水中的$NaClO_3$在使用过程中会扩散到空气中去，致使池水含氯量降低，所以加药器要连续不断地注入药液。注入的流量可以按测得的池水含氯量进行调节，也有采用自动测定、自动调节的加药装置。

3.5.4 中水系统及雨水回用

1. 中水系统

（1）中水系统的基本概念

"中水"一词来源于日本，因其水质介于给水（上水）和排水（下水）之间，故名中水。建筑中水系统是将建筑或小区内使用后的生活污水、废水经适当处理后回用于建筑或小区作为杂用水的供水系统，它适用于严重缺水的城市和淡水资源缺乏的地区。根据中水系统服务的范围不同，可分为建筑物中水系统、小区中水系统、城镇中水系统。

（2）建筑中水系统的组成

建筑中水系统由以下基本部分组成。

1）中水原水集流系统。指收集、输送中水原水到中水处理设施的污水管道系统和与之配套的附属构筑物及流量控制设备。

中水原水指可作为中水水源的未经处理的废水、污水。按照排水水质和污染程度轻重，中水原水可分为冷却水沐浴、盥洗和洗衣排水、厨房排水、厕所排水和雨水五大类。

中水水源应优先选用污染程度较轻的工业和生活废水、污水，以降低处理费用。由于雨水的季节性特点，一般将其作为中水的补充水源。

2）中水处理设施。指各类用来处理中水原水的构筑物和设备及流量控制和计量装置。常用的处理设施有以下几种：截留粗大漂浮物的格栅；毛发去除器、油水分离器；用以调节中水原水水量并均化水质的调节池；去除较大悬浮物和胶体的沉淀池；利用微生物分解污水中有机物的生物处理构筑物；去除细小悬浮物的滤池；加氯消毒装置以及活性炭吸附池等深度处理构筑物。

3）中水供水系统。建筑中水供水系统应与给水系统分开，独立设置，其主要组成部分有配水管网、中水贮水池、中水高位水箱、水泵及气压给水设备等。中水系统的供水方式类型、管道布置形式及敷设要求基本同给水系统。

（3）中水处理工艺

中水处理工艺应根据中水原水水质和中水供水水质等因素，经技术经济比较后确定。目前应用较多的中水处理工艺主要有混凝、沉淀、过滤、生物处理和活性炭吸附等。中水处理可分为预处理、主要处理和后处理三个阶段，如图3-53所示。

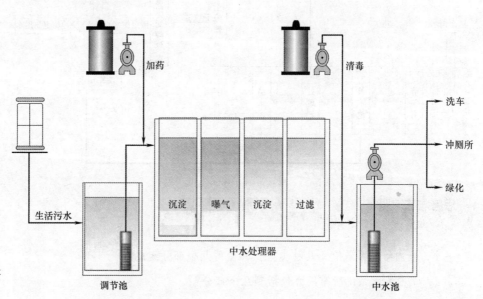

图3-53　中水处理工艺

预处理主要是去除大的漂浮物、悬浮物、其他杂物及为使后续处理构筑物能够正常运行而进行水量和水质的调节。无论选择何种中水原水，都需进行预处理。

主要处理的目的是去除污水中的有机物和悬浮物等。

后处理是指在主要处理后进行的消毒处理及对中水供水水质要求很高时进行的深度处理。

2．雨水回用

（1）基本概念

雨水回用系统，就是将雨水收集后，按照不同的需求对收集的雨水进行处理后达到符合设计使用标准的系统。目前多数由弃流过滤系统、蓄水系统、净化系统组成。

科学、合理、高效地利用雨水资源，不仅可以缓解城市缺水，而且能涵养与保护水资源、控制城市水土流失，减少水涝，控制城市地下水超采带来的漏斗效应与沉降，减轻水体污染以及改善城市生态环境。

（2）工艺流程

雨水回用系统的工艺流程图如图3-54所示。屋面雨水及地面雨水经弃流井汇集至蓄水池，通过水处理工艺后送至清水池储存。处理后的雨水一般用于小区绿化用水、洗车及室内冲厕卫生用水。

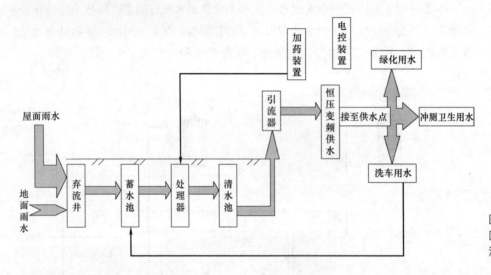

图3-54 雨水回用系统的工艺流程

思考与练习题

1. 室内给水系统有哪几种类型？其由哪几个部分组成？

2. 室内给水系统所需压力包括哪几个部分？

3. 室内给水系统的供水方式有哪几种？分别应用在什么场合？

4. 水表有哪几种？其性能参数有哪些？

5. 描述离心式水泵的性能参数有哪些？

6. 室内热水供应的用水量标准和热水水质是什么？

7. 消火栓给水系统由哪几个部分组成？

8. 自动喷水灭火系统有哪几种类型？其工作原理是什么？

9. 室内排水系统包括哪几种类型？其由哪几个部分组成？

10. 屋面雨水系统包括哪几个部分？

11. 小区给水系统包括哪几个部分？小区排水系统包括哪几个部分？

室内供暖与燃气供应

本章要点及学习目标

　　掌握室内采暖系统的分类，热水供暖系统的形式、管路布置及主要设备、燃气的种类。熟悉建筑采暖负荷；了解辐射采暖系统与采暖工程施工图。

4.1 室内供暖系统的分类及供暖负荷

供暖就是用人工方法向室内供给热量，保持一定的室内温度，以创造适宜的生活条件或工作条件的技术。

4.1.1 室内供暖系统的分类

所有供暖系统都由热媒制备（热源）、热媒输送（管网）和热媒利用（散热设备）三个主要部分组成。根据三个主要组成部分的相互位置关系，供暖系统可分为分散供暖系统和集中式供暖系统。

1．分散供暖系统

由小型热源通过管道向多个房间供热的小规模供暖方式，或集热源和散热设备为一体的单体的供暖方式，称为分散供暖系统。如电热供暖、户式燃气壁挂炉供暖、户式空气源热泵供暖、户式烟气供暖（火炉、火墙和火炕等）均属于分散供暖系统。虽然燃气和电能通常都由远处输送到室内，但热量的转化和利用都是在散热设备上实现的。

2．集中式供暖系统

热源和散热设备分别设置，用热媒管道相连接，由热源向多个热力入口或热用户供给热量的供暖系统，称为集中式供暖系统。

图4-1是集中式热水供暖系统的示意图。热水锅炉1与散热器2分别设置，通过热水管道（供水管和回水管）3相连接。循环水泵4使热水在锅炉内加热，在散热器冷却后返回锅炉重新加热。膨胀水箱5用于容纳热系统升温时的膨胀水量，并使系统保持一定的压力。图中的热水锅炉，可以向单幢建筑物供暖，也可以向多幢建筑物供暖。对一个或几个小区多幢建筑物的集中式供暖方式，在国内也习惯称联片供暖（热）。

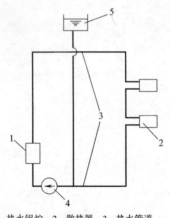

1—热水锅炉；2—散热器；3—热水管道
4—循环水泵；5—膨胀水箱

图4-1 集中式热水供暖系统示意图

以热水或蒸汽作为热媒，由热源集中向一个城镇或较大区域供应热能的方式称为集中供暖。目前，集中供暖已成为现代化城镇的重要基础设施之一，是城乡公共事业的重要组成部分。集中供暖系统由三大部分组成：热源、热力网和热用户。烘暖系统的热源，是指供热热媒的来源。目前应用最广泛得是区域锅炉房和热电厂。在此热源内，燃料燃烧产生的热能，将热水或蒸汽加热。此外也可以利用核能、地热、电能、工业余热作为集中供暖系统的热源。热力网是指由热源向热用户输送和分配供热介质的管线系统。热用户是指集中供暖系统利用热能的用户，如室内供暖、通风、空调、热水供应以及生产工艺用热系统等。

4.1.2　室内供暖系统的热负荷

1．供暖系统设计热负荷

供暖系统的热负荷即供暖系统应向建筑物供给的热量。供暖系统的设计热负荷是指在室外设计温度下，为达到要求的室内温度，供暖系统在单位时间内向建筑物供给的热量。它是设计供暖系统最基本的依据。

在供暖系统设计时应详细计算建筑物的热负荷。在初步设计阶段，可用热指标法估算建筑物的供暖热负荷。

常用的热指标法有两种形式，一种是单位面积热指标法；另一种是在室内外温差为1℃时的单位体积热指标法。热指标是在调查了同一类型建筑物的供暖热负荷后，得出的该类型建筑物每㎡建筑面积或在室内外温差为1℃时每m³建筑物体积的平均供暖热负荷。

用单位面积供暖热指标法估算建筑物的热负荷时，供暖热负荷等于单位面积供暖热指标与总建筑面积的乘积。民用建筑的单位面积供暖热指标见表4-1。

民用建筑单位面积供暖热指标　　　　表4-1

建筑物名称	单位面积供暖热指标（W/m²）	建筑物名称	单位面积供暖热指标（W/m²）
住宅	46.5 ~ 70	商店	64 ~ 87
办公楼、学校	58 ~ 81.5	单层住宅	81.5 ~ 104.5
医院、幼儿园	64 ~ 81.5	食堂、餐厅	116 ~ 139.6
旅馆	58 ~ 70	影剧院	93 ~ 116
图书馆	46.5 ~ 75.6	大礼堂、体育馆	116 ~ 163

用单位体积供暖热指标法估算建筑物的热负荷时，供暖热负荷用下式计算：

$$Q=qV(t_n-t_w) \tag{4-1}$$

式中　Q——供暖热负荷，W；

　　　q——单位体积供暖热指标，W/m³·℃；

　　　V——建筑物的体积（按外部尺寸计算），m³；

　　　t_n——冬季室内计算温度，℃；

　　　t_w——室外供暖计算温度，℃。

2．供暖室外计算温度和室内计算温度

（1）供暖室外计算温度

室外计算温度不是极端最低温度，我国确定室外供暖计算温度的方法是采用历年平均每年不保证5天的日平均温度。

（2）室内计算温度

室内计算温度是指室内离地面1.5 ~ 2.0m高处的空气温度，它取决于建筑物

的性质和用途。对于工业企业建筑物，确定室内计算温度应考虑劳动强度的大小以及生产工艺的要求。对于民用建筑，确定室内计算温度应考虑到房间的用途、生活习惯等因素。表4-2为民用及工业辅助建筑和生产车间的室内计算温度。

民用及工业辅助建筑的室内计算温度　　　　表 4-2

序号	房间名称	室温（℃）	序号	房间名称	室温（℃）
1	卧室和起居室	16~18	6	存衣室	16
2	厕所、盥洗室	12	7	哺乳室	20
3	食堂	14	8	淋浴室	25
4	办公室、休息室	16~18	9	沐浴室的换衣室	23
5	技术资料室	16	10	女工卫生室	23

4.2 热水供暖系统

以热水为热媒的供热系统，称为热水供暖系统。根据循环动力的不同，热水供暖系统可分为自然循环系统和机械循环系统。

自然循环热水供暖系统靠水的密度差进行循环，无需水泵为热水循环提供动力。但它作用压力小（供水温度为95℃，回水70℃，每米高差产生的作用压力为156Pa），因此仅适用于一些较小规模的建筑物。

机械循环热水供暖系统在系统中设置有循环水泵，如图4-1所示，水泵的机械能使水在系统中强制循环。由于水泵产生的作用压力很大，因而供热范围可以扩大。机械循环热水供暖系统不仅可用于单幢建筑物中，也可以用于多幢建筑中，甚至可发展为区域热水供暖系统。

4.2.1 热水供暖系统的形式

机械循环热水供暖系统的主要形式如下。

1. 垂直式系统

（1）机械循环上供下回式热水供暖系统

机械循环系统除膨胀水箱的连接位置与自然循环系统不同外，还增加了循环水泵和排气装置（图4-2）。

1）系统排气

在机械循环系统中，水流速度较高，供水干管应按水流方向

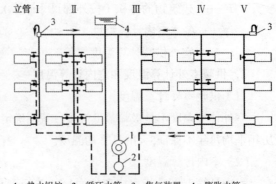

图4-2 机械循环上供下回式热水供暖系统

1—热水锅炉；2—循环水管；3—集气装置；4—膨胀水箱

设上升坡度，使气泡随水流方向流动汇集到系统的最高点，通过在最高点设置排气装置，将空气排出系统外。回水干管的坡向与自然循环系统相同。坡度宜采用0.003。

2）水泵的连接点

水泵应装在回水总管上，使水泵的工作温度相对降低，改善水泵的工作条件，延长水泵的使用寿命。这种连接方式，还能使系统内的高温部分处于正压状态，使热水不致因压力过低而汽化，有利于系统正常工作。

3）膨胀水箱的连接点与安装高度

对于热水供暖系统，当系统内水的压力低于热水水温对汽的饱和压力或者出现负压时，会出现热水汽化、吸入空气等问题，从而破坏系统运行。系统内压力最不利点往往出现在最远立管的最上层用户上。为避免出现上述情况，系统内需要保持足够的压力。由于系统内热水都是连通的，只要把系统内某一点的压力恒定，则其余点的压力自然也得以恒定。因此，可以选定一个定压点，根据最不利点的压力要求，推算出定压点要求的压力，这样就可解决系统的定压问题。定压点通常选定在循环水泵的进口侧，定压装置由膨胀水箱兼任。根据要求的定压压力确定膨胀水箱的安装高度，系统工作时，维持膨胀水箱内的水位高度不变，整个系统的压力则得到恒定。在机械循环系统中，膨胀水箱除容纳系统加热后的膨胀水量之外，还有排气和定压的作用。

在机械循环系统中，系统的主要作用压力由水泵提供，但自然压力仍然存在。单、双管系统在自然循环系统中的特性，即双管系统存在垂直失调和单管系统不能局部调节、下层水温较低等，在机械循环系统中同样会反映出来。在实际工程中，仍以采用单管顺流式居多。

上供下回式管道布置合理，是最常用的一种布置形式。

（2）机械循环下供下回式双管系统。

系统的供水和回水干管都敷设在底层散热器下面。在设有地下室的建筑物，或在平屋顶建筑顶棚下难以布置供水干管的场所，常采用下供下回式系统（图4-3）。

机械循环下供下回式热水供暖系统的供水干管布置在地下室，管路直接散热给地下室，无效热损失小。在施工过程中，每安装好一层散热器即可供暖，给冬期施工带来很大方便。但此系统排除空气较困难。下供下回式

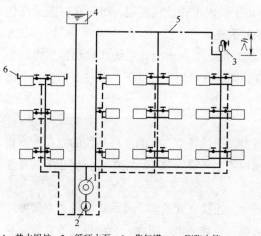

图4-3 机械循环下供下回式热水供暖系统

1—热水锅炉；2—循环水泵；3—集气罐；4—膨胀水箱；
5—空气管；6—冷风阀

系统排除空气的方式主要有两种：通过顶层散热器的冷风阀手动分散排气和通过专设的空气管手动或自动集中排气。

（3）机械循环中供式热水供暖系统

系统总水平供水干管水平敷设在系统的中部；如图4-4所示。下部系统呈上供下回式。上部系统可采用下供下回式，也可采用下供上回式。中供式系统可避免由于顶层梁底标高过低，致使供水干管挡住顶层窗户的不合理布置，并减少了由于上供下回式楼层过多，易出现垂直失调的现象；但上部系统需增加排气装置。

中供式系统可用于加建楼层的原有建筑物或"品"字形建筑（上部建筑面积少于下部的建筑）中。

（4）机械循环下供上回式（倒流式）热水供暖系统

系统的供水干管设在下部，而回水干管设在上部，顶部还设置有顺流式膨胀水箱。立管布置主要采用顺流式，如图4-5所示。

倒流式系统具有如下特点：

1）水在系统内的流动方向是自下而上，与空气流动方向一致。空气可通过顺流式膨胀水箱排除，无需设置集气罐等排气装置。

2）对热损失大的底层房间，由于底层供水温度高，底层散热器的面积减少，便于布置。

3）当采用高温水供暖系统时，由于供水干管设在底层，可防止高温水汽化所需的水箱标高，减少布置高架水箱的困难。

4）倒流式系统散热器的供暖系统远低于上供下回式系统。散热器热媒的平均温度几乎等于散热器出水温度。在相同的立管供水温度下，散热器的面积要比上供下回顺流式系统的面积增多。

（5）异程式系统与同程式系统

在供暖系统供、回水干管的布置上，通过各个立管的循环环路的总长度不相等的布置形式称为异程式系统，而通过各个立管的循环环路的总长度相等的布置形式则称为同程式系统。

机械循环系统，由于作用半径较大，连接立管较多，异程式系统各立管循环环路长短不一，各个立管环路和压力损失较难平衡。因此，会出现近处立管流量超过要求，而远处立管流量不足的现象。在远近立管处出现流量失调而引起在水

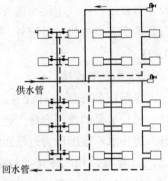

供水管

回水管

采用下供下回式双管系统；上部系统采用上供下回式单管系统；下部系统

图4-4 机械循环中供式热水供暖系统

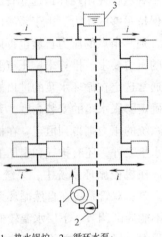

1—热水锅炉；2—循环水泵；3—膨胀水箱

图4-5 机械循环下供上回式热水供暖系统

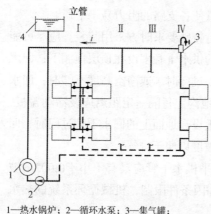

图4-6 同程式系统

1—热水锅炉；2—循环水泵；3—集气罐；4—膨胀水箱

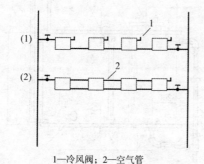

图4-7 单管水平串联式

1—冷风阀；2—空气管

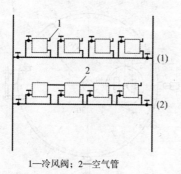

图4-8 单管水平跨越式

1—冷风阀；2—空气管

平方向冷热不均的现象，称为系统的水平失调。

为了消除或减轻系统的水平失调，可采用同程式系统，如图4-6所示。通过最近立管的循环环路与通过最远外立管的循环环路的总长度相等，因而压力损失易于平衡。由于同程式系统具有上述优点，常用于较大的建筑物中。但同程式系统管道的金属消耗量通常要多于异程式系统。

2．水平式系统

水平式系统按供水管与散热器的连接方式可分为顺流式（图4-7）和跨越式（图4-8）两类。

水平式系统的排气方式要比垂直式上供下回系统复杂些。它需要在散热器上设置冷风阀分散排气，或在同一层散热器上部串联一根空气管集中排气。对较小的系统，可用分散排气方式。对散热器较多的系统，宜用集中排气方式。

水平式系统与垂直式系统相比，具有如下优点。

1）系统的总造价一般要比垂直式系统低。

2）管路简单，无穿过各层楼板的立管，施工方便。

3）有可能利用最高层的辅助空间（如楼梯间、厕所等）架设膨胀水箱，不必在顶棚上专设安装膨胀水箱的房间。

4）对一些各层有不同使用功能或不同温度要求的建筑物，采用水平式系统，更加便于分层管理和调节。

4.2.2 室内热水供暖系统的管路布置和主要设备

1．室内热水供暖系统的管路布置

室内热水供暖系统管路布置合理与否，直接影响到系统造价和使用效果。应力求系统管道走向布置合理，节省管材，便于调节和排除空气，而且要求各并联环路的阻力损失易于平衡。

供暖系统的引入口宜设置在建筑物热负荷对称分配的位置，一般宜在建筑物中部。系统应合理地布置若干支路，而且尽量使各支路的阻力易于平衡。

室内热水供暖系统的管路应采用明装，有特殊要求时方采用暗装。应尽可能将立管布置在房间的角落。上供下回式系统的供水干管多设在顶层顶棚下；回水干管可敷设在地面上，地面上不允许敷设（如过门时）或净空高度不够时，回水干管可设置在半通行地沟或不通行地沟内。地沟上每隔一定距离应设活动盖板，过门地沟也应设活动盖板，以便于检修。当敷设在地面上的回水干管过门时，回水干管可从门下小管沟内通过，此时要预留坡度以便于排气。

为了有效地排除系统内的空气，所有水平供水干管应具有不小于0.002的坡度（坡向根据自然循环或机械循环而定）。如因条件限制，机械循环系统的热水管道可无坡度敷设，但管中的水流速度不得小于0.25m/s。

2. 热水供暖系统的主要设备和附件

（1）膨胀水箱

膨胀水箱的作用是贮存热水供暖系统加热的膨胀水量。在自然循环上供下回式系统中，它还起着排气作用。膨胀水箱的另一作用是恒定供暖系统的压力。

膨胀水箱一般用钢板制成，通常是圆形或矩形。图4-9为圆形膨胀水箱构造图。箱上连有膨胀管、溢流管、信号管、排水管及循环管等管路。

当系统充水的水位超过溢流水管口时，通过溢流管将水自动溢流排出。溢流管一般可接到附近下水道。信号管用来检查膨胀水箱是否存水，一般应将其引到管理人员易于观察到的地方（如接回锅炉房或建筑物底层的卫生间等）。排水管用来清洗水箱时放空存水和污垢，它可与溢流管一起接至附近下水道。

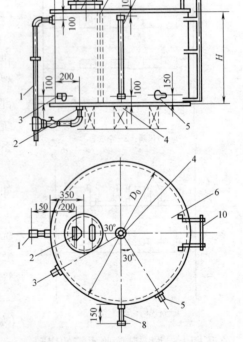

1—溢流管；2—排水管；3—循环管；4—膨胀管；
5—信号管；6—箱体；7—内人梯；
8—玻璃管水位计；9—人孔；10—外人梯；

图4-9 圆形膨胀水箱

在机械循环系统中，循环管应接到系统定压点前的水平回水干管上（图4-10）。该点与定压点（膨胀管与系统的连接点）之间应保持1.5～3m的距离。这样可使少量热水能缓慢地通过循环管和膨胀管流过水箱，以防水箱里的水冻结；同时，膨胀水箱应考虑保温。

在膨胀管、循环管和溢流管上，严禁安装阀门，以防止系统超压，水箱水冻结或水从水箱溢出。

（2）热水供暖系统排除空气的设备

系统的水被加热时，会分离出空气。在系统停止运行时，通过不严密处也

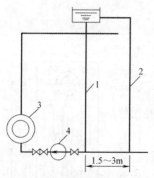

图4-10 膨胀水
箱与机械循环系
统的连接方式

1—膨胀管；2—循环管；
3—热水锅炉；4—循环水管

会渗入空气。充水后，也会有些空气残留在系统内。系统中如果积存空气，就会形成气塞，影响水的正常循环。因此，系统中必须设置排除空气的设备。目前常见的排气设备，主要有集气罐、自动排气阀和冷风阀等几种。

1）集气罐

集气罐用直径 $\phi 100 \sim 250mm$ 的短管制成，分为立式和卧式两种（如图4-11所示，图中尺寸为国标图中最大型号的规格）。顶部连接直径 $\phi 15$ 的排气管。

在机械循环上供下回式系统中，集气罐应设在系统各分环环路的供水干管末端的最高处。在系统运行时，定期手动打开阀门将从热水中分离出来并聚集在集气罐内的空气排除。

2）自动排气阀

目前国内生产的自动排气阀形式较多。它的工作原理大多都是依靠水对浮体的浮力，通过杠杆机构传动力，使排气孔自动启闭，实现自动阻水排气的功能。

图4-12所示为B13-X-4型立式自动排气阀。当阀体内无空气时，水将浮子浮起，通过杠杆机构将排气孔关闭。而当空气从管道进入后积聚在阀体内时，空气将水面压下，浮子浮力减小而依靠自重下落，排气孔打开，使空气自动排出。

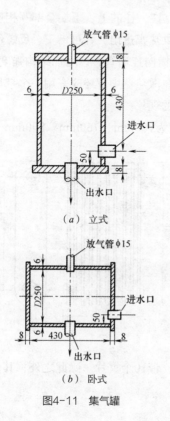

（a）立式

（b）卧式

图4-11 集气罐

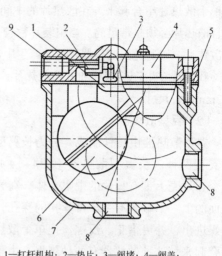

1—杠杆机构；2—垫片；3—阀堵；4—阀盖；
5—垫片；6—浮子；7—阀体；8—接管；
9—排气孔

图4-12 立式自动排气阀

空气排除后，水再将浮子浮起，排气孔重新关闭。

4.2.3 散热器

散热设备是安装在供暖房间里的一种放热设备，它将热媒（热水或蒸汽）的部分热量传给室内空气，用以补偿建筑物热损失，从而维持室内所需要的温度，达到供暖目的。我国使用较多的散热设备有散热器、暖风机和辐射板三类。

具有一定温度的热水或蒸汽流过散热器时，散热器内部的温度高于室内空气温度，热水或蒸汽的热量便通过散热器热媒不断地传给室内空气。

1. 常见散热器的类型

散热器用铸铁或钢制成。近年来我国常用的散热器有柱型散热器、翼型散热器、光管散热器、钢串片对流散热器等。

（1）柱型散热器

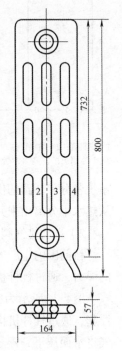

图4-13 四柱800型散热片

柱型散热器由铸铁制成。它又分为四柱、五柱及二柱。图4-13是四柱800型散热片简图，有些集中供热系统的散热器就是由这种散热片组合而成的。四柱800型散热片高800mm，宽164mm，长57mm。它有四个中空的立柱，柱的上、下端全部互相连通。在散热片顶部和底部各有一对带丝扣的穿孔供热媒进出，并可借正、反螺丝把单个散热片组合起来。在散热片的中间有两根横向连通管，以增加结构强度，并且散热片必须是带足的。当组装片数较多时，在散热器中部还应多用一个带足的散热片，以避免因散热器过长而产生中部下垂的现象。

我国现在生产的四柱和五柱散热片，有高度为700mm、760mm、800mm及813mm四种尺寸。

（2）翼型散热器

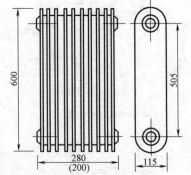

图4-14 长翼型散热片

翼型散热器由铸铁制成，分为长翼型和圆翼型两种。长翼型散热器（图4-14）是一个在外壳上带有翼片的中空壳体。在壳体侧面的上、下端各有一个带丝扣的穿孔，供热媒进出，并可借正、反螺丝把单个散热器组合起来。这种散热器有两种规格，由于其高度为600mm，所以习惯上称这种散热器为"大60"及"小60"。"大60"的长度为280mm，带14个翼片；"小60"的长度为200mm，带10个翼片。除此之外，其他尺寸完全相同。

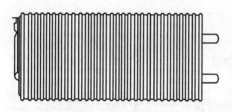

图4-15　钢串片
对流散热器

（3）钢串片对流散热器

钢串片对流散热器是在用联箱连通的两根（或两根以上）钢管上串上许多长方形薄钢片而制成的（图4-15）。这种散热器的优点是承压高、体积小、重量轻、容易加工、安装简单和维修方便；其缺点是薄钢片间，不易清扫以及耐腐蚀性能不如铸铁好。薄钢片因热胀冷缩，容易松动，日久传热性能严重下降。

除上述散热器外，还有钢制板式散热器、钢制柱形散热器等，在此不一一介绍。

2．散热器的选择

在选择散热器时，除要求散热器能供给足够的热量外，还应综合考虑经济、卫生、运行安全可靠以及与建筑物相协调等问题。例如常用的铸铁散热器不能承受过大的工作压力；钢制散热器虽能承受过大的工作压力，但耐腐蚀能力却比铸铁散热器差等。

3．散热器的布置与安装

散热器设置在外墙窗口下最为合理。经散热器加热的空气沿外窗上升，能阻止渗入的冷空气沿墙及外窗下降，因而防止了冷空气直接进入室内工作地区。对于要求不高的房间，散热器也可靠内墙壁设置。

一般情况下，散热器在房间内敞露装置，这样散热效果好，且易于清除灰尘。当建筑方面或工艺方面有特殊要求时，就要将散热器加以围挡。例如某些建筑物为了美观，可将散热器装在窗下的壁龛内，外面用装饰性面板把散热器遮住。

安装散热器时，有脚的散热器可直立在地上；无脚的散热器可用专门的托架挂在墙上，在现砌墙壁内埋托架，应与土建作业平行进行。预制装配建筑，应在预制墙板时即埋好托架。

楼梯间内散热器应尽量放在底层，因为底层散热器所加热的空气能够自行上升，从而补偿上部的热损失。为了防止冻裂，在双层门的外室以及门斗中不宜设置散热器。

4.3　辐射供暖系统

4.3.1　低温热水地面辐射供暖系统

1．低温热水地面辐射供暖结构

低温热水地面辐射供暖，是指将加热的管子埋设在地面构件内的热水辐射供暖系统，也称为地热供暖。其系统供水温度不超过60℃，供、回水温差一般控制在10℃，系统的最大压力为0.8MPa，一般控制在0.6MPa或以下。

低温热水地面辐射供暖结构一般由楼板结构层（或其他结构层）、保温层、细石混凝土层、砂浆找平层和地面层等组成，如图4-16所示。从图中可看出，埋管均设在细石混凝土层中，或设在水泥砂浆层中。在埋管与楼板结构层之间，都设置了隔热层（又称保温层）。隔热层多采用密度大于或等于20kg/m³的自熄型聚苯乙烯泡沫板，厚度不小于25mm，若地面荷载大于500kg/cm²时，隔热材质的选择则应与承压能力相适应。埋管的填充层厚度一般不少于50mm。在填充层间均设膨胀缝，加热管（即埋管）穿过膨胀缝时设有不小于100mm的柔性套管。

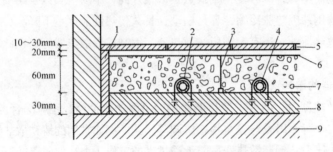

1—边角保温材料；2—塑料卡钉；3—膨胀缝；4—加热管材；5—地面层；6—找平层；7—豆石混凝土层；8—复合保温层；9—结构层

图4-16 地面供暖结构剖面图

　　除上述低温热水地面辐射供暖结构外，还有预制沟槽保温板和预制轻薄供暖板结构。

2. 低温热水地面辐射供暖管道

　　低温热水地面辐射供暖系统管道布置如图4-17所示。为了控制方便，一般每个房间设置独立管道系统，各房间管道系统中的热水通过分水器、集水器进行调节和分配，集水器连接如图4-18所示。

　　地热埋管的管材一般有耐热聚乙烯管（PE-RT）、交联聚乙烯管（PEX）、聚丙烯共聚体管（PP-C）、交联铝塑复合管（XPAP）、无规共聚聚乙烯管（PP-R）等管材。

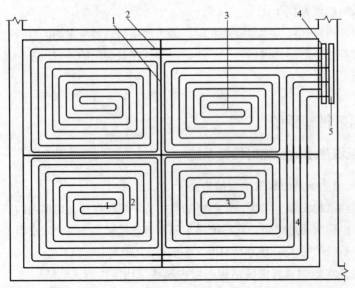

1—膨胀带；2—伸缩节（300mm）；3—交联管（≠20，≠15）；4—分水器；5—集水器

图4-17 加热管路平面布置图

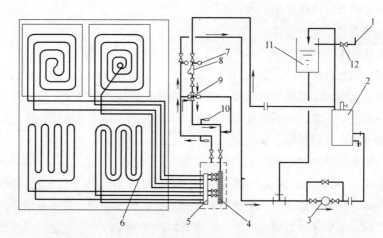

图4-18 集水器连接示意图

1—补水管；2—供暖锅炉；3—循环水泵；4—分水器；5—集水器；6—PP-C 地热盘管；7—压力表；8—过滤器；9—三通；10—温度计；11—膨胀水箱；12—截止阀

4.3.2 低温电热辐射供暖系统

近年来低温电热辐射供暖技术发展较快，发热元件主要有发热电缆、电热膜等。安装位置为地面、顶棚和墙面等。

1. 发热电缆地面辐射供暖系统

发热电缆地面辐射供暖系统，是以预埋在地板内的发热电缆为热源，加热地板，通过地面以辐射和对流的传热方式向室内供热，并以发热电缆温控器控制室温或地板温度，从而实现供暖的地面辐射供暖系统，如图4-19所示。

（1）发热电缆系统的材料

发热电缆必须有接地屏蔽层，即包裹在发热导线外并与发热导线绝缘的金属层。其材质可以是编织成网或螺旋缠绕的金属丝，也可以是螺旋缠绕或沿发热电缆纵向围合的金属带。发热电缆的轴向上分别为发热用的热线和连接用的冷线，其冷热导线的接头应安全可靠，并应满足至少50年的非连续正常使用寿命；热线部分的结构在径向上从里到外应由发热导线、绝缘层、接地屏蔽层和外护套等组成，其外径不宜小于6mm；发热导体宜使用纯金属或金属合金材料。

发热电缆系统的温控器外观不应有划痕，标记应清晰、面板扣合应严密、开关应灵活自

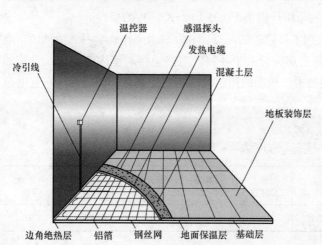

图4-19 发热电缆供暖结构图

如，温度调节部件应使用正常。

（2）发热电缆的布置

发热电缆的布置可选择采用平行型（直列型）或回折型（旋转型）。布置时应考虑地面家具的影响，地面的固定设备和卫生洁具下，不应布置发热电缆；在靠近外窗、外墙等局部热负荷较大区域，发热电缆应铺设较密。每个房间宜独立安装一根发热电缆，不同温度要求的房间不宜共用一根发热电缆；每个房间宜通过发热电缆温控器单独控制温度。

发热电缆热线之间的最大间距，不宜超过300mm，且不应小于50mm，距离外墙内表面不得小于100mm。发热电缆温控器的工作电流不得超过其额定电流，在选型的时候要考虑使用环境的潮湿情况，如在高大空间、浴室、卫生间、游泳池等区域，应采用地温型温控器；对需要同时控制室温和限制地表温度的场合应采用双温型温控器。

2. 低温辐射电热膜供暖系统安装

低温辐射电热膜供暖分为安装在顶棚、地面和墙面等方式，安装在地面的电热膜对防水等方面的要求与顶棚和墙面电热膜不同，因此不能通用。

（1）低温辐射电热地膜

电热地膜是将电能转化为热能的散热元件。一般采用纯金属或特制导电油墨材料，外部用PVC绝缘防水材料密封，用连接卡、中继线连接。电热地膜主要以低温辐射方式使人们工作、学习和生活的环境温度达到规定要求。

低温辐射电热膜供暖是一种由电热地膜、保温板（聚苯板或挤塑板）、T型电缆线、接线盒、温度传感器、电源线、温控器等组成的供暖系统。

低温辐射电热膜供暖系统中所用材料，应根据工作温度、荷载、设计寿命、现场防水、防火等工程环境以及施工性能的要求，经综合比较后确定。

（2）电热地膜的布置

电热地膜供暖系统的地面构造由地面、绝热层、电热地膜、填充层、找平层和面层组成。填充层宜采用C15豆石混凝土，豆石粒径宜为5～12mm。填充层厚度不宜小于35mm；面层宜采用热阻小于0.05（$m^2 \cdot K$）/W的材料。

电热地膜应布置在室内不被遮挡的地方，并宜靠近工作、学习或活动区。电热地膜应分组布置，宜每个房间分一个环路。电热地膜与室内各墙面及设施的最小距离应符合表4-3的要求。地面的固定设备和卫生洁具下面，不应布置电热地膜。

电热地膜与室内各墙面及设施的最小距离（mm）　　　　表4-3

与有窗的墙面	与其他墙面	与灯	与墙上分线盒	与其他热源	与配电箱边缘	与隐蔽装置的贴面	与地面导线
300	150	200	200	200	200	50	50

4.4 室内供暖系统施工图

4.4.1 施工图构成及表示的内容

室内供暖工程施工图包括图纸目录、设计说明和施工说明、图例、设备表、平面图、系统图、详图等。

室内供暖系统的设计说明主要介绍如下内容：系统的热负荷、作用压力；热媒的品种及参数；系统的形式及管路的敷设方式；选用的管材及其连接方法；管道和设备的防腐、保温做法；无设备表时，需说明散热器及其他设备、附件的类型、规格和数量等；施工及验收要求；其他需要用文字解释的内容。

室内供暖平面图表示建筑各层供暖管道与设备的平面布置。内容包括：建筑物轮廓，其中应注明轴线、房间主要尺寸、指北针，必要时应注明房间名称；热力入口位置，供、回水总管名称、管径；干、立、支管位置和走向，管径以及立管编号；散热器的类型、位置和数量；对于多层建筑，各层散热器布置基本相同时，也可采用标准层画法。在标准层平面图上，散热器要注明层数和各层的数量。

供暖工程系统图应以轴测投影法绘制，并宜用正等轴测或正面斜轴测投影法。系统图的布置方向一般应与平面图一致。供暖系统图应包括如下内容：管道的走向、坡度、坡向、管径、变径的位置以及管道与管道之间的连接方式；散热器与管道的连接方式；管路系统中阀门的位置、规格；集气罐的规格、安装形式（立式或卧式）；蒸汽供暖疏水器和减压阀的位置、规格、类型；节点详图的索引号；按规定对系统图进行编号，并标注散热器的数量；竖向布置的垂直管道系统，应标注立管号。

在供暖平面图和系统图上表达不清楚、用文字也无法说明的地方，可用详图画出。详图是局部放大比例的施工图，因此也叫大样图。例如，一般供暖系统入口处管道的交叉连接复杂，因此需要另画一张比例比较大的详图。

4.4.2 施工图示例

某综合楼供暖工程的施工图示例如图4-20～图4-22所示。图4-20为供暖工程常用图例，图4-21为某综合楼供暖一层平面图，图4-22为供暖系统图。

该工程采用低温水供暖，供回水温度为75/50℃；系统采用上分下回单管顺流式；图中未注明管径的立管均为DN20，支管为DN15；管道采用焊接钢管，DN32以下为丝扣连接，DN32以上为焊接；散热器选用铸铁四柱813型，每组散热器设手动放气阀；明装管道和散热器等设备，附件及支架等刷红丹防锈漆两遍，银粉两遍；室内地沟断面尺寸为500mm×500mm，地沟内管道刷防锈漆两遍，50mm厚岩棉保温，外缠玻璃纤维布。

识读平面图的主要目的是了解管道、设备及附件的平面位置和规格、数量等。在一层平面图中，热力入口设在靠近⑥轴右侧位置，供、回水干管管径均为DN50。供水干管引入室内后，在地沟内敷设，地沟断面尺寸为500mm×500mm。

主立管设在⑦轴处。回水干管分成两个分支环路，右侧分支共连接7根立管，左侧分支连接8根立管。回水干管在过门和厕所位置局部做地沟。从系统图中可以看出，供水主立管分为左、右两个分支环路，分别向各立管供水。末端干管分别设置卧式集气罐，型号详见说明，放气管管径为DN15，引至二层水池。建筑物内各房间散热器均设置在外墙窗下。因一层走廊、楼梯间有外门，散热器设在靠近外门内墙处，二层设在外窗下。各组散热器片数标注在散热器旁。

阅读供暖系统图时，一般从热力入口起，先弄清干管的走向，再逐一看各立、支管。系统热力入口供、回水干管均为DN50，并设同规格阀门，标高为-0.900m。引入室内后，供水干管标高为-0.300m，

图　例

图例	名称
	供暖供水管
	供暖回水管
	截止阀
	闸阀
	平衡阀
	除污器
	压力表
	温度计
	泄水丝堵
	管道固定支架
	散热器（n表示散热器片数）
	坡向及坡度
	供暖立管编号
	排气扇
	风管
	热量表

图4-20 供暖工程常用图例

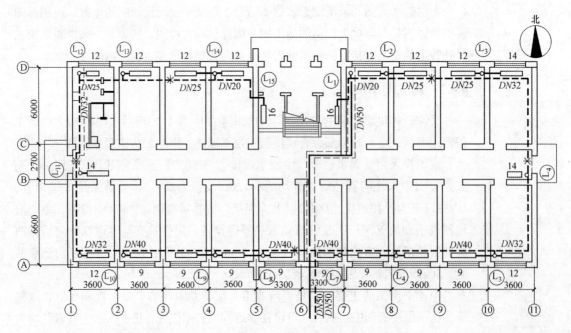

图4-21 供暖首层平面图

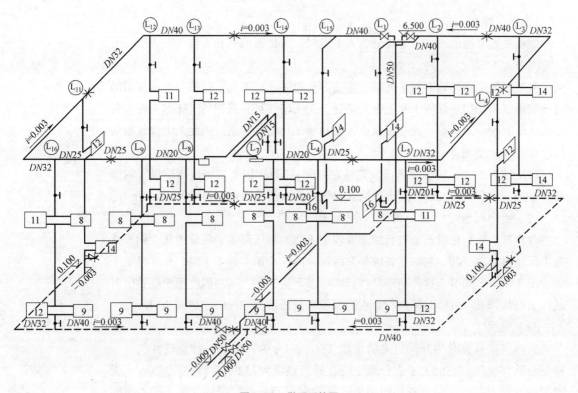

图4-22 供暖系统图

有0.003上升的坡度，经主立管引到二层后，分为两个分支，分流后设阀门。两分支环路起点标高均为6.500m，坡度为0.003，供水干管始端为最高点，分别设卧式集气罐，通过DN15放气管引至二层水池，出口处设阀门。各立管采用单管顺流式，上下端设阀门。回水干管同样分为两个分支，在地面以上明装，起点标高为0.100m，有0.003沿水流方向下降的坡度。设在局部地沟内的管道，末端为最低点，并设泄水丝堵。两分支环路汇合前设阀门，汇合后进入地沟，回水排至室外。

4.5 燃气供应

燃气是一种气体燃料。

气体燃料较之流体燃料和固体燃料具有更高的热能利用率，燃烧温度高，火力容易调节，使用方便，燃烧时没有灰渣，清洁卫生，而且可以利用管道和瓶装供应。在日常生活中应用燃气作为燃料，对改善人民生活条件，减少空气污染和保护环境，都具有重大的意义。

燃气易引起燃烧或爆炸，火灾危险性较大。人工煤气具有强烈的毒性，容易引起中毒事故。所以，对于燃气设备及管道的设计、加工和敷设，都有严格的要求，同时必须加强维护和管理工作，防止漏气。

1. 燃气种类

燃气根据来源的不同，主要分为人工煤气、液化石油气和天然气三大类。

（1）人工煤气

人工煤气是将矿物燃料（如煤、重油等）通过热加工而得到的。通常使用的有干馏煤气（如焦炉煤气）和重油裂解气。人工煤气具有强烈的气味和毒性，含有硫化氢、萘、苯、氨、焦油等杂质，极易腐蚀和堵塞管道，因此人工煤气需加以净化后才能使用。

供应城市的人工煤气要求低发热量在14654kJ/Nm³以上。一般焦炉煤气的低发热量为17585～18422kJ/Nm³，重油裂解气的低发热量为16747～20515kJ/Nm³。

（2）液化石油气

液化石油气是在对石油进行加工处理中（例如减压蒸馏、催化裂化、铂重整等）所获得的副产品。它的主要成分是丙烷、丙烯、正（异）丁烷、正（异）丁烯、反（顺）丁烯等。这种副产品在标准状态下呈气相，而当温度低于临界值时或压力升高到某一数值时呈液相。它的低发热量通常为83736～113044kJ/Nm³。

（3）天然气

天然气是从钻井中开采出来的可燃气体。它分为两种，一种是气井气，一种是石油伴生气。它的主要成分是甲烷，低发热量为33494～41868kJ/Nm³。天然气通常没有气味，故在使用时需混入某种无害而又有臭味的气体（如乙硫醇C_2H_5SH），以便于发现漏气，避免发生中毒或爆炸燃烧事故。

2. 城市燃气的供应方式

（1）天然气、人工煤气的管道输送

天然气或人工煤气经过净化后即可输入城市燃气管网。城市燃气管网根据输送压力不同可分为：低压管网（$p \leqslant 5kPa$）、中压管网（$5kPa < p \leqslant 150kPa$）、次高压管网（$150kPa < p \leqslant 300kPa$）和高压管网（$300kPa < p \leqslant 800kPa$）。

城市燃气管网通常包括街道燃气管网和小区燃气管网两部分。

在大城市里，街道燃气管网大都布置成环状，只有边缘地区才采用枝状管网。燃气由街道高压管网或次高压管网，经过燃气调压站，进入街道中压管网。然后，经过区域的燃气调压站，进入街道低压管网，再经小区管网而接入用户。临近街道的建筑物也可直接由街道管网引入。在小城市里，一般采用中—低压或低压燃气管网。

小区燃气管路是指燃气总阀门井以后至各建筑物前的户外管路。

小区燃气管敷设在土壤冰冻线以下0.1～0.2m的土层内。根据建筑群的总体布置，小区燃气管道宜与建筑物轴线平行，并埋在人行道或草地下；管道距建筑物基础应不小于2m，与其他地下管道的水平净距为1.0m，与树木应保持1.2m的水平距离。小区燃气管不能与其他室外地下管道同沟敷设，以免管道漏气时燃气经地沟渗入建筑物内。根据燃气的性质及含湿状况，当有必要排除管网中的冷凝水时，管道应具有不小于0.003的坡度坡向凝水器。凝结水应定期排除。

（2）液化石油气瓶装供应

液态液化石油气在石油炼厂产生后，可用管道、汽车或火车槽车、槽船运输到储配站或灌瓶站后，再用管道或钢瓶灌装，经供应站供应给用户。

供应站到用户的供应方式，根据供应范围、户数、燃烧设备的需用量大小等因素可采用单瓶、瓶组和管道系统。其中单瓶供应常采用一个15kg钢瓶连同燃具供应居民用；瓶组供应常采用钢瓶并联方法供应公共建筑或小型工业建筑的用户；管道供应方式适用于居民小区、大型工厂职工住宅区或锅炉房。

按绝对压力计，钢瓶内液态液化石油气的饱和蒸气压一般为70~800kPa，靠室内温度可自然汽化。但供燃气燃具及燃烧设备使用时，还要通过钢瓶上的调压器减压到2.8±0.5kPa。单瓶系统一般将钢瓶置于厨房，而瓶组供应系统的并联钢瓶、集气管及调压阀等应设置在单独房间。

管道供应系统是指液态的液化石油气经气化站（或混气站）生产的气态的液化石油气（或混合气）经调压设备减压后经输配管道、用户引入管、室内管网、燃气表输送至燃具使用的系统。

3. 室内燃气管道系统及其敷设

用户燃气管由引入管进入房屋以后，到燃具燃烧器前称为室内燃气管。这一套管道是低压的。室内管多用普压钢管丝扣连接，埋在地下的部分应涂防腐涂料。明装的室内管应采用镀锌普压钢管。所有燃气管不允许有微量漏气以保证安全。

从小区燃气管上接引入管，一定要从管顶接出，并且在引入管垂直段顶部以三通管件接横向管段，这样敷设可以减少燃气中的杂质和凝液进入用户并便于清通。引入管还应有0.005的坡度坡向引入端。室内燃气管穿墙或地板时应设套管。为了安全，燃气立管不允许穿越居室，一般可布置在厨房、楼梯间的墙角外。进户干管应设不带手轮旋塞式阀门。立管上接出每层的横支管一般在楼上部接出，然后折向燃气表，燃气表上伸出燃气支管，再接橡皮胶管通向燃气用具。燃气表后的支管一般不应绕气窗、窗台、门框和窗框敷设。当必须绕门窗时，应在管道绕行的最低处设置堵头，以利排泄水或吹扫使用。水平支管应具有坡度坡向堵头。

建筑物如有可通风的地下室时，燃气干管可以敷设在这种地下室的上部。不允许室内煤气干管埋于地面下或敷于管沟内。若公共建筑物地沟为通行地沟且有良好的自然通见设施时，可与其他管道同沟敷设，但燃气干管应采用无缝钢管，焊接连接。燃气管还应有0.002~0.005的坡度，坡向引入管。

4. 燃气表及燃气用具

（1）燃气表

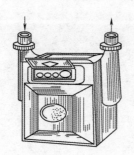

燃气表是计量燃气用量的仪表。目前我国常用的是一种干式皮囊燃气流量表（图4-23）。这种燃气表适用于室内低压燃气供应系统中。各种规格的燃气表计量范围在2.8~260m³/h。为保证安全，小口径燃气表一般挂在室内墙壁上，表底距地面1.6~1.8m，燃气表到燃气用具的水平

图4-23　皮囊燃气流量表

距离不得小于0.8～1.0m。

（2）燃气用具及用气安全

住宅常用燃气用具有厨房燃气灶、燃气热水器等。燃气燃烧需要消耗氧气，燃气燃烧后排出的废气中含有不同浓度的一氧化碳，当其容积浓度超过0.16%时，若人连续呼吸20min，就会在2h内死亡。因此，凡是设有燃气用具的房间，都应设有良好的通风排烟措施。

一般来说，设置燃气热水器的浴室，房间体积应不小于$12m^3$；当燃气热水器每小时消耗发热量较高的燃气约为$4m^3$时，需要保证每小时有3倍房间体积，即$36m^3$的通风量。故设置小型燃气热水器的房间应保证有足够的容积，并在房间墙壁下面及上面，或者门扇的底部或上部，设置不小于$0.2m^2$的通风窗。通风窗不能与卧室相通，门扇应朝外开，以保证安全。

在楼房内，为了排除燃烧烟气，当层数较少时，应设置各自独立的烟囱。砖墙内烟道的断面应不小于140mm×140mm。对于高层建筑，可设置总烟道排烟。

思考与练习题

1．室内供暖系统可分为哪些类型？各由哪些部分组成？

2．什么是供暖负荷？什么是供暖室外计算温度、室内计算温度？

3．什么是自然循环热水供暖系统？什么是机械循环热水供暖系统？

4．热水供暖系统有哪些形式？

5．什么是散热器？常见的散热器有哪些类型？

6．低温热水地面辐射供暖的结构包括哪些部分？

7．燃气根据来源的不同可分为哪几种？

建筑通风及防排烟

本章要点及学习目标

　　掌握自然通风和机械通风的基本原理、防火分区和防烟分区以及防烟方法。熟悉风管的加工和连接方法和风机的性能参数。

5.1 建筑通风的形式

通风是改善室内空气环境的一种重要手段。建筑通风就是把建筑物室内被污染的空气直接或经过净化处理后排至室外，再把新鲜的空气补充进来，从而使室内的空气环境符合卫生标准的要求。前者称为排风，后者称为进风。工程上把为实现排风或进风而采用的一系列设备、装置的总体称为通风系统。

根据空气流动的动力不同，通风方式可分为自然通风和机械通风两种。

5.1.1 自然通风

自然通风是利用室外风力造成的风压以及由室内外温差和高度差所产生的热压使空气流动；从而达到室内通风的目的。这种通风系统形式简单，不需要消耗动力，是一种经济的通风方式。其主要缺点是其通风效果受外界自然条件的限制。

1.热压作用下的自然通风

大气中的压力与高度有关，离地面越高，压力越小，由高程引起的上下压力差值等于$\rho g h$。同样的高程差，不同的空气温度，则由于空气密度不同而引起的上下压差值就

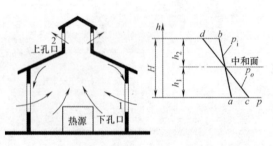

图5-1 热压作用下的自然通风

不同。例如，有一单层建筑如图5-1所示，室内温度t_i与室外温度t_o不相等，若$t_i>t_o$，则室内的空气密度ρ_i小于室外空气密度ρ_o，这样室内压力p_i随高度变化率的绝对值比室外压力p_o随高度的变化率绝对值小，如图中的压力线p_i（线ab）和p_o（线cd）有不同的斜率。假如，在下部孔口处内外压力相等，即a、c点重合，则由于室内外空气密度不同而导致上部孔口2点的$p_{i2}>p_{o2}$，在压力差$p_{i2}-p_{o2}$作用下，室内空气通过上部孔口2由室内流向室外。随着房间内空气向室外排出，室内总的压力水平下降，则ab向左平行移动，这时下部孔口1处有$p_{o1}>p_{i1}$，室外空气从下部孔口进入室内。如果室内始终保持室内温度t_i，即温度为t_o的室外空气进入室内，进而被加热到t_i，再从上部孔口排出室外。根据质量守恒原理，当达到平衡状态时，从下部孔口进入的空气量M_1等于从上部孔口排出的空气量M_2。从而实现了空气从下部进入，在房间内上升，再从上部排出的通风过程。房间通风的动力是室内外温度差和高度差引起的压力差，因此称为热压作用下的自然通风。

在进行自然通风的计算时，通常把外墙内外两侧的压差称为余压。当某窗孔余压为正，窗孔排风，余压为负，窗孔则进风。在热压作用下，上下孔口处内外都保持有某一压差值，并在某一高度处，内外压力相等，这一高度的平面称为中和面。因此位于中和面以下的窗孔是进风窗，中和面以上的窗孔是排风窗。

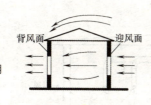

图5-2　风压作用下的自然通风

背风面　　　迎风面

2. 风压作用下的自然通风

室外气流与建筑物相遇时，将发生绕流，如图5-2所示。由于建筑物的阻挡，建筑物周围的空气压力将发生变化。在迎风面，空气流动受阻，速度减小，静压升高，室外压力大于室内压力；在背风面和侧面，由于空气绕流作用的影响，静压降低，室外压力小于室内压力。与远处未受干扰的气流相比，这种静压的升高或降低称为风压。静压升高，风压为正，称为正压；静压降低，风压为负，称为负压。

如果在风压不同的迎风面和背风面外墙上开两个窗孔，在室外风速的作用下，迎风面由于室外静压大于室内静压，室外空气从窗孔流入室内。背风面由于室外静压小于室内静压，室内空气从窗孔流向室外，直到流入室内的空气量等于流出室外的空气量时，室内静压保持为某个稳定值。

3. 风压、热压共同作用下的自然通风

当建筑物受到风压和热压的共同作用时，在建筑物外围护结构各窗孔上作用的内外压差等于其所受到的风压和热压之和。由于室外风速、风向经常变化，为了保证自然通风的效果，在实际的自然通风设计中，通常只考虑热压的作用。但要定性地考虑风压对自然通风效果的影响。

充分利用风压、热压作用下的自然通风是现代绿色建筑的重要内容之一，是改善室内空气品质，创造舒适、健康的室内空气环境优先采用的技术措施。

5.1.2　机械通风

所谓机械通风是指依靠风机作为空气流动的动力来进行的通风。与自然通风相比，机械通风作用范围大，可采用风道把新鲜空气送到任何指定地点或者把任何指定地点被污染的空气直接或经处理后排到室外，前者称为机械进风，后者称为机械排风。同时机械通风的效果可人为控制，几乎不受自然条件的限制。机械通风系统的主要缺点是系统复杂，运行时需要消耗能量，系统需要配置风机、风道、阀门以及各种空气处理设备，初投资较大。

根据通风系统作用的范围不同，机械通风可分为局部通风和全面通风两种。

1. 局部通风

局部通风的作用范围仅限于室内工作地点或局部区域，它包括局部送风系统和局部排风系统。

局部排风系统是指在局部工作地点将污浊的空气就地排除，以防止其扩散的排风系统。它主要由局部排风罩、排风管道系统、空气净化装置、排风机四大部分组成，如图5-3所示。

局部送风系统是指向局部地点送入新鲜空气或经过处理的空气，以改善该局部区域的空气环境的系统。它又分为系统式和分散式两种。系统式局部送风系可以对送出的空气进行过滤、加热或冷却处理，如图5-4所示；而分散式局部

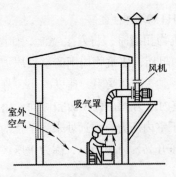

图5-3 局部机械排风系统

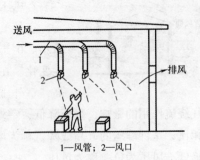

1—风管；2—风口

图5-4 局部机械送风系统

风系统，一般采用循环的轴流风扇或喷雾风扇。

2. 全面通风

全面通风系统是对整个房间进行通风换气，用新鲜空气把整个房间的有害物浓度冲淡到最高允许浓度以下，或改变房间的温度、湿度。全面通风所需的风量大大超过局部通风，相应的设备也较大。

全面通风分为全面送风、全面排风、全面送风和排风兼具的联合通风三大类。

全面机械送风系统由进风百叶窗、过滤器、空气加热器（冷却器）、通风机、送风管道和送风口等组成，如图5-5所示。通常把进风过滤器、加热设备或冷却设备与通风机集中设于一个专用的机房内，称为通风室。这种系统适用于有害物发生源比较分散，并且需要保护的面积比较大的建筑物。送入室内的空气，完成通风任务后在室内正压作用下从门、窗自然排出。

全面机械排风系统由排风口、排风管道、空气净化设备、风机等组成，适用于污染源比较分散的场合，如图5-6所示。全面机械排风系统使室内呈负压，室外新鲜空气通过门、窗进入室内，以维持空气平衡。

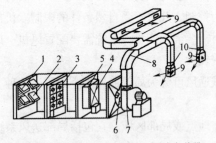

1—百叶窗；2—保温阀；3—过滤器；4—空气加热器；
5—旁通阀；6—启动阀；7—风机；8—风道；9—送风口；
10—调节阀

图5-5 全面机械送风系统

图5-6 全面机械排风系统

机械送、排风联合作用的通风系统适用于通风面积大，室内污染源多而散，房间密闭性好或无法实现自然进、排风（如地下室）的建筑。这种通风气流组织效果更能得到保证，但其系统投资和运行费用都较高。

3．通风方式的选择

室内散发热、蒸汽或有害物质的污染源相对较集中的建筑物，宜优先采用局部排风。当局部排风达不到卫生要求时，应辅以全面排风或采用全面排风。设计局部排风或全面排风时，宜优先采用自然通风。当自然通风达不到卫生或生产要求时，才考虑采用机械通风或自然与机械的联合通风。

民用建筑的厨房、厕所、盥洗室和浴室等，宜设置自然通风或机械通风进行局部排风或全面换气。普通民用建筑的居住、办公用房等，宜设置自然通风或机械通风进行局部排风或全面换气。当其位于严寒地区或寒冷地区时，还应设置可开启的气窗进行定期换气。

设置机械通风的民用建筑和生产厂房以及辅助建筑中要求清洁的房间，当其周围的空气环境较差时，室内应保持正压；当室内的有害气体和粉尘有可能污染相邻的房间时，室内应保持负压。设置集中供暖且有排风的建筑物，应考虑自然补风（包括利用相邻房间的清洁空气）的可能性。当自然补风达不到室内卫生条件、生产要求或技术经济不合理时，宜设置机械送风系统。

可能突然散发大量有害气体或有爆炸危险气体的生产厂房，应设置事故排风装置。

5.2　通风管道及设备

5.2.1　风管材料及规格

目前，工程中常用的金属风管材料有薄钢板（包括普通薄钢板、镀锌薄钢板和涂塑薄钢板）、不锈钢板和铝板。

风管截面有圆形、扁圆形和矩形。同样断面积下，圆形风管周长最短，阻力最小，最为经济，但制作复杂；同样风量下，矩形风管的压力损失比圆形风管大。因此，一般情况下（特别是除尘风管）都采用圆形风管，但为了便于和建筑配合，工程应用中多以矩形断面为主。风管的断面形状有圆形和矩形两种。两者相比，在相同断面积时，圆形风管的阻力小、材料省、强度大；圆形风管直径较小时比较容易制造，保温也方便。但圆形风管管件的放样、制作较矩形风管困难，布置时不易与建筑、结构配合。因此在通风除尘工程中常采用圆形风管，在民用建筑空调工程中常采用矩形风管。矩形风管的宽高比最高可达8：1，但自1：1至8：1表面积要增加60%。因此，设计风管时，除特殊情况外，宽高比应尽可能接近1：1，这样可以节省运行能耗和制作安装费用。在工程应用上一般宽高比应尽可能控制在4：1以下。

风管的规格以其外径或外边长为标注尺寸，非金属风管以内边长标注尺寸，扁圆形风管参照矩形风管，并以长径平面边长及短径尺寸为标注尺寸。矩形风管边长规格按表5-1的规定执行。圆形风管分为基本系列和辅助系列，规格按表5-2的规定执行，一般送、排风及空调系统应采用基本系列。除尘与气力输送系统的风管，管内流速高、阻力损失对系统的影响较大，在优先采用基本系列的前提下，可以采用辅助系列。普通薄钢板或镀锌薄钢板的厚度应按设计执行，当设计无规定时，薄钢板厚度不得小于表5-3的规定。

普通薄钢板要求表面平整光滑，厚度均匀，允许有紧密的氧化铁薄膜，不得有裂纹、结疤等缺陷；镀锌薄钢板要求表面洁净，有镀锌层结晶花纹。

矩形风管规格（mm）　　　　　　　　表 5-1

风 管 边 长					
120	250	500	1000	2000	3500
160	320	630	1250	2500	4000
200	400	800	1600	3000	

圆形风管规格（mm）　　　　　　　　表 5-2

风管直径 D		风管直径 D		风管直径 D		风管直径 D	
基本系列	辅助系列	基本系列	辅助系列	基本系列	辅助系列	基本系列	辅助系列
100	80	220	210	500	480	1120	1060
	90	250	240	560	530	1250	1180
120	110	280	260	630	600	1400	1320
140	130	320	300	700	670	1600	1500
160	150	360	340	800	750	1800	1700
180	170	400	380	900	850	2000	1900
200	190	450	420	1000	950		

薄钢板金属风管板材厚度表（mm）　　　　　　　　表 5-3

类别 风管直径 D 或长边尺寸 b（mm）	圆形风管	矩形风管		除尘风管
		中低压	高压	
D（b）≤ 320	0.5	0.5	0.75	1.5
320D（b）≤ 450	0.6	0.6	0.75	1.5
450D（b）≤ 630	0.75	0.6	0.75	2.0
630D（b）≤ 1000	0.75	0.75	1.0	2.0
1000D（b）≤ 1250	1.0	1.0	1.0	2.0
1250D（b）≤ 2000	1.2	1.0	1.2	按设计
2000D（b）≤ 4000	按设计	1.2	按设计	

注：1. 螺旋风管的钢板厚度可适当减小 10% ~ 15%；
　　2. 排烟系统风管钢板厚度可按高压系统；
　　3. 特殊除尘系统风管钢板厚度应符合设计要求；
　　4. 不适用于地下人防与防火隔墙的预埋管。

5.2.2 风管加工和连接

1. 风管板材的连接

金属风管板材的连接按其连接的目的可分为拼接、闭合接和延长接三种情况。拼接是将两金属板与板平面连接以增大其面积，闭合接是把板材卷制成风管或配件时对口缝的连接，延长接是指两段风管之间的连接。

金属板材制作风管、风管配件和部件，根据不同的板材和设计要求，可采用咬口连接、焊接和铆钉连接。镀锌钢板及各类含有复合保护层的钢板，应采用咬口连接或铆接，不得采用影响其保护层防腐性能的焊接连接方法。风管板材拼接的咬口缝应错开，不得有十字形拼接缝。施工时，应根据板材的厚度、材质和保证连接的强度、稳定性、技术要求，以及加工工艺、施工技术力量、加工设备等条件确定。连接方法的选择见表5-4。风管的密封，应以板材连接的密封为主，可采用密封胶嵌缝或其他方法密封。密封胶性能应符合使用环境的要求，密封面宜设在风管的正压侧。

风管连接工艺与方法　　　　　　　　　　　　表 5-4

材质 板厚	钢板	不锈钢板	铝板
$\delta \leqslant 1.0$	咬接	咬接	咬接
$1.0 < \delta \leqslant 1.2$	咬接		咬接
$1.2 < \delta \leqslant 1.5$	焊接（电焊）	焊接（氩弧焊或电焊）	焊接（氩弧焊或气焊）
$\delta \geqslant 1.5$	焊接（电焊）	焊接（氩弧焊或电焊）	焊接（氩弧焊或气焊）

注：如施工具备机械咬口条件时，连接形式可不受表中限制。风管和配件的加工应尽量采用咬口连接的加工工艺。

（1）咬口连接

将要咬合的两个板边折成能互相咬合的各种钩形，钩接后压紧折边。其特点是咬口可增加风管的强度，变形小、外形美观，风管和配件的加工中应尽量采用此连接。咬口连接应根据其适用范围选择咬口形式，常用的形式有平咬口、立咬口、转角咬口、联合角咬口和按扣式咬口五种。咬口连接应预留一定的咬口宽度，咬口宽度与板材厚度及咬口形式有关，并应符合表5-5的要求。

金属风管板咬口结构形式、咬口宽度表及适用范围　　　　表 5-5

咬口名称	咬口结构形式	板材厚度和咬口宽度 B（mm）			适用范围
		0.5 ~ 0.7	0.7 ~ 0.9	1.0 ~ 1.2	
平咬口		6 ~ 8	8 ~ 10	10 ~ 12	主要用于板材拼接
立咬口		5 ~ 6	6 ~ 7	7 ~ 8	圆、矩形风管横向连接或纵向接缝

续表

咬口名称	咬口结构形式	板材厚度和咬口宽度 B（mm）			适用范围
		0.5 ~ 0.7	0.7 ~ 0.9	1.0 ~ 1.2	
转角咬口		6 ~ 7	7 ~ 8	8 ~ 9	矩形风管或配件四角部位的连接、风管管端封口、孔口接管处风管接管连接
联合角咬口		8 ~ 9	9 ~ 10	10 ~ 11	也叫包角咬口。矩形风管或配件四角部位的连接
按扣式咬口		12	12	12	矩形风管或配件四角部位的连接、风管管端封口、孔口接管处风管接管连接

高压风管不得使用按扣式咬口，并应在风管纵向咬口处及风管接合部进行密封。

咬口加工主要是折边（打咬口）、折边套合和咬口压实。折边应宽度一致、平直均匀，以保证咬口缝的严密及牢固；咬口压实时不能出现含半咬口和张裂等现象。咬口加工可用手工或机械加工，机械加工一般适用于厚度为1.2mm以内的折边咬口。常用的咬口机械有：直管和弯管平咬口成型机、手动或电动折边机、圆形弯管立咬口成型机；圆形弯头合缝机；咬口压实机等。机械咬口的特点是成型平整光滑，生产效率高、操作简便，无噪声、劳动强度小。目前国内生产的各种咬口机，系列比较齐全且体积小，搬动方便，既适用于集中预制加工，也适合于施工现场使用。

（2）焊接

通风空调工程中，当风管密封要求较高或板材较厚不能用咬口连接时，常采用焊接。焊接接口严密性好，但风管焊后往往容易变形，焊缝处于锈蚀或氧化。根据风管的构造和焊接方法的不同，可采用不同的焊缝形式，见表5-6。

焊缝的形式及适用范围 表5-6

焊缝名称	焊缝形式及焊口位置	适用范围
对接缝		用于板材的拼接缝、横向缝或纵向闭合缝
搭接缝		用法同对接缝，一般在板材较薄时使用
角缝		用于矩形风管、管件的纵向闭合缝或矩形弯管、三通、四通管的转角缝
搭接角缝		用于矩形风管、管件的纵向闭合缝或矩形弯管、三通、四通管的转角缝。一般在板材较薄时使用
板边缝		用法同搭接缝。一般在板材较薄时采用气焊
板边角缝		用法同搭接角缝。一般在板材较薄时采用气焊

常用的焊接方法有：电焊、气焊、锡焊及氩弧焊。

1）电焊（电弧焊）。适用于厚度δ>1.2mm钢板间连接和δ>1mm不锈钢板间连接。板材对接焊接时，应留有0.5~1mm的对接缝；搭接焊时，应有10mm左右搭接量。

2）气焊。适用于厚度δ=0.8~3mm薄钢板间连接和厚度δ>1.5mm铝板间连接。对于δ=0.8~3mm钢板气焊，应先分点焊，然后再沿焊缝全长连续焊接。δ<0.8mm钢板用气焊变形过大，因此不宜采用气焊。铝板焊接时，焊条材质应与母材相同，且应清除焊口处和焊丝上的氧化皮及污物，焊后应用热水去除焊缝表面的焊渣、焊药等。不锈钢板不得气焊，因为气焊时会在金属内发生增碳和氧化作用，使焊缝处的耐腐蚀性能降低。而且不锈钢导热系数小，热膨胀系数较大，气焊时加热范围大，易使主材发生挠曲。

3）锡焊。一般仅用于厚度δ<1.2mm薄钢板连接。因焊接强度低，耐温低，一般用锡焊作镀锌钢板咬口连接的密封用。

4）氩弧焊。常用于厚度δ>1mm不锈钢板间连接和厚度δ>1.5mm铝板间连接。该种焊接方法热集中，热影响区域小，且有氩气保护焊缝金属，故焊缝具有很高的强度和耐腐性能。

（3）铆钉连接

铆钉连接简称铆接。它是将两块要连接的板材的板部分的边缘相重叠，并用铆钉铆合固定在一起的连接方法。铆接时，必须使铆钉中心垂直于板面（如图5-7所示），铆

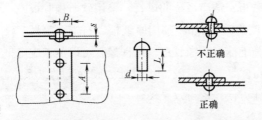

图5-7 铆钉连接

钉帽应把板材压紧，使板缝密合并且铆钉的排列应整齐、均匀。除设计有要求外，板材之间铆接，中间一般不加垫料。通风空调工程中，板材较厚无法进行咬接或板材虽不厚但材质较脆不能咬接时才采用铆接。铆接大量用于风管与法兰的连接。

随着焊接技术的发展，板材间的铆接已逐渐被焊接所取代。但在设计要求采用铆接或镀锌钢板厚度超过咬口机械的加工性能时，仍需使用铆接。

2. 风管的连接

风管的连接一般采用法兰连接。

风管的法兰主要用于风管与风管之间、风管与配件及风管与设备之间的连接，并增加风管的强度。根据风管法兰的形状，一般分为矩形法兰和圆形法兰。法兰可使用扁钢和角钢制作，构造如图5-8、图5-9所示。风管与风管、风管与配件及部件之间的组合连接采用法兰连接，安装及拆卸都比较方便，有利于加快安装速度及维护修理。风管或配件（部件）与法兰的装配可用翻边法、翻边铆接法和焊接法。法兰对接的接口处应加垫料，以使连接严密。输送一般空气的风管，可用浸过油的厚纸作衬垫。输送含尘空气的风管，可用3~4mm厚的橡胶板

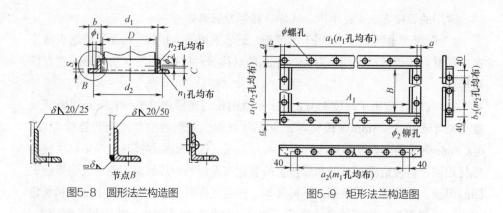

图5-8 圆形法兰构造图　　　　图5-9 矩形法兰构造图

作衬垫。输送高温空气的风管，可用石棉绳或石棉板作衬垫。输送腐蚀性蒸汽和气体的风管，可用耐酸橡胶或软聚氯乙烯板作衬垫。

当风管采用法兰连接时两法兰片之间应加衬垫。垫料应具有不吸水、不透气和良好的弹性，以保持接口处的严密性。衬垫的厚度为3~5mm，衬垫材质应根据所输送气体的性质来定。输送空气温度低于70℃，即一般通风空调系统，采用橡胶板、闭孔海绵橡胶板等；输送空气或烟气温度高于70℃的风管，用石棉绳或石棉橡胶板。除尘系统的风管采用橡胶板；洁净系统的风管，采用软质橡胶板或闭孔海绵橡胶板，高效过滤器垫料厚度为6~8mm，禁用厚纸板、石棉绳等易产生尘颗的材料。目前常用的法兰垫料为泡沫氯丁橡胶垫，这种橡胶可以加工成扁条装，宽度为20~30mm，厚3~5mm，其一面带胶，用时扯去胶面上的纸条，将其粘紧在法兰上。这种垫料使用操作方便，密封效果较好。

5.2.3　风机

风机是通风系统中为空气的流动提供动力以克服输送过程中的阻力损失的机械设备。在通风工程中应用最广泛的是离心风机和轴流风机。

离心风机主要由叶轮、机壳、机轴、吸气口、排气口等部件组成，如图5-10所示。

离心风机的工作原理是：当装在机轴上的叶轮在电动机的带动下作旋

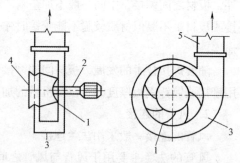

1—叶轮；2—机轴；3—机壳；4—吸气口；5—排气口

图5-10 离心风机构造示意图

转运动时，叶片间的空气在随叶轮旋转所获得的离心力的作用下，从叶轮中心高速抛出，压入螺旋形的机壳中。随着机壳流通断面的逐渐增加，气流的动压减小，静压增大，便以较高的压力从排气口流出。当叶片间的空气在离心力的作用下，从叶轮中心高速抛出后，叶轮中心形成负压，因此会把风机外的空气吸入叶轮，形成连续的空气流动。

轴流风机的叶轮安装在圆筒形的外壳内,当叶轮在电动机的带动下作旋转运动时,空气从吸风口进入,轴向流过叶轮和扩压管,静压升高后从排气口流出。

与离心风机相比,轴流风机产生的压头小,一般用于不需要设置管道或管路阻力较小的场合。对于管路阻力较大的通风系统,应当采用离心风机提供动力。

在排风系统中,为了防止有害物质对风机的腐蚀和磨损,通常把风机布置在空气处理设备的后面。

风机的主要性能参数有:

(1)风量 L:指风机在工作状态下,单位时间输送的空气量,单位为 m^3/s 或 m^3/h。

(2)全压 P:指每立方米空气通过风机后所获得的动压和静压之和,单位是Pa。

(3)轴功率 N:指电动机加在风机轴上的功率,单位是kW。

5.2.4 风阀

通风系统中的风阀可分为一次调节阀、开关阀、自动调节阀和防火阀等。其中,一次调节阀主要用于系统调试,阀门位置调好后就保持不变,如三通阀、蝶阀、对开多叶阀、插板阀等。开关阀主要用于系统的启闭,如风机启动阀、转换阀等。自动调节阀是系统运行中需经常调节的阀门,它要求执行机构的行程与风量成正比或接近成正比,多采用顺开式多叶调节阀和密闭对开多叶调节阀;新风调节阀、加热器混合调节阀,常采用顺开式多叶调节阀;系统风量调节阀一般采用密闭对开多叶调节阀。

通风系统风道上还要有防火排烟阀门。防火阀应用于有防火要求的通风管道上,发生火灾时,温度熔断器动作,阀门关闭,切断火势和烟气沿风管蔓延的通路,其动作温度为70℃。排烟阀应用于排烟系统的风管上,发生火灾时,烟感探头发出火灾信号,控制中心接通排烟阀上的直流24V电源,将阀门迅速打开进行排烟。当排烟温度达到280℃时排烟阀自动关闭,排烟系统停止运行。

5.3 高层建筑的防火排烟

由于现在高层建筑物的装修中使用了大量可燃有机材料,这些有机材料在发生火灾时会燃烧释放出大量有毒烟气。据测定分析,这些烟气中含有CO、HF、HCl等多种有毒成分。同时,烟气本身具有遮光作用,降低能见度,而且烟气也会使人产生心理恐慌,这对疏散和救援活动造成很大的障碍,常常会造成大量的人员伤亡。据国外对火灾中造成人员伤亡原因的统计表明,在火灾总死亡人数中约40%~50%是被有毒烟气熏死的,而在被火烧死的人中,多数是先中毒窒息晕倒后被烧死的。

因此,高层建筑的防排烟十分重要。高层建筑的防排烟一般可采取自然排烟、机械加压送风防烟以及机械排烟。

1. 防火分区和防烟分区

为了在火灾发生时，阻止火势、烟气的蔓延和扩散，便于消防人员的灭火和扑救，在进行建筑设计时需设计防火分区和和防烟分区。所谓防火分区和防烟分区即是把建筑物划分为若干个防火、防烟单元，当有火灾发生时，把火势和烟气控制在一定的范围内，减少火灾的危害。

（1）防火分区

根据我国《建筑设计防火规范》的规定：耐火等级一、二级的高层民用建筑，防火分区的最大允许建筑面积为1500m²；耐火等级一、二级的单、多层民用建筑，防火分区的最大允许建筑面积为2500m²；耐火等级三级的单、多层民用建筑，防火分区的最大允许建筑面积为1200m²；耐火等级四级的单、多层民用建筑，防火分区的最大允许建筑面积为600m²；地下或半地下建筑（室）的防火分区的最大允许建筑面积为500m²。如果防火分区内设有自动灭火设备，防火分区的面积可增加一倍。

高层建筑的竖直方向通常每层划分为一个防火分区，以楼板为分隔。对于在两层或多层之间设有各种开口，如设有开敞楼梯、自动扶梯的建筑，应把连通部分作为一个竖向防火分区的整体考虑，且连通部分各层面积之和不应超过允许的水平防火分区的面积。

防火分区一般采用防火墙分隔，在商场等大开间的建筑物内则一般采用防火卷帘，为了使发生火灾时，防火卷帘不致被高温烘烤，一般在防火卷帘两侧加装水幕系统。

（2）防烟分区

火灾发生时，为了控制烟气的流动和蔓延，保证人员疏散和消防扑救的工作通道，需对建筑物进行防烟分区。规范规定：设置排烟设施的走道和净高不超过6m的房间，应采用挡烟垂壁、隔墙或从顶棚下突出不小于0.5m的梁划分防烟分区。每个防烟分区的面积不宜超过500m²，且防烟分区的划分不能跨越防火分区。

在防火防烟分区的划分中，还应当根据建筑物的具体情况，从防火防烟的角度把建筑物中不同用途的部分划分开。特别是高层建筑中通风空调系统的管道，火灾发生时容易成为烟气扩散的通道，因此，在开始进行设计时就要考虑尽量不要让通风空调管道穿越防火防烟分区。

2. 高层建筑的自然排烟

自然排烟是利用风压和热压作动力的排烟方式。它利用房间内可开启的外窗或排烟口，或屋顶的天窗或阳台，依靠火灾时所形成的热压或自然界本身的风压将室内所产生的烟气排出。自然排烟具有不需要动力和复杂的装置，结构简单、经济便用的优点。其主要缺点是当利用风压进行自然排烟时会受室外风力不稳定因素的制约。

（1）高层建筑自然排烟的方式

高层建筑自然排烟的方式主要是利用建筑物的阳台、凹廊或在外墙上设置便于开启的外窗或排烟窗排烟。

这种排烟方式是利用高温烟气产生的热压和浮力，以及室外风压造成的抽力，把火灾产生的高温烟气通过阳台、凹廊或在楼梯间外墙上设置的外窗和排烟窗排至室外，如图5-11所示。

（a）靠外墙的防烟楼梯间及其前室

（b）靠外墙的防烟楼梯间及其前室

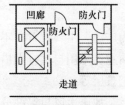

（c）带凹廊的防烟楼梯间

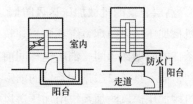

（d）带阳台的防烟楼梯间

图5-11 自然排烟方式示意图

采用自然排烟时，热压的作用较稳定，而风压因受风向、风速和周围遮挡物的影响变化较大。当自然排烟口的位置处于建筑物的背风侧（负压区），烟气在热压和风压造成的抽力作用下，会迅速排至室外。但如果自然排烟口位于建筑物的迎风侧（正压区），自然排烟的效果会因风压的大小而不同。当自然排烟口处的风压大于或等于热压时，烟气将无法从排烟口排至室外。因此，采用自然排烟方式时，应结合相邻建筑物对风的影响，将排烟口设在建筑物常年主导风向的负压区内。

从影响高层建筑烟气流动的风压和热压的分布特点可知，采用自然排烟的高层建筑前室或合用前室，如果在两个或两个以上不同朝向上有可开启的外窗（或自然排烟口），火灾发生时，通过有选择地打开建筑物背风面的外窗（或自然排烟口），则可利用风压产生的抽力获得较好的自然排烟效果。图5-12中是两个这样布置前室自然排烟外窗的建筑平面示意图。

（2）高层建筑自然排烟开口面积

《高层民用建筑设计防火规范》对自然排烟开口面积有如下规定：

1）防烟楼梯间前室、消防电梯间前室可开启外窗面积不应小于2m²，合用前室不应小于3m²；

2）靠外墙的防烟楼梯间每五层内可开启外窗总面积之和不应小于2m²；

3）长度不超过60m的内走道可开启外窗面积不应小于走道面积的2%；

4）需要排烟的房间可开启外窗面积不应小于该房间面积的2%；

5）净空高度不超过12m的中庭可开启的天窗或高侧窗的面积不应小于该中

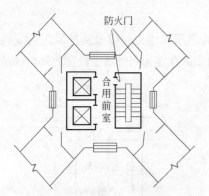

（a）四周有可开启外窗的前室；

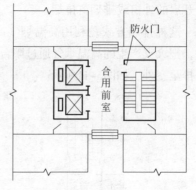

（b）两个不同朝向有可开启外窗的前室

图5-12　在多个朝向上有可开启外窗的前室示意图

庭地面积的5%。

3．高层建筑的机械加压送风防烟

机械加压送风防烟系统在高层建筑中应用最为广泛。主要设置在不具备自然排烟条件的防烟楼梯间、消防电梯间前室或合用前室；采用自然排烟措施的防烟楼梯间，而不具备自然排烟条件的前室；封闭的避难层等。

机械加压送风防烟系统由加压送风机、送风道、加压送风口等部分组成。

1）加压送风机

加压送风机可采用轴流风机或中、低压离心风机。风量可按表5-7～表5-10确定。

防烟楼梯间（前室不送风）的加压送风量　　　　　　表 5-7

系统负担层数	加压送风量（m³/h）
＜ 20 层	25000 ～ 30000
20 ～ 32 层	35000 ～ 40000

防烟楼梯间及其合用前室的分别加压送风量　　　　　　表 5-8

系统负担层数	送风部位	加压送风量（m³/h）
＜ 20 层	防烟楼梯间	16000 ～ 20000
	合用前室	12000 ～ 16000
20 ～ 32 层	防烟楼梯间	20000 ～ 25000
	合用前室	18000 ～ 22000

消防电梯前室的加压送风量 　　　　　　表 5-9

系统负担层数	加压送风量（m³/h）
< 20 层	15000 ~ 20000
20 ~ 32 层	22000 ~ 27000

合用前室不具备自然排烟条件时的加压送风量 　　　　　　表 5-10

系统负担层数	加压送风量（m³/h）
< 20 层	22000 ~ 27000
20 ~ 32 层	28000 ~ 32000

注：1. 表 5-7 ~ 表 5-10 中的风量按开启 2m × 1.6m 的双扇门确定，当采用单扇门时，其风量可乘以 0.75 的系数；当有两个或两个以上的出入口时，其风量应当乘以 1.50 ~ 1.75 的系数，开启洞处的风速不宜小于 0.70m/s。
　　2. 风量上下限的选取应根据楼层数、风道材料、防火门的漏风量等因素综合比较确定。
　　3. 楼层数超过 32 层时，机械加压送风系统及加压风量分段设置。
　　4. 剪刀楼梯间可合用一个风道，其风量按两个楼梯间风量计算，送风口应分别设置。
　　5. 封闭避难层的加压送风量按避难层净面积每平方米不小于 30m³/h 计算。

全压等于加压送风系统最不利计算管路的压力损失与需送风地点的设计余压之和。

设计余压为：防烟楼梯间要求的余压值为50Pa；防烟楼梯间前室、合用前室、消防电梯间前室、封闭避难层要求的余压值为25Pa。

2）加压送风口

楼梯间的加压送风口应采用自垂式百叶风口或常开的百叶风口。当采用常开的百叶风口时，应在加压送风机出口处设置止回阀。楼梯间的加压送风口一般每隔2~3层设置一个。

前室的加压送风口为常开的双层百叶风口。应在每层均设一个。送风口风速不宜大于7m/s。

3）加压送风道

加压送风道应采用密实不漏风的非燃烧材料。采用金属风道时，其风速不应大于20m/s，采用非金属风道时，其风速不应大于15m/s。

4. 高层建筑的机械排烟

机械排烟就是使用排烟风机进行强制排烟，以确保疏散时间和疏散通道安全的排烟方式。机械排烟可分为局部排烟和集中排烟。局部排烟是在每个房间内设置排烟风机进行排烟，适用于不能设置竖风道的空间或旧建筑。集中排烟是将建筑物分为若干个区域，在每个分区内设置排烟风机，通过排烟风道排出各房间内的烟气。

机械排烟的主要优点是：不受排烟风道内温度的影响，性能稳定；受风压的影响小；排烟风道断面小，可节省建筑空间。主要缺点是：设备要耐高温；需要有备用电源；管理和维修复杂。

（1）机械排烟的设置部位

根据《高层民用建筑设计防火规范》的规定，对一类高层建筑和建筑高度超过32m的二类高层建筑的下列部位应设置机械排烟设施：

1）无直接自然通风且长度超过20m的内走道；或虽然有直接自然通风，但长度超过60m的内走道；

2）面积超过100m²，且经常有人停留或可燃物较多的地上无窗房间或设固定窗的房间；

3）不具备自然排烟条件或净空超过12m的中庭；

4）除利用窗井等开窗进行自然排烟的房间外，各房间总面积超过200m²或一个房间面积超过50m²，且经常有人停留或可燃物较多的地下室。

（2）机械排烟系统设计

1）机械排烟量

根据《高层民用建筑设计防火规范》规定，排烟量的计算按如下要求进行：

①当排烟风机负担一个防烟分区时（包括不划分防烟分区的大空间房间），应按防烟分区面积每m²不小于60m³/h计算；当负担两个或两个以上防烟分区时，应按最大防烟分区面积每m²不小于120m³/h计算。一个排烟系统可以负担几个防烟分区，其最大排烟量为60000m³/h，最小排烟量为7200m³/h。

②室内中庭排烟量以其体积大小，按4~6次/h来计算。当室内中庭体积大于17000m³时，其排烟量按换气次数4次/h计算；当室内中庭体积小于17000m³时，其排烟量按换气次数6次/h计算。

根据排烟量选择风机时应附加10%~30%的漏风系数。排烟系统的管道，应按系统最不利的条件考虑，也就是按最远两个排烟口同时开启的条件计算。

2）排烟口

设置机械排烟的前室、走廊和房间的排烟口应设在顶棚或靠近顶棚的墙壁上。设在顶棚上的排烟口与可燃物构件或可燃物品的距离不小于1m。排烟口距该防烟分区最远点的水平距离不应超过30m。这里的水平距离是指烟气流动路线的水平长度，房间和走道排烟口至防烟分区最远点的水平距离如图5-13所示。

走道的排烟口与防烟楼梯疏散口的距离无关，但排烟口应尽量布置在与人流疏散方向相反的地方，如图5-14所示。

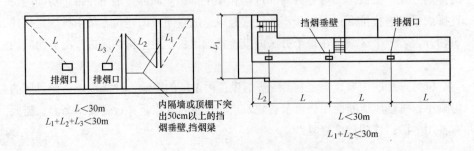

图5-13 房间、走道排烟口至防烟分区最远点水平距离示意图

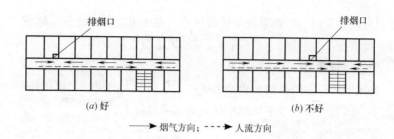

图5-14 走道排烟口与楼梯疏散口的位置

———▶ 烟气方向；- - -▶ 人流方向

排烟口平时关闭，当发生火灾时仅打开失火层的排烟口。排烟口应设有手动和自动控制装置，手动开关应设置在距地面0.8～1.5m的地方。排烟口和排烟阀应与排烟风机联锁，当任一个排烟口或排烟阀开启时，排烟风机即可启动。当一个排烟口开启时，同一排烟分区内的其他排烟口也能连锁开启。排烟口上应设有风量调节装置，以便使各排烟口之间保持风量、风压的平衡。

3）排烟风道

排烟风道不应穿越防火分区。竖直穿越各层的竖风道应用耐火材料制成，并宜设在管道井内或采用混凝土风道。

4）挡烟垂壁

挡烟垂壁是用非燃材料（如钢板、夹丝玻璃、钢化玻璃等）制成的固定或活动的挡板，如图5-15所示，它垂直向下吊在顶棚上。垂壁高度不小于0.5m。活动式挡烟垂壁在火灾发生落下时，其下缘距地坪的间距应大于1.8m。这是因为火灾发生时，烟气受浮力作用聚集在顶棚处，若垂壁下垂高度未超出烟气层，则其防烟是无效的。同时，还应保证在垂壁落下后仍留有人们通过的必要高度。活动式挡烟垂壁可以由烟感探测器或消防控制室或是手动控制。

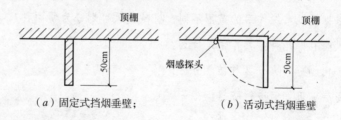

图5-15 挡烟垂壁示意图

（a）固定式挡烟垂壁； （b）活动式挡烟垂壁

（3）排烟系统的布置

由于通风和空调系统中的风道直接与建筑物中各通风、空调房间相连通，而且风道的过流断面比建筑电气暗装线路埋管断面面积、建筑给排水管道断面都大得多，因此，风道是烟气传播的通路。在设计高层、多层建筑的集中式通风与空调系统时，必须采取安全可靠的防火排烟措施。

在设计中首先应该注意的是，防火分区和防烟分区的划分应尽可能地与通风、空调系统地划分统一起来，尽量不使风道穿越防火区和防烟区。否则，需在风道上设置防火阀。

通风和空调系统的风道，应采用非燃材料制作，其保温和消声材料应采用非燃或难燃材料；通风、空调系统的进风口应设在无火灾危险的安全地带。

在下列情况下，通风、空气调节系统的风道应设防火阀：

1）管道穿越防火分区的隔墙孔；

2）穿越通风、空调机房及重要的或火灾危险性大的房间和楼板处；

3）垂直风道与每层水平风道交接处的水平管段上；

4）穿越变形缝处的两侧。

另外，在厨房、浴室、厕所等垂直的排风管道上，应采取防止回流措施或在支管上设防火阀。

在一些设计中，为了充分发挥通风、空调系统的作用，将通风风口与机械排烟系统共用，即把通风、空调房间的上部送风口兼作排烟口。在这种共用系统中，必须特别注意要采取可靠的防火安全及控制措施。

目前，机械排烟系统多为独立设置。由于利用空调系统作排烟时，烟气不允许通过空调器，需装设旁通管和自动切换阀，造成平常运行时漏风量和阻力的增大。另外，因通风、空调系统的各送风口是连通的，所以当临时作为排烟口进行排烟时，只需着火房间或着火处防火分区的排烟口开启，其他都必须关闭。这就要求通风、空调系统中每个送风口上都要安装自动关闭装置，致使排烟系统的控制更加复杂。因此，一般不宜用通风空调系统兼作机械排烟系统。

思考与练习题

1. 自然通风的方式分哪些？什么是热压作用下的自然通风？

2. 根据通风系统作用的范围不同，机械通风可划分为哪两种？

3. 风阀有哪几种？其作用是什么？

4. 如何划分防火分区和防烟分区？

5. 高层建筑如何进行防排烟？

空气调节

本章要点及学习目标

　　掌握空气调节系统的分类，空气处理过程和设备，常用的空调系统构成及应用场所，空调房间的气流组织；熟悉消声器的分类和设备减振方法；了解空调工程施工图的识读。

6.1　空气调节系统的分类

空气调节，简称"空调"，是指为满足人们生活、生产或工作需要，改善环境条件，用人工的方法使室内空气的温度、相对湿度、洁净度和气流速度等参数达到一定要求的技术。空调技术在促进国民经济和科学技术的发展、提高人们的精神和物质生活水平等方面都具有重要意义。根据所服务对象的不同，空调可分为舒适性空调和工艺性空调两大类，前者主要是为了满足人体的热舒适感觉，如商场、宾馆等设置的空调系统；后者则主要是为了满足生产工艺对生产环境的要求，如半导体生产车间、手表装配车间等。

空调系统是指需要采用空调技术来实现的具有一定温、湿度等参数要求的室内空间及所使用的各种设备的总称。它通常包括空气处理设备、空气输送管道、空气分配装置、冷热源以及电气控制设备等。

通常把空调系统所服务的对象称为工作区（空调区）。工作区是指距地面2m，离墙0.5m以内的空间，在此空间内应保持所要求的室内空气参数。

大多数空调房间，主要是控制室内空气的温度和相对湿度。对温度和相对湿度的要求通常用空调基数和允许波动范围来表示。其中，前者是要求保持的室内温度和相对湿度的基准值，后者则是允许工作区内控制点的实际参数偏离基准参数的差值。例如，某空调房间室内设计温度$t_n = 25 \pm 1℃$，相对湿度$\phi_n = 50\% \pm 10\%$，其中25℃和50%是空调基数，$\pm 1℃$和$\pm 10\%$是允许波动的范围。

1. 根据空气处理设备的布置情况分类

根据空气处理设备的布置情况，空调系统一般可分为三种形式：

（1）集中式空调系统

集中式空调系统的特点是所有的空气处理设备，包括风机、冷却器、加湿器、过滤器等都设置于一个集中的空调机房。空气处理所需要的冷热源是由集中设置的冷冻站、锅炉房或热交换站集中供给。系统集中运行调节和管理。

（2）半集中式空调系统

半集中式空调系统的特点是除了设有集中处理新风的空调机房和集中冷热源外，还设有分散在各个空调房间里的二次设备（末端装置）来承担一定的空调负荷，对送入空调房间的空气作进一步的补充处理。如在一些办公楼、旅馆、饭店中所采用的新风在空调机房集中处理，然后与由风机盘管等末端装置处理的室内循环空气一起送入空调房间的系统就属于半集中式空调系统。半集中式空调系统空气处理所需要的冷热源也是由集中设置的冷冻站、锅炉房或热交换站集中供给。

人们常把集中设置冷热源的空调系统称为中央空调系统。因此，集中式空调系统和半集中式空调系统都是中央空调系统。

（3）局部空调系统

局部空调系统是把空气处理所需要的冷热源、空气处理和输送设备集中设置在一个箱体内，组成一个结构紧凑、可单独使用的空调系统。空调房间所使用的窗式、分体式和柜式空调器即属于这种系统。

2. 根据负担室内负荷所用的介质种类分类

（1）全空气系统

空调房间的室内负荷全部由经过处理的空气来负担的空调系统。如图6-1（a）所示，在室内热湿负荷为正值的场所，用低于室内空气焓值的空气送入房间，吸收余热余湿后排出房间。由于空气的比热小，需要用较多的空气量才能达到消除余热余湿的目的，因此当空调面积和负荷大时，系统风管尺寸较大。

（2）全水系统

空调房间的热湿负荷全靠水作为冷热介质来负担，如图6-1（b）所示。由于水的比热比空气大得多，所以在相同的条件下只需要较小的水量即可消除余热余湿，从而使管道所占的空间大幅减小。但是这种系统无法解决房间的通风换气问题，因而通常不单独使用。

（3）空气—水系统

空调房间的热湿负荷一部分由经过处理的空气来承担，另一部分由作为冷热介质的水来承担，如图6-1（c）所示。它结合了全空气系统和全水系统的优点，摒弃了它们的缺点，是目前应用较广泛的一种空调系统。

（4）冷剂系统

这种系统将制冷系统的蒸发器直接放在室内来吸收余热余湿，如图6-1（d）所示。这种系统通常用于分散安装的局部空调机组。近年来也在小型建筑物中用作集中空调系统，如VRV系统，但需考虑新风问题。

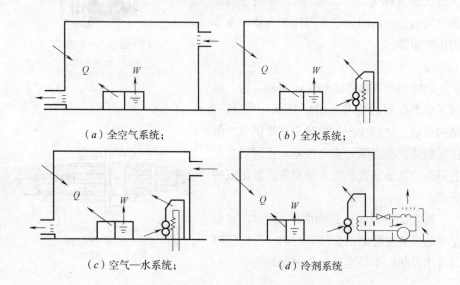

图6-1 按负担室内负荷所用的介质种类对空调系统分类示意图

（a）全空气系统；　　　　（b）全水系统；

（c）空气—水系统；　　　　（d）冷剂系统

6.2 空气处理过程及设备

为了满足空调房间的温度和湿度要求，对送入空调房间的空气必须进行处理，使其达到设计要求。空气处理过程包括加热、冷却、加湿、去湿、净化、消声等，不同的系统应用上有不同的要求。

1．空气的加热

在空调系统中，空气的加热广泛使用的设备有表面式加热器和电加热器。前者主要用于集中式空调系统的空调箱和半集中式空调系统的末端装置中，后者主要用于空调系统送风支管上作为精调节设备，在恒温恒湿空调机组中也用电加热器进行加热。

（1）表面式空气加热器

表面式空气加热器的热媒是热水或水蒸气，热水或水蒸气在加热器换热管内流动，被加热处理的空气在换热管外流动，空气和热媒之间的换热是通过换热器外表面进行的。图6-2是用于集中加热空气的一种表面式空气加热器外形图。不同型号的加热器，其管道及肋片的材料和构造形式不同。根据肋片加工的不同，可以制成串片式、螺旋翅片管式、镶片管式、轧片管式等空气加热器。

用于半集中式空调系统末端装置中的加热器，通常称为"二次盘管"。有的专为加热空气用，有的则为冬季用作加热器，夏季用作冷却器。

（2）电加热器

电加热器有裸线式和管式两种结构。裸线式电加热器的构造如图6-3所示，它具有结构简单、热惯性小、加热迅速等优点。但由于加热丝易烧断，安全性差，使用时必须有可靠的接地装置，为方便检修，常做成抽屉式。

管式加热器的构造如图6-4所示，它是把电热丝装在特制的金属套管内，并在空隙部分用导热但不导电的结晶氧化镁绝缘。与

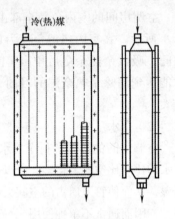

图6-2 肋片管式换热器

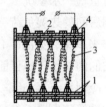

（a）裸线式电加热器；

（b）抽屉式电加热器

1—钢板；2—隔热层；
3—电阻丝；4—瓷绝缘子

图6-3 裸线式电加热器

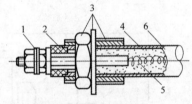

1—接线端子；2—瓷绝缘子；
3—紧固装置；4—绝缘材料；
5—电阻丝；6—金属套管

图6-4 管式电加热器

裸线式相比，管式电加器较安全，但它的热惰性较大。在实际工程中管式电加热器应用较多。

2. 空气的冷却

冷却去湿是夏季空调系统对空气的基本处理过程。空气冷却设备主要有喷水室和表面式冷却器（表冷器）。在民用建筑空调系统中，应用最多得是表冷器。

（1）表面式空气冷却器

空气冷却器分为水冷式和直接蒸发式两种类型。水冷式表面空气冷却器与表面式空气加热器原理相同，只是换热器的换热管中通过的是冷水。直接蒸发式表面空气冷却器就是制冷系统中的蒸发器，这种冷却方式是靠制冷剂在冷却器中直接蒸发吸热而使流过其外表面的空气被冷却。

表面式空气冷却器能对空气进行等湿冷却（使空气的温度降低，但含湿量不变）和减湿冷却（空气的温度和含湿量同时降低）两种处理过程，这取决于冷却器表面的温度是高于或是低于被处理空气的露点温度。对于减湿冷却过程，需在表冷器下部设集水盘，以接收和排除凝结水，集水盘的安装如图6-5所示。

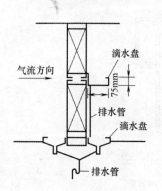

用表面式空气冷却器处理空气，具有设备结构紧凑、机房占地面积少、冷冻水可密闭循环不受污染，以及操作管理方便等优点，因此其应用非常广泛。其主要缺点是不便于严格控制和调节被处理空气的相对湿度。

（2）喷水室

喷水室是由喷嘴、喷水管路、挡水板、集水池和外壳等组成的，如图6-6所示。集水池设有回水、溢水、补水和泄水四种管路和附件。在喷水室中通

图6-5 集水盘的安装

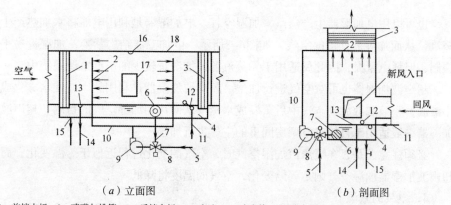

（a）立面图　　　　　　　　　（b）剖面图

1—前挡水板；2—喷嘴与排管；3—后挡水板；4—底池；5—冷水管；6—滤水器；7—循环水管；8—三通混合阀；9—水泵；10—供水管；11—补水管；12—浮球阀；13—溢水器；14—溢水管；15—泄水管；16—防水灯；17—检查门；18—外壳

图6-6 喷水室的构造

过喷嘴直接向空气中喷淋大量的雾状水滴，当被处理的空气与雾状水滴接触时，两者产生热、湿交换，使被处理的空气达到所要求的温、湿度。

使用喷水室几乎可以实现空气处理的各种过程。特别适合于对被处理空气的湿度控制，目前广泛应用于要求严格控制空气的相对湿度（如化纤厂）或要求空气具有较高的相对湿度（如纺织厂）等工艺性空调系统中。

用喷水室处理空气的主要缺点是耗水量大、喷水室占地面积大以及水系统比较复杂，水易受污染等，目前在舒适性空调中应用不多。

3. 空气的加湿

空气的加湿通常可利用喷水室喷循环水和直接向空气中喷干蒸汽完成。因喷水室占地面积大，因此在舒适性空调系统中多用干蒸汽加湿器来完成对被处理空气的加湿处理。

喷蒸汽加湿是用普通喷管（多孔管）或专用的蒸汽加湿器将来自锅炉房的水蒸气喷入空气中，如图6-7所示。

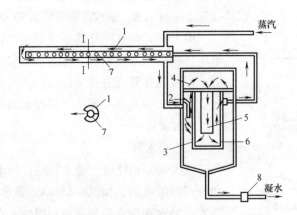

1—喷管外套；2—导流板；3—加湿器筒体；4—导流箱；5—导流管；6—加湿器内筒体；7—加湿器喷管；8—疏水器

图6-7 干蒸汽加湿器

也可以用电加湿器生产蒸汽来加湿空气。电加湿器是利用电能将水加热产生蒸汽，从而加湿被处理的空气，如图6-8所示。电加湿器结构紧凑，加湿量易于控制，但耗电量大，因此仅适用于无蒸汽源或加湿量较少的小型空调系统中。

超声波加湿器也可对空气进行加湿。超声波加湿器是利用超声波使水雾化成小液滴，小液滴散放到空气中后蒸发成水蒸气从而达到加湿空气的目的。超声波加湿器一般适用于直接对空调房间里的空气进行加湿。

必须注意的是，在喷蒸汽加湿空气时，空气的变化过程近似于等温变化，而超声波加湿器加湿空气则是等焓变化，空气的温度将降低。

4. 空气的减湿

在春夏季节，当空气湿度比较大时，可以用空气除湿设备降低空气的湿度，使空气干燥。民用建筑中使用的空气除湿设备主要是制冷除湿机。

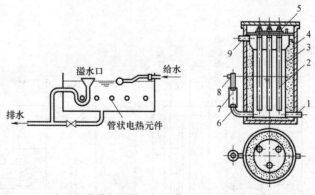

（a）电热式加湿器　　　（b）电极式加湿器

1—进水管；2—电极；3—保温层；4—外壳；5—接线柱；6—溢水管；
7—橡皮短管；8—溢水嘴；9—蒸汽出口

图6-8　电加湿器

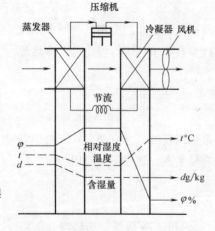

图6-9　冷冻除湿
机工作原理

制冷除湿机由制冷系统、风机以及控制部分组成。如图6-9所示，待处理的潮湿空气先通过制冷系统的蒸发器，由于蒸发器表面的温度低于空气的露点温度，空气不仅会被降低温度，且空气中所含有的部分水蒸气会凝结成水并析出，这样便达到了空气除湿的目的。已冷却除湿的空气随后经过制冷系统的冷凝器时又被加热升温，从而降低了空气的相对湿度。

5. 空气的净化

空气的净化包括空气的过滤、消毒、除臭以及离子化等过程。其中，在舒适性空调中，最常见的是空气的过滤。

对空气进行过滤的设备称为"空气过滤器"。根据过滤效率高低，空气过滤器分为粗效、中效、亚高效和高效过滤器四种。

初效过滤器主要用于对空气的初级过滤，过滤粒径在10～100μm范围的大颗粒灰尘。通常采用金属网格、聚氨酯泡沫塑料以及各种人造纤维滤料制作。

中效过滤器主要用于过滤粒径在1～10μm范围的大颗粒灰尘。通常采用玻璃纤维、无纺布等滤料制作。为了提高过滤效率和处理较大风量，常做成抽屉式或布袋式。

高效过滤器主要用于对空气洁净度要求较高的净化空调系统。通常采用超细玻璃纤维、超细石棉纤维等滤料制作。

6. 组合式空调器

工程上常把各种空气处理设备、风机、消声装置、能量回收装置等分别做成箱式的单元，按空气处理过程的需要进行选择和组合。根据要求把各段组合在一起，称为组合式空调器，如图6-10所示。

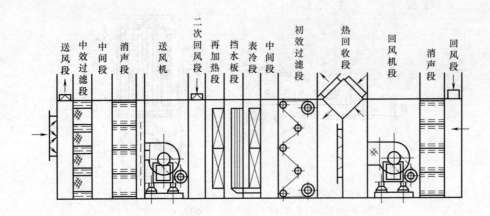

图6-10 组合式
空调器

6.3 常用空调系统与设备

随着空调技术的发展和新的空调设备的不断推出，空调的应用日益增多。设计人员可根据空调对象的性质、用途、室内设计参数要求、运行能耗以及冷热源和建筑设计等方面的条件合理选用。

6.3.1 集中式空调系统

集中式空调系统属于全空气系统，是一种最早出现的基本空调方式。由于它的服务面积大、处理的空气量多，技术上也较容易实现，现在仍然应用广泛，特别是在恒温恒湿、洁净室等工艺性空调场合。

1．集中式空调系统的组成

集中式空调系统的所有空气处理设备，包括风机、冷却器、加热器、加湿器、过滤器等都设置在一个集中的空调机房里。空气处理所需的冷、热源由集中设置的冷冻站、锅炉房或热交换站供给，其组成如图6-11所示。

2．集中式空调系统的分类

在集中式空调系统中，根据系统处理的空气来源不同可分为：

（1）封闭式系统

封闭式系统处理的空气全部来自室内，没有室外新鲜空气补充，如图6-12（a）所示。这种系统冷、热耗量最少，但卫生条件很差。适用于仓库等经常无人但需要空调的房间。

（2）直流式系统

直流式系统与封闭式系统相反，系统处理的空气全部来自室外的新鲜空气，送入空调房间吸收了室内的余热、余湿后全部排放到室外，适用于不允许采用回风的场合，如图6-12（b）所示。这种系统的冷、热耗量最大，但卫生条件好。

（3）混合式系统

上述两种空调系统各有优缺点，因而，两者都只是在特定的情况下使用。对

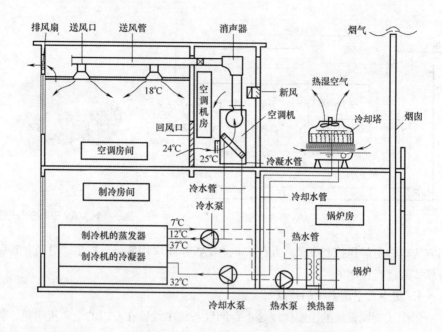

图6-11 集中式空调系统示意图

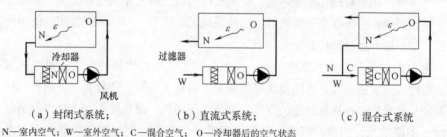

图6-12 普通集中式空调系统的三种形式

（a）封闭式系统；　　　　（b）直流式系统；　　　　（c）混合式系统

N—室内空气；W—室外空气；C—混合空气；O—冷却器后的空气状态

于绝大多数空调系统，为了减少空调能耗并满足室内人员的卫生条件要求，故使用部分回风和室外新风，这种系统称为混合式系统，如图6-12（c）所示。

3. 变风量空调系统

常规空调系统送风量一般是固定不变的，即定风量空调系统（CAV），它是通过调节进入空调机换热器的水量来调节输出冷、热量，以匹配末端负荷的变化。

VAV是Variable Air Volume的简称，也称变风量空调系统。在空气调节系统中，为了应对空调房间末端负荷的变化，在输冷/热介质流量不变的情况下，通过改变风量来调整需要冷/热量的输送以满足负荷变化的需求。其系统如图6-13所示。

与常规空调系统不同，它在每一个末端风口前，安装了一个VAV BOX（俗称变风量盒），其外形如图6-14所示，VAV BOX可以根据房间温度传感器信号调节输出风量的大小，以适应房间负荷的变化。当每个末端VAV BOX风量发生变化时，系统总送风管内的静压力会发生变化，通过压力器将风管内压力信号传送至风机控制器，从而改变风机的送风量，维持送风管路系统的静压恒定，这种控

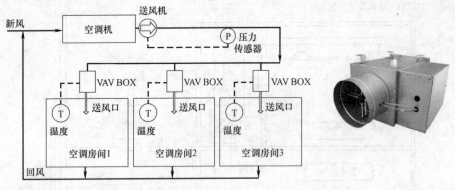

图6-13　VAV系统示意图　　　　　　　　图6-14　VAV BOX的外形图

制方法也称定静压控制方法。此外，也有VAV系统采用变静压控制、总风量控制等模式来进行控制的。

4．集中式空调系统的特点

集中式空调系统的主要优点是：空调设备集中设置在专门的空调机房里，管理维修方便，消声防振也比较容易；空调机房可以使用较差的建筑面积，如地下室、屋顶间等；可根据季节变化调节空调系统的新风量，节约运行费用；使用寿命长，初投资和运行费比较少。

集中式空调系统的主要缺点是：用空气作为输送冷热量的介质需要的风量大，所用风道又粗又长，占用建筑空间较多，且施工安装工作量大，工期长；一个系统只能处理一种送风状态的空气，当各房间的热、湿负荷的变化规律差别较大时，不便于运行调节；当只有部分房间需要空调时，仍然要开启整个空调系统，造成能量的浪费。

综上可知，当空调系统的服务面积大，各房间热、湿负荷的变化规律相近，各房间使用时间也较一致的场合，采用集中式空调系统较合适。

6.3.2　半集中式空调系统

1．风机盘管空调系统

风机盘管空调系统属于半集中式空调系统，在每个空调房间内均设置风机盘管机组，作为系统的末端装置，它的冷、热媒是集中供给，因此也是常称的中央空调系统的一种形式。风机盘管机组采用水作输送冷热量的介质，具有占用建筑空间少、运行调节方便等优点。同时，新风可单独处理和供给，使空调室内的空气质量得到了保证，因此近年来得到了广泛的应用。

（1）风机盘管的构造

风机盘管由风机和表面式换热器（盘管）组成，其构造如图6-15所示。风机采用前向多翼离心风机或贯流风机，电机多为单向电容调速低噪声电机，通过调节输入电压，改变风机转速，使之可调节为高、中、低三档风量。盘管一般采用铜管套铝散热片，由于机组需负担空调室内负荷，盘管的容量较大（一般3~4

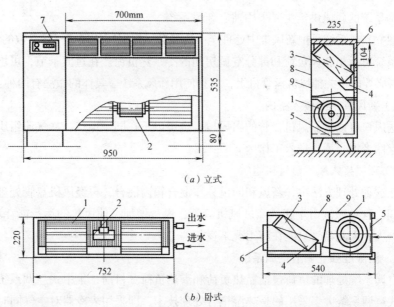

（a）立式

（b）卧式

图6-15 风机盘管构造示意图

1—风机；2—电机；3—盘管；4—凝结水盘；5—循环风进口及过滤器；6—出风格栅；7—控制器；8—吸声材料；9—箱体

排），通常采用湿工况运行，因此必须敷设排凝结水的管路。

风机盘管的冷量一般采用风量调节，也可以采用水量调节。可在盘管回水管上安装电动二通（或三通）阀，通过室温控制器控制阀门的开启，从而调节风机盘管的供冷（热）量。

（2）风机盘管空调系统的组成

独立安装的风机盘管系统虽然能负担全部室内负荷，但由于解决不了房间的通风换气问题，因此很少采用。现代空调系统中所设置的风机盘管系统通常都是和新风系统共同运行，组成空气—水系统的空调方式。因此，也可说风机盘管空调系统是由风机盘管机组、新风系统和水系统三部分组成。水系统部分除了冷冻水的供回水管道外，还包括为了收集与排放夏季湿工况运行时产生的凝结水而设置的凝结水管。

风机盘管机组的容量范围一般为：风量为250～850m³/h，冷量为2.3～7kW，风机电机功率一般为30～100W范围。

风机盘管空调系统的主要优点是布置灵活，各房间可独立地通过风量、水量（或水温）的调节改变室内的温、湿度。此外，当房间无人时可关闭风机盘管机组而不会影响其他房间，节省运行费用。主要缺点是对机组制作有较高的质量要求，若达不到一定的要求将会产生大量的维修工作。此外，在噪声要求严格的地方，由于风机转速不能过高，风机余压较小，气流分布将受到限制，一般只适用于进深小于6m的场合。

（3）风机盘管空调系统的新风供给方式

新风系统是为了满足室内卫生要求而给空调房间补充新风量的设施。风机盘管空调系统的新风供给主要采用独立新风系统。

独立新风系统是把新风集中处理至一定参数。根据所处理空气终参数的情况，新风系统可承担新风负荷和部分空调房间的冷、热负荷。在过渡季节，可增大新风量，必要时可关掉风机盘管机组，单独使用新风系统。具体的做法有两种：

1）新风管单独接入室内

送风口可以紧靠风机盘管的出风口，也可以不在同一地点。从气流组织的角度，宜两者混合后再送入工作区。

2）新风接入风机盘管机组

在这种处理方法中，新风和回风先在混合箱内混合，再经风机盘管处理后送入房间。这种做法由于新风经过风机盘管，风量增加，使风机的运行能耗增加，噪声增大，因此盘管只能在湿工况下运行。

2. 温湿度独立调节空调系统

空调系统处理的负荷包括显热负荷和潜热负荷。目前，集中式空调系统和半集中式空调系统大多采用的是热湿耦合处理技术，即采用表冷器对空气同时进行降温和除湿。

与热湿耦合空气处理过程相对应的是温湿度独立调节空调系统，它是采用两个相互独立的系统（或设备）分别对建筑的潜热负荷和显热负荷进行处理。一般采用新风系统承担全部潜热负荷和部分显热负荷，室内末端设备仅承担显热负荷（即处于干工况运行）。

（1）新风处理设备

由温湿度独立调节系统中，新风需要承担空调系统全部的湿负荷，因此，新风机组的除湿能力比常规的新风机组要大。目前常见的新风除湿方式有溶液除湿（液体干燥剂除湿）、转轮除湿（固体干燥剂除湿）、冷却除湿、冷冻除湿等。

1）溶液除湿

所谓溶液除湿就是利用一些吸湿性强的溶液，比如溴化锂、氯化锂、氯化钙等溶液对需要处理的新风进行处理，如图6-16所示。在除湿侧新风中水蒸气分压力大于浓溶液的水蒸气分压力，利用两者之间的压力差，使水分从新风中传到溶液中，达到新风除湿的目的。浓溶液由于吸收了新风中的水蒸气浓度变稀，需要进行再生。在再生侧，利用热源对稀溶液进行加热，水蒸气蒸发，从而使溶液浓度增加。如此循环进行，在实际工程应用中，可利用热泵冷凝热进行溶液再生处理。

2）转轮除湿

所谓转轮除湿就是利用涂敷固体吸湿剂的转轮对需要处理的新风进行除湿处理，如图6-17所示，固体吸湿剂一般有硅胶、分子筛等。固体吸湿剂吸附水分后同样需要再生

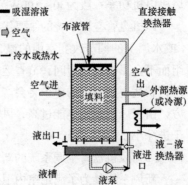

图6-16 溶液除湿

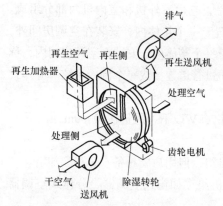

图6-17 转轮除湿

图6-18 冷辐射板

处理。

3）冷却除湿

与常规空气处理过程一样，冷却除湿即利用冷冻水进入表冷器对空气进行除湿处理。由于温湿度独立调节系统处理后的新风含湿量较低，因此，冷冻水的温度一般需要4～5℃。

4）冷冻除湿

即直接将制冷系统的蒸发器用来对新风进行除湿处理。

（2）末端处理设备

在温湿度独立调节空调系统中，由于末端设备只承担室内显热负荷（干工况运行），因此换热设备表面温度要高于室内空气的露点温度，即进入换热设备的冷水温度一般在16～18℃。

常用的末端换热设备有干式风机盘管和冷辐射板。

1）干式风机盘管

干式风机盘管与普通风机盘管结构相同，由于其工作时没有凝结水，因此，可不需要凝水盘。

2）冷辐射板

在空调夏季运行时，对安装在房间顶部的铜盘管（或塑料毛细管网）通入温度16～18℃的冷水，使吊顶表面处于较低的温度。吊顶主要通过辐射作用来消除室内的显热负荷，从而达到热舒适的目的，也称冷辐射吊顶，如图6-18所示。冬季也可以通入35～40℃的热水，使得吊顶表面处于较高的温度，从而向室内提供热量并使室内保持舒适。

6.3.3 局部空调机组

局部空调机组实际上是一个小型的空调系统。它体积小，结构紧凑，安装方便，使用灵活，在空调工程中是必不可少的设备。特别是在舒适性空调系统中，得到了广泛的应用。

1. 局部空调机组的类型与构造

局部空调系统种类很多，大致可按以下原则分类：

（1）按容量大小分

窗式空调器。容量较小，冷量一般在7kW以下，风量在1200m³/h以下。

分体式空调器。与窗式空调器不同的是，它由室外机和室内机两部分组成。将运转时产生较大噪声的压缩机及冷凝器置于一个箱体内，安装在空调房间外，称为室外机；将蒸发器及自动控制部件置于一个箱体内，安装在空调房间内，称为室内机。室内机和室外机中的制冷部件通过管道连接成一个制冷系统。分体式空调器的主要优点是运行噪声低。

立柜式空调器。容量较大，冷量一般在70kW以下，风量在20000m³/h以下。

（2）按冷凝器的冷却方式分

水冷式空调器。一般用于容量较大的机组，但用户要具备水源和冷却塔。

风冷式空调器。一般用于容量较小的机组（如窗式空调器、分体式空调器等），靠空气将冷凝器的热量带走。

（3）按供热方式分

普通式空调器。有两种形式，一种是单冷型，即只夏季供冷，冬季不供热；另一种是夏季供冷，冬季用电加热空气供热。

热泵式空调器。在冬季仍然由制冷机工作，只是通过一个四通换向阀使制冷剂作供热循环。这时原来的蒸发器变为冷凝器，空气通过冷凝器时被加热送入房间，如图6-19所示。热泵循环的经济性以消耗单位功量所得到的供热量来衡量，称为供热系数。

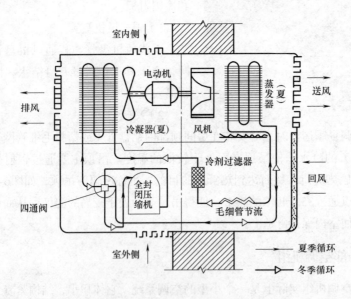

图6-19 风冷式空调机（窗式、热泵式）

在冬季向建筑物供热时，采用热泵空调器比采用电加热器直接加热更加节省电能。如某热泵空调，其供热系数为3.4，则消耗1kW的电能可以向室内供给3.4kW的热量，而对于直接用电加热，消耗1kW的电能只能向室内供应1kW的热量。电能属高品位的能量，应从节能角度出发，提高能源的利用效率。

2. 空调机组的能效比（EER）

空调机组的经济性通常用能效比来评价，其定义为：

EER＝机组在名义工况下的制冷量（W）/整台机组的耗功率（W）

机组在名义工况（又称为额定工况）下的制冷量是指机组在国家有关标准规定的进风湿球温度、风冷冷凝器进口空气的干球温度等检验工况下测得的制冷量，其大小与产品的质量和性能有关。目前我国《房间空气调节器能效限定值及能效等级》见表6-1。

空调器能效等级指标（W/W） 表6-1

类型	额定制冷量（CC）	能效等级		
		1	2	3
整体式		3.30	3.10	2.90
分体式	CC ≤ 4500W	3.60	3.40	3.20
	4500W ＜ CC ≤ 7100W	3.50	3.30	3.10
	7100W ＜ CC ≤ 14000W	3.40	3.20	3.00

6.4 空调系统的消声减振

6.4.1 空气消声

1. 噪声传播的途径

噪声是指嘈杂刺耳的声音。有时将对某些工作有妨碍的声音也称为噪声。对于空调系统来讲，噪声源主要是通风机、制冷机、机械通风冷却塔等设备。

噪声有三种传播途径：通过空气传声、由振动引起的建筑结构的固体传声和通过风管传声。

2. 消声器

当噪声源使空调房间产生的声压高于允许的噪声标准时，就需要根据噪声的各频带要求消除的声压级选择消声装置，消除在室内噪声标准之上的那部分声能。消声器就是根据不同的消声原理设计成的管路构件，按所采用的消声原理可以分为阻性消声器、抗性消声器、共振消声器和宽频带复合消声器等类型。

（1）阻性消声器

阻性消声器是把多孔松散的吸声材料贴附在管道风壁或按一定的方式在管道内排列起来，利用吸声材料消耗声能降低噪声。这种消声器对中、高频噪声有一定的消声效果，但对低频噪声的消声效果较差。

阻性消声器有多种类型，常用的有管式、片式和格式消声器，构造如图6-20所示。

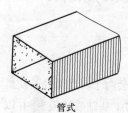

管式

片式

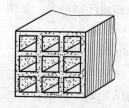

格式

图6-20 管式、片式和格式消声器构造示意图

（2）抗性消声器

当气流流过截面积突然改变的风管时，将使
沿风管传播的声波向声源方向反射回去而起到消
声作用。抗性消声器就是利用这一原理来进行消
声的，其构造如图6-21所示。这种消声器仅对消除低频噪声有一定的效果。

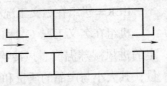

图6-21 抗性消声器构造示意图

（3）共振消声器

如图6-22所示，小孔处的空气柱和共振腔内的空气构成一个弹性振动系统。当
外界噪声的振动频率与该弹性振动系统的振动频率相同时，会引起小孔处的空气
柱强烈共振，空气柱与孔壁发生剧烈摩擦，声能因克服摩擦阻力而消耗，从而降
低了噪声声压级。这种消声器有消除低频噪声的性能，但其消声的频率范围很窄。

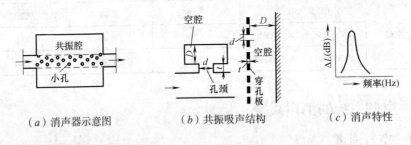

（a）消声器示意图   （b）共振吸声结构   （c）消声特性

图6-22 共振消声器

（4）宽频带复合消声器

上述各种消声器均只能消除某一频率范围内的噪声，为了弥补各消声器单独
使用时的不足，常将上述几种消声器综合在一起使用，以扩大其消声的频率范
围，满足工程实际的需要。如由阻性消声器和抗性消声器组合而成的复合消声
器，及由阻性消声器和共振消声器组合而成的复合消声器等，均对高、中、低频
噪声有较好的消声效果。

6.4.2 设备减振

空调系统中的风机、水泵、制冷压缩机等设备运转时，会由于转动部件的质量
中心偏离转轴中心而产生振动。该振动将传递给其支承结构（基础或楼板），并以
弹性波的形式沿房屋结构传到其他房间，又以噪声的形式出现，这种噪声称为固体
声。当振动影响某些工作的正常进行，或危及建筑物的安全时，需采用减振措施。

为减弱振源传给支承结构的振动，需消除它们之间的刚性连接，即在振源与
支承结构之间安装弹性构件，这些弹性构件叫减振器。空调工程中常用的减振
器有弹簧减振器、橡胶减振器以及由金属弹簧与橡胶组合而成的减振器，如图
6-23所示。

有转动部件的设备（如冷水机组、水泵、风机等）运转时产生的振动会沿着
与其连接的管道进行传播，这对管道系统及设备非常不利，严重时可导致管道破
裂或设备损坏。因此，有转动部件的设备与管道之间采用柔性连接（软接头）是
非常必要的。

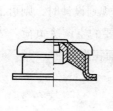
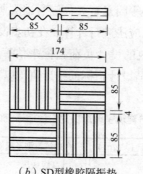
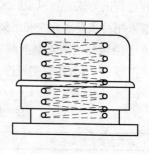

图6-23 减振器 　　（a）JG型橡胶减振器　　　　（b）SD型橡胶隔振垫　　　　　（c）弹簧减振器

6.5 空调房间

6.5.1 空调房间设计参数及冷负荷

1. 空调房间的设计参数

以舒适性为目的的室内空调设计参数的确定，除了需考虑人体的热舒适之外，还应根据室外空气参数、冷源情况、建筑的使用特点以及经济和节能等方面的因素综合进行考虑。《民用建筑供暖通风与空气调节设计规范》规定：舒适性空调室内设计参数，人员长期逗留区域应符合表6-2的规定。

人员长期逗留区域空调室内设计参数　　　　　　　表6-2

类别	热舒适度等级	温度（℃）	相对湿度（%）	风速（m/s）
供热工况	I 级	22 ~ 24	≥ 30	≤ 0.2
	II 级	18 ~ 22	—	≤ 0.2
供冷工况	I 级	24 ~ 26	40 ~ 60	≤ 0.25
	II 级	26 ~ 28	≤ 70	≤ 0.3

人员短期逗留区域空调供冷工况室内设计参数宜比长期逗留区域提高1~2℃，供热工况宜降低1~2℃，短期逗留区域供冷工况风速不宜大于0.5m/s，供热工况风速不宜大于0.3m/s。

工艺性空调的室内计算参数由生产工艺的具体要求确定。在可能的情况下，应尽量兼顾地考虑一些人体热舒适的要求。

2. 空调房间的冷负荷设计指标

空调房间夏季计算的热量一般包括：通过围护结构传入室内的热量；透过外窗进入室内的太阳辐射热量；人体散热量；照明散热量；设备、器具、管道及其他室内热源的散热量；食品或物料的散热量；渗透空气带入室内的热量；伴随各种散湿过程产生的潜热量。

在空调系统的设计中，准确计算建筑物空调冷负荷是非常重要的。建筑物空调冷负荷与空调房间的使用特点、建筑物的热工性能、空调系统的形式、空气处理过程的方式、新风量的大小等因素有关，应通过认真地设计计算确定。目前一般采用冷负荷系数法和谐波反应法进行计算。在初步设计或规划设计时，则可根据已经运行的同类型空调建筑的设计负荷指标来估算所需要的空调冷负荷。表6-3是国内部分建筑空调冷负荷设计指标的统计值（以空调面积为基准）。

国内部分建筑空调冷负荷设计指标统计值　　　　　　　　表6-3

建筑类型及房间名称		冷负荷指标（W/m²）	建筑类型及房间名称		冷负荷指标（W/m²）
旅游旅馆	客房（标准层）	80 ~ 110	医院	高级病房	80 ~ 110
	酒吧、咖啡厅	100 ~ 180		一般手术室	100 ~ 150
	西餐厅	160 ~ 200		洁净手术室	300 ~ 500
	中餐厅、宴会厅	180 ~ 350		X光、CT、B超诊断	120 ~ 150
	商店、小卖部	100 ~ 160	影剧院	观众席	180 ~ 350
	中庭、接待	90 ~ 120		休息厅（允许吸烟）	300 ~ 400
	小会议室（少量吸烟）	200 ~ 300		化妆室	90 ~ 120
	大会议室（不吸烟）	180 ~ 280	体育馆	比赛馆	120 ~ 250
	理发、美容	120 ~ 180		观众休息厅（允许吸烟）	300 ~ 400
	健身房、保龄球馆	100 ~ 200		贵宾室	100 ~ 120
	弹子房	90 ~ 120	展览厅、陈列室		130 ~ 200
	室内游泳池	200 ~ 350	会堂、报告厅		150 ~ 200
	舞厅（交谊舞）	200 ~ 250	图书阅览室		75 ~ 100
	舞厅（迪斯科）	250 ~ 350	科研、办公		90 ~ 140
	办公	90 ~ 120	公寓、住宅		80 ~ 90
商场、百货大楼、营业室		150 ~ 250	餐馆		200 ~ 350

6.5.2　空调系统的新风量

空调系统的总冷负荷一般由室内冷负荷、新风冷负荷、再热冷负荷三部分组成，在一般舒适性空调系统中，总冷负荷则主要由前两部分构成。空调系统使用的新风量越少，处理空气所需要的冷量就越少，该空调系统就越经济。但是，如果工作人员长时间处在没有新风供给的空调房间里，由于室内空气品质下降，会使人产生闷气、头痛等症状，损害人的身体健康。

室内所需要的新风量的大小，一般是根据室内所允许的二氧化碳浓度确定，即根据室内二氧化碳的允许浓度、室外空气中二氧化碳的含量和人们在各种活动状态下所呼出的二氧化碳量来确定。例如《民用建筑供暖通风与空气调节设计规范》GB 50736—2012规定：公共建筑主要房间每人所需最小新风量应符合表6-4的要求。

公共建筑主要房间每人所需最小新风量 [m³/（h·人）]　　　　表6-4

建筑房间类型	新风量
办公室	30
客房	30
大堂、四季厅	10

6.5.3　空调房间的气流组织

空调房间的气流组织是指通过空调房间送、回风口的选择和布置，能够使送入房间的空气合理地流动和分布，从而使空调房间的温度、湿度、速度和洁净度等参数满足生产工艺和人体热舒适的要求。空调房间的气流组织是否合理，不仅直接影响房间的空调效果，而且也会影响空调系统的耗能量。

影响空调房间气流组织的因素很多，主要包括送风口的位置和形式、回风口位置、房间的几何形状和送风射流参数等。其中送风口的位置、形式和送风射流参数是影响气流组织的主要因素。

1. 气流组织的形式及常用送风口

空调房间对工作区内的温度、相对湿度有一定的要求。除要求有均匀、稳定的温度场和速度场外，有时还要控制噪声水平和含尘浓度，这些都受气流组织的影响。空调房间的气流组织形式根据送、回风口布置位置和送风口形式的不同，主要有以下几种。

（1）侧向送风

侧向送风方式是一种应用较广泛的气流组织形式。这种送风方式是把侧送风口布置在房间侧墙或风道侧面上，空气横向送出。为了增大射流的射程，避免射流在中途脱落，通常采用贴附射流，使送风射流贴附在顶棚表面流动。图6-24是侧送风方式的几种布置形式。

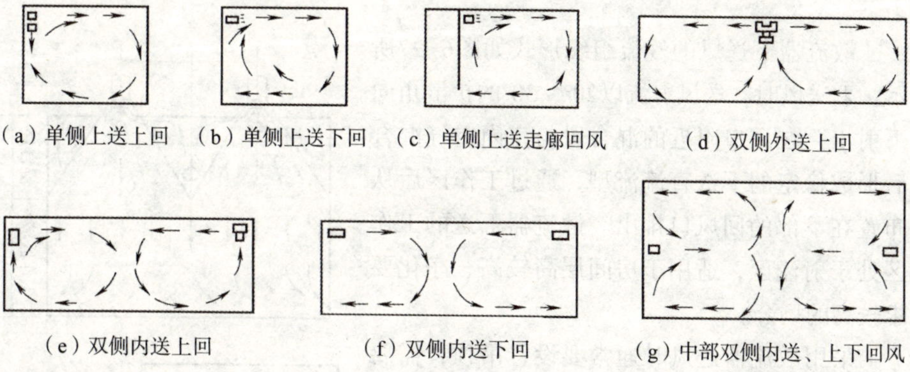

（a）单侧上送上回　（b）单侧上送下回　（c）单侧上送走廊回风　（d）双侧外送上回

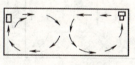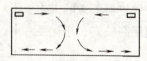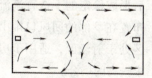

（e）双侧内送上回　　　（f）双侧内送下回　　　（g）中部双侧内送、上下回风或上部排风

图6-24　侧向送风的气流流型

侧向送风一般采用侧送风口，这类风口常向房间横向送出气流，一般安装在空调房间侧墙或风道侧面上。常见的侧送风口有格栅风口、百叶风口、条缝风口等。其中应用最多的是活动百叶风口，可分为单层百叶、双层百叶和三层百叶。单层百叶中的叶片是水平布置，双层百叶中的叶片一层水平布置，另一层垂直布置，如图6-25所示。三层叶片则是在送风口内侧另设有一层对开式叶片，外层水平叶片用以改变射流的出口倾角，第二层垂直叶片能调节气流的扩散角，最内层的对开式叶片则是为了调节送风量。

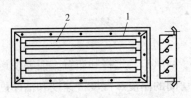 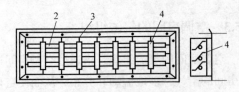

（a）单层百叶风口　　　　　（b）双层百叶风口

图6-25　百叶风口构造示意图

1—铝框（或其他材料的外框）；2—水平百叶片；3—百叶片轴；4—垂直百叶片

（2）散流器送风

散流器送风包括平送风和下送风两种形式。平送风时，气流贴附着顶棚向四周扩散下落，与室内空气混合后从布置在下部的回风口排出，如图6-26所示。散流器平送风的主要特点是作用范围大、射流扩散快、射程比侧送风短，工作区处于回流区，具有较均匀的温度和速度分布，适用于房间层高较低、恒温精度较高的场合。

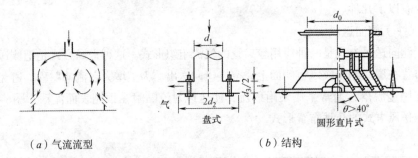

（a）气流流型　　　　（b）结构

图6-26　散流器平送气流流型及结构

散流器下送风的气流组织形式如图6-27所示。下送风时，送风射流以20°～30°的扩散角向下射出，在风口附近的混合段与室内空气混合后形成稳定的下送直流流型，通过工作区后从布置在下部的回风口排出。散流器下送的工作区处于射流区，适用于房间层高较高、净化要求较高的场合。

采用散流器送风时通常要设置吊顶，需要的房间层高较高，一般需3.5～4.0m，因而初投资比侧送风高。

散流器的形状有圆形、方形和矩形。

（3）孔板送风

孔板送风由孔板送风口实现。孔板送风口的形式如图6-28所示。送入静压箱的空气通过开有一些圆形小孔的孔板送入室内。孔板送风口的主要特点是送风均匀，气流速度衰减快。

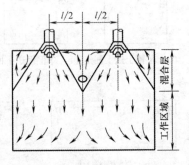

图6-27　散流器下送气流流型

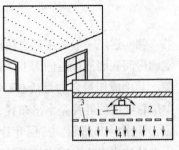

1—风管；2—静压箱；3—孔板；4—空调房间

图6-28　孔板送风口

因此，适用于工作区气流均匀、流速小、区域温差小和洁净度较高的场合，如高精度恒温室和平行流洁净室。

孔板送风的气流流型如图6-29所示，它与孔板上的开孔数量、送风量和送风温差等因素有关。

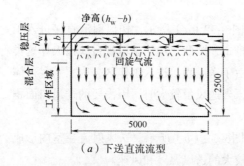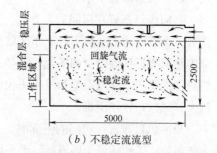

图6-29 孔板送风气流流型

（a）下送直流流型　　　　　　　　　（b）不稳定流流型

对于全孔板，当孔口风速$v_0 \geqslant 3$m/s，送风温差$\Delta t_0 \geqslant 3℃$，风量$\geqslant 60$m³/（m²·h）时，孔板下方形成下送直流流型，适用于净化要求较高的场合；当孔口风速v_0和送风温差Δt_0较小时，孔板下方形成不稳定流。由于不稳定流可使送风射流与室内空气充分混合，工作区的流速分布均匀，区域温差很小，适用于恒温精度要求较高的空调场合。

局部孔板下方一般是不稳定流，这种流型适用于射流下方有局部热源或局部区域恒温精度要求较高的场合。

孔板送风需要的房间层高较小，初投资比侧送风高，但比散流器送风方式低。

（4）喷口送风

喷口送风一般采用喷射式送风口，喷射式送风口是一个渐缩的圆锥台形短管，如图6-30（a）所示。其特点是风口的渐缩角很小，风口无叶片阻挡，噪声小、紊流系数小、射程长，适用于大空间公共建筑的送风，如体育馆、影剧院等。为了提高送风口的灵活性，可做成既能调节风量，又能调节出风方向的球形转动风口，如图6-30（b）所示。喷口送风又称为集中送风，多用于高大建筑的舒适性空调。它通常是把送、回风口布置在同侧，空气以较高的速度和较大的风量集中于少数几个送风口射出，射流到达一定的射程后折回，在室内形成较大的涡旋，工作区处于回流区，室内气流流型如图6-31所示。

喷口送风的风速大、射程长，沿途卷吸大量的室内空气，射流流量可达到送

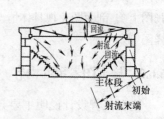

（a）圆形喷口　　　（b）球形转动风口

图6-30 喷射式送风口　　　　　　　　　图6-31 喷口送风的气流流型

风量的3～5倍。由于送风射流与室内空气进行地强烈的参混作用，工作区具有较均匀的温度和速度分布。

（5）下送风

这种气流组织方式是把送风口布置在房间的下部，回风口布置在房间的上部或下部，如图6-32所示。

当回风口布置在房间的上方时，如图6-32（a）所示，送风射流直接进入工作区，上部空间的余热不经工作区就被排走，因此，适用于电视台演播大厅这类室内热源靠近顶棚的空调场合。但是，由于送风直接进入工作区，为了满足人体热舒适的要求，送风温差和风速比较小，当送风量较大时，因需要的送风口面积较大，风口布置较困难。

当回风口布置在房间的下部时，如图6-32（b）所示，送风射流在室内形成大的涡旋，工作区处于回流区，可采用较大的送风温差和风速。

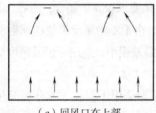 

（a）回风口在上部　　　　（b）回风口在下部

图6-32　下送风气流流型

2．回风口

回风口附近气流速度衰减很快，对室内气流组织的影响不大，因而回风口构造比较简单，类型也较少。常用的回风口形式有格栅、单层百叶、金属网格等形式。回风口的安装位置和形状应根据室内气流组织的要求确定。当设置在房间下部时，为了防止吸入灰尘和杂物，风口下缘离地面至少为0.15m。

6.6 空调工程施工图

6.6.1 施工图构成

对于民用建筑的通风空调安装工程来说，其施工图主要包括图纸目录、设计说明、图例、设备材料表、水系统图（包括冷却水系统和冷冻水系统）、各层平面图（风管平面布置图、水管平面布置图，有时系统较简单时可将两者布置在一张图上）、剖面图（视具体情况决定在何处剖）、冷源机房平剖面图、设备安装大样图等。

6.6.2 施工图表示的内容

空调工程设计说明主要介绍设计概况和暖通空调设计依据、室内外设计参数、冷源情况、冷媒参数、空调冷热负荷、冷热量指标、系统形式和控制方法，说明系统的使用操作要点等内容。

空调平面图主要体现了建筑的平面功能和暖通空调设备与管道的平面位置及相互关系。平面图主要包括地下室通风平面图、各层空调风管平面图和各层空调水管平面图等。应当说明地是，在一些比较简单的项目中，空调风管和水管可能在同一张图中表达。

风管平面图主要体现通风、空调、防排烟风管或风道的平面布局。在施工图中一般用双线绘出，并在图中标注风管尺寸（圆形风管标注管径，矩形风管标注宽×高）、主要风管的定位尺寸、标高、各种设备及风口的定位尺寸和编号，消声器、调节阀和防火阀等各种部件的安装位置，风口、消声器、调节阀和防火阀的尺寸，相关要求应在相应材料表中体现。在图面上，风管一般为粗线，设备、风口和风阀管件为细线。在风管平面图中，需注意风机房和风井部位，因为风井牵涉上下楼层的平面，而风机房部位由于风机的安装往往存在着比较复杂的空间关系。

空调水管平面图主要体现空调冷热水管道、冷凝水管道的平面布局。在施工图中一般用单线绘出，并在图中标注水管管径、标高。识图时应注意调节阀门、放气阀、泄水阀、固定支架和伸缩器等各种部件的安装位置，管路上的阀门、伸缩器等未单独注明管径时均按与管路相同处理。在图面上，水管为粗线，设备、水阀管件为细线，各种管线的线型以及阀门管件的图样详见相关的图例说明。在水管平面图中，水系统立管位置应引起重视，因为立管起着连接各层空调水管的作用，理清立管也就理清了空调水系统的主要管线。

剖面图主要体现在垂直方向上各种管道、设备与建筑之间的关系，一般而言在平面管道与设备有交叉或建筑较复杂，平面图无法体现其设计意图时，就通过绘制剖面来体现。在剖面图中应以正投影方式绘出对应于机房平面图的设备、设备基础、管道和附件，注明设备和附件编号，标注竖向尺寸和标高；在平面图设备、风管等尺寸和定位尺寸标注不清时可在剖面图上标注。剖面图作为平面图的补充，应结合平面图相互对照比较才能准确识图。

冷热源系统、空调水系统及复杂的或平面图不能表示清楚时应绘制系统流程图。系统流程图应绘出设备、阀门、计量和现场观测仪表、配件，标注介质流向、管径及设备编号。流程图可不按比例绘制，但管路分支及与设备的连接顺序应与平面图相符。

6.6.3 施工图示例

某学校办公楼空调工程，空调面积3500m²，建筑共七层，首层层高4m，二～七层3.4m。冷冻水由设置于相邻建筑的冷冻机房供应。

本工程中一层休息大厅和门厅设计为全空气低速空调系统，其柜式空调机组K-1设在一层空调机房，办公用房设计为风机盘管加新风系统，其新风机组X-1设在休息大厅。二层办公室、教室及会议室设计为风机盘管加新风系统，其新风机组X-2～X-7设在各层走道。

本工程的风机盘管加新风系统设计采用卧式暗装型风机盘管带回风箱，送风采用方形散流器（带人字闸）下送，回风采用门铰式回风口，回风口带过滤器，新风接于风机盘管的送风管。所有风机盘管均设三档风速开关。

空调机回水支管上装上电动两通阀，由房间温度控制通过盘管的水量；新风机回水支管上装上电动两通阀，由送风温度控制通过盘管的水量。

本工程中空调冷冻水管采用镀锌钢管，凝结水管采用PVC管。

本工程风管采用铝箔玻璃棉毡保温，铝箔玻璃棉毡密度为48kg/m³，保温层厚度30mm。冷冻水保温材料选用福乐斯橡塑保温材料，不同管径的厚度见表6-5。

不同管径的保温层厚度　　　　　　　　　　　　　　表6-5

管径	$DN20 \sim DN25$	$DN32 \sim DN70$	$DN80 \sim DN125$	$\geq DN200$
保温材料厚度	30mm	35mm	40mm	45mm

本工程所有空调机进、出水管上均装温度计和压力表。

本工程所有风机盘管安装高度均为机底距地3300mm，风机盘管送风口为散流器下送，送风管安装高度为接管高度，回风口均为门铰式回风百叶。其具体安装尺寸见表6-6。

风机盘管回风口及送风管接管尺寸（mm）　　　　　　表6-6

风机盘管型号	回风口	送风口（下送）数量			送风管
		1	2	3	
YFCU300HSCC	600 × 300	225 × 225			700 × 120
YFCU400HSCC	700 × 300	300 × 300	225 × 225		700 × 120
YFCU600HSCC	900 × 300	300 × 300	300 × 300		900 × 120
YFCU800HSCC	1200 × 300	375 × 375	300 × 300		1200 × 120
YFCU1000HSCC	1200 × 300	375 × 375	300 × 300		1200 × 120
YFCU1200HSCC	1700 × 300	400 × 400	300 × 300	300 × 300	1700 × 120

走道内新风主管管底距地3100mm，从新风主管接出的新风支管均设风量调节阀。走道风机盘管供回水干管底距地3100mm，冷凝水干管起始点管底距地3250mm，以0.01坡度坡向泄水点。所有风机盘管的水管支管均为DN20，安装高度为风机盘管接管高度，管底距地3300mm。冷凝水管凡图中未标管径者支管均为DN32，干管为DN40。

其施工图（部分）如图6-33～图6-36所示。

图6-33 图例

左侧图例：
- —— L1 —— 冷水供水管 (7℃)
- —— L2 —— 冷水回水管 (12℃)
- —— N —— 凝结水管
- 截止阀
- 闸阀
- 蝶阀
- 水路止回阀
- 电动二通阀
- 电动蝶阀
- 压力表
- 温度计
- 水泵
- 自动放气阀

右侧图例：
- FD 70℃防火调节阀（常开70℃）熔断关闭
- 电动对开多叶调节阀
- 手动对开多叶调节阀
- 消声器
- 风管软接头
- 条逢形送风口
- 铝合金方形散流器
- 柜式离心风机
- 轴流风机
- 天花板管道式换气扇
- 铝合金单层百叶风口
- 铝合金双层百叶风口

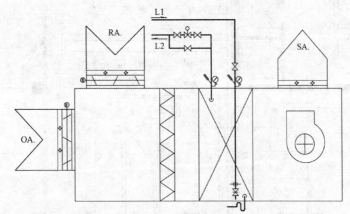

空调机组标准接管示意图

新风机组标准接管示意图

图6-34 设备接管图

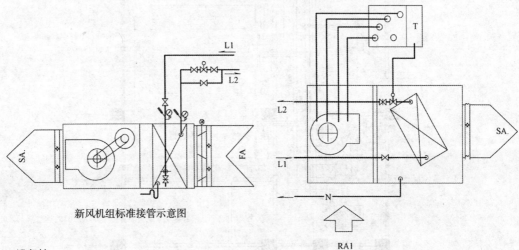

风机盘管标准接管示意图

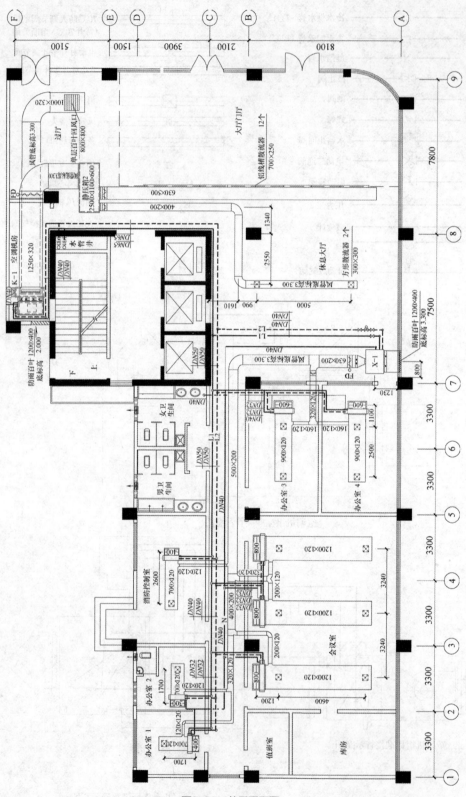

图6-35 首层平面图

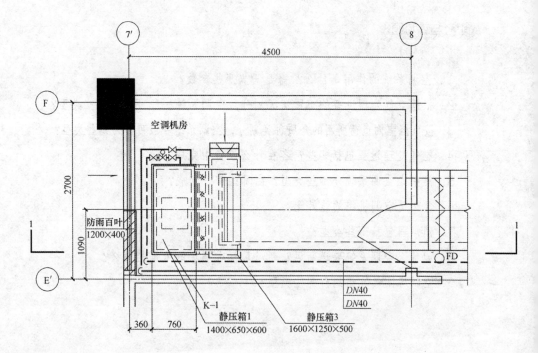

空调机房平面图1:50

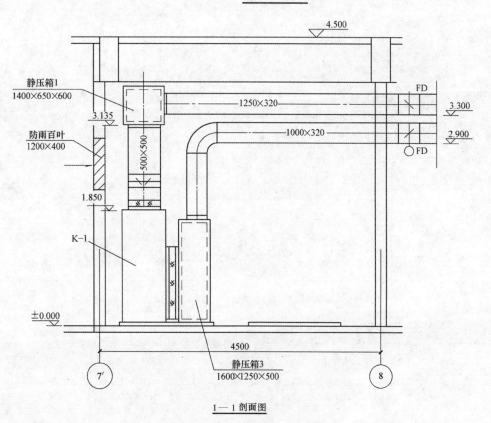

1—1 剖面图

图6-36 空调机房平剖面图

思考与练习题

1. 空调系统的作用是什么？需要调节哪些参数？

2. 根据空气处理设备的布置情况划分，空调系统一般可分为哪些类型？

3. 按负担室内负荷所用的介质种类划分，空调系统一般可分为哪些类型？

4. 空气处理过程包括哪些？各在什么设备中完成？

5. 集中式空调系统分哪些类型？由哪些部分组成？

6. 什么是空调机组的能效比？

7. 消声器包括哪些类型？

8. 为什么空调系统要送新风？新风量标准确定的依据是什么？

9. 空调房间气流组织有哪些类型？

冷热源系统

本章要点及学习目标

　　掌握蒸气压缩式制冷循环的工作原理、冷冻水系统的形式、冷却水系统的组成、冷冻水系统的绝热和供热锅炉的基本构造。熟悉压缩机、冷凝器、蒸发器、节流机构的作用及种类，VRF系统组成，地源热泵系统的分类与构成，蓄冷系统的分类与构成，城市热力站的构成。了解制冷剂的种类和对环境的影响，吸收式制冷的工作原理和冷源工程施工图的识读。

7.1 制冷原理

7.1.1 空调冷源的分类

1. 天然冷源和人工冷源

天然冷源是指自然界本身存在的温度较低的介质，利用这些低温介质可以降低空调房间的温度，如深井水、山涧水、天然冰、地道风等均是天然冷源。利用天然冷源具有成本低、无污染、技术简单等优点，在有条件的地方，应优先使用天然冷源。

天然冷源的利用具有很大的局限性，如地下水的过量开采会引起地陷，利用深井回灌技术又容易污染地下水源。因此，在实际建筑空调系统中多采用人工冷源。

人工冷源是指利用人工手段，采用制冷设备来制取空调所需要的冷量。

2. 压缩式制冷和吸收式制冷

人工冷源中，用来制冷的设备通常又叫作制冷机。根据制冷设备所使用的能源类型不同，制冷机主要分为压缩式制冷机与吸收式制冷机，前者是通过消耗电能来制取冷量，后者是利用热能来制取冷量。

7.1.2 相变制冷

物质有固态、液态和气态三种状态。物质状态的改变称为相变。相变过程中，由于物质分子重新排列和分子运动速度的改变，需要吸热或放热，这种热量称为相变潜热。在制冷领域，利用物质汽化相变过程吸热这一现象可以实现制冷的目的。1kg液体汽化所吸收的热量称为汽化潜热。例如，氨在1标准大气压下的汽化潜热为1370kJ/kg，这时的沸点为-33.4℃。

图7-1是利用液体汽化实现制冷的简单装置。在小室内放一通大气的容器，保证小室内的压力是1个大气压，小室内盛沸点较低的液体（如氨液）。由于容器是通大气的，氨液在大气压下的饱和温度（即沸点）约为-33.4℃，则温度较高的室内空气的热量传入容器内温度较低的氨液，使氨液汽化成蒸气，氨蒸气通过排气管排出小室外，同时将小室冷却下来。

在上图中，当容器中的氨液全部蒸发后，制冷过程即停止，小室内的温度会因为持续由外界输入的热量而升高。如何使制冷过程连续运行，保持小室内需要的低温是制冷领域的主要任务。

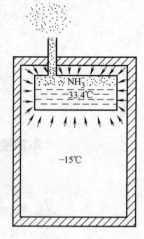

图7-1 利用液体汽化制冷

7.2 蒸气压缩式制冷

7.2.1 蒸气压缩式制冷循环及设备

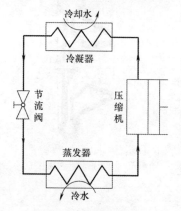

图7-2 往复式蒸气压缩式制冷系统

1.蒸气压缩式制冷循环

蒸气压缩式制冷循环是由逆卡诺循环进行实用化改进后形成的，是目前应用最为广泛的制冷方法。

蒸气压缩式制冷循环由制冷压缩机、冷凝器、膨胀阀和蒸发器四个主要部件组成，这四个部件用管道连接起来，构成了一个封闭的循环系统，如图7-2所示。制冷剂（如氨、氟利昂等）在封闭的循环中工作。

2.压缩机

制冷压缩机是制冷机的心脏。它的主要作用是从蒸发器中抽吸气态制冷剂，以保证蒸发器中有一定的蒸发压力。同时压缩气态制冷剂，提高气态制冷剂的压力，使气态制冷剂能在较高的冷凝温度下被冷却剂冷凝液化。制冷压缩机的种类较多，空调工程中常用的为往复式（图7-3）、离心式（图7-4）、螺杆式（图7-5）等。制冷压缩机是制冷系统中主要的耗电设备。

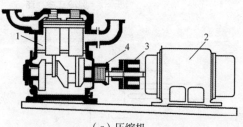

图7-3 往复式压缩机及气缸结构示意图

（a）压缩机

1—压缩机；2—电机；3—联轴器；4—轴封

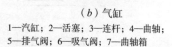

（b）气缸

1—汽缸；2—活塞；3—连杆；4—曲轴；
5—排气阀；6—吸气阀；7—曲轴箱

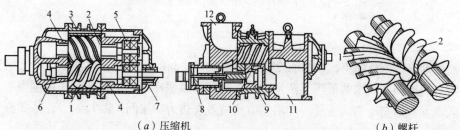

图7-4 螺杆式压缩机及螺杆构造

（a）压缩机

1—阳转子；2—阴转子；3—机体；4—滑动轴承；5—止推轴承；
6—平衡活塞；7—轴封；8—能量调节用卸载活塞；9—卸载销阀；
10—喷油孔；11—排气口；12—进气口

（b）螺杆

1—阴螺杆；2—阳螺杆

3．冷凝器

冷凝器的功能是把由压缩机排出的高温高压气态制冷剂冷凝成液体制冷剂，把制冷剂蒸发器中吸收的热量（制冷量）与压缩机耗功率相当的热量之和排入周围环境（水或空气）之中。因此，冷凝器是制冷装置中的放热设备。

冷凝器按其冷却介质（称冷却剂）不同，可分为水冷式（图7-6）、风冷式（图7-7）、水／空气式（图7-8）等。

4．节流装置

节流装置的作用是对由冷凝器产生的高压液态

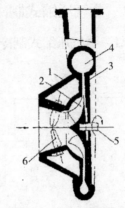

1—机体；2—叶轮；3—扩压器；4—蜗壳；5—主轴；6—导流叶片

图7-5 单级离心式压缩机简图

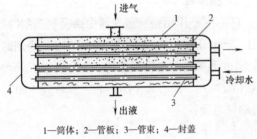

1—筒体；2—管板；3—管束；4—封盖

图7-6 卧式管冷凝器

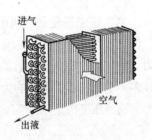

图7-7 风冷式冷凝器

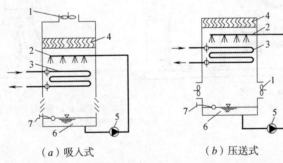

（a）吸入式　　　　（b）压送式

1—风机；2—淋水装置；3—盘管；4—挡水板；5—水泵；6—水盘；7—浮球阀补水

图7-8 蒸发式冷凝器

制冷剂进行节流降压，并保证冷凝器与蒸发器之间的压力差，以使蒸发器中的液态制冷剂在要求的低压下蒸发吸热，达到降温制冷的目的，同时还可调整进入蒸发器的制冷剂的流量。常用的节流装置有热力膨胀阀（图7-9）、浮球式膨胀阀（图7-10）和毛细管（图7-11）等。

5．蒸发器

蒸发器的作用是使由节流装置来的低温低压的液态制冷剂吸收周围介质（空

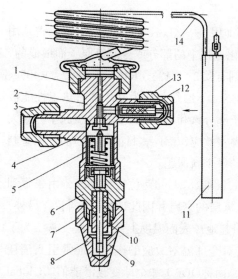

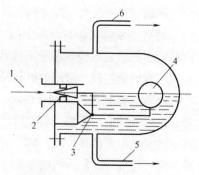

1—液体进口；2—针阀；3—支点；4—浮球；
5—液体连通管；6—气体连通管

图7-10 浮球膨胀阀

1—气箱座；2—阀体；3—螺母；4—阀座；
5—阀针；6—调节阀杆；7—填料；8—阀帽；
9—调节杆；10—填料压盖；11—感温包；
12—过滤网；13—螺母；14—毛细管

图7-9 热力膨胀阀结构

图7-11 制冷毛细管

气、水等）的热量汽化，同时，周围介质因失去热量而导致温度下降，从而达到制冷的目的。常用的蒸发器有卧式壳管式蒸发器（图7-12）、直接蒸发式盘管蒸发器（图7-13）等。

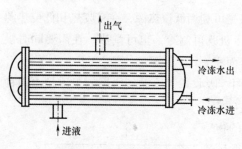

出气

冷冻水出

冷冻水进

进液

图7-12 卧式壳管式蒸发器

图7-13 直接蒸发式盘管蒸发器

7.2.2 制冷剂

制冷剂是在制冷装置中进行制冷循环的工作物质。目前常用的制冷剂有氨、氟利昂等。

氨是一种应用比较成熟的制冷剂。氨的热物性非常好，节流损失小，能溶解于水，有漏气现象时易被发现，价格低廉。同时它对环境无害，是一种极好的环保型制冷剂。但氨制冷剂有毒，与空气混合后浓度达15.5%～27%时有爆炸危险，因此，它的使用一直受到限制。

氟利昂是卤化碳制冷剂中的一种，即甲烷、乙烷、丙烷的衍生物。它是用卤族元素氟、氯、溴的原子来代替碳氢化合物中的部分或全部氢原子而形成的，是人工合成的物质。常用的氟利昂制冷剂有R22、R123、R134a、R502、R407c、R410A等。氟利昂制冷剂毒性小、不燃烧、不爆炸，作为制冷剂时热工性能极好，是一种安全、理想的制冷剂。但由于部分氟利昂类制冷剂中含氯原子，对大气中的臭氧层有破坏作用，同时能产生温室效应，因此，目前寻找新的环保型制冷剂来替代传统的制冷剂成为制冷行业的一个新课题。

1974年，美国加利福尼亚大学的Molia和Rowland两位教授发现，由于氟利昂制冷剂的大量使用与排放，已造成臭氧层的衰减并因此形成"空洞"。另外，由于氟利昂制冷剂产生"温室效应"，引起地球表面温度上升，气候反常。为了评估各种制冷剂对臭氧层的消耗能力和对全球温室效应的作用，通常引入消耗臭氧潜能值（Ozone Depletion Potential，简称ODP）和全球变暖潜能值（Global Warming Potential，简称GWP）两个指标。所谓制冷剂的ODP值，就是规定R11的ODP值为1.0，其余各种制冷剂的ODP值是相对R11对臭氧层消耗能力的大小。同样规定R11的GWP值为1.0，其余各种制冷剂的GWP值就是相对R11的温室效应能力的大小。显然，制冷剂的ODP值和GWP值越小越好。

7.3 吸收式制冷

7.3.1 吸收式制冷机的工作原理

吸收式制冷是用热能作动力的制冷方法，它也是利用制冷剂汽化吸热来实现制冷目的的。吸收式制冷机的最大优点是可利用低位热源，在有废热和低位热源的场所应用较经济。此外，吸收式制冷机既可制冷，也可供热，在需要同时供冷、供热的场合可一机两用，节省机房面积。

图7-14是吸收式制冷的工作原理图。吸收式制冷循环所用的工质是由两种沸点不同的物质组成的二元混合物（溶液）。低沸点的物质是制冷剂，高沸点的物质是吸收剂。吸收式制冷机中有两个循环过程——制冷剂循环和溶液循环。

溶液循环由吸收器、发生器、溶液泵、节流阀组成。在吸收器中，因发生器的浓溶液吸收蒸发器的制冷剂蒸气，而成为稀溶液，吸收过程释放出的热量用冷却水带走。由吸收器产生的稀溶液经溶液泵P提高压力并输送到发生器G中。在发生器中，利用外热源对稀溶液进行加热，其中低沸点

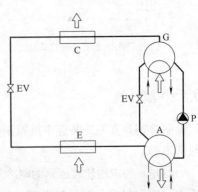

A—吸收器；G—发生器；C—冷凝器；
E—蒸发器；EV—膨胀阀；P—溶液泵

图7-14 吸收式制冷的工作原理图

的制冷剂蒸气被蒸发出来，使稀溶液成为浓溶液。发生器的高压浓溶液经节流阀EV节流到蒸发压力，而又回到吸收器中。溶液由吸收器—发生器—吸收器的循环将低压制冷剂蒸气转变为高压制冷剂蒸气。这里所谓的发生器即是产生制冷剂的部件。

制冷剂循环由冷凝器、膨胀阀、蒸发器等组成。由发生器G出来的制冷剂蒸气在冷凝器C中冷凝成高压液体，同时释放出冷凝热量。高压液体经膨胀阀EV节流到蒸发压力，进入蒸发器E中。低压制冷剂液体在蒸发器中蒸发成低压蒸气，并同时从外界吸取热量（实现制冷）。低压制冷剂蒸气进入吸收器A中，而后由吸收器、发生器组成的溶液循环将低压制冷剂蒸气转变成高压蒸气。

吸收式制冷机中制冷剂循环的冷凝、蒸发、节流三个过程与蒸气压缩式制冷机是相同的，不同的是低压蒸气转变为高压蒸气的方法。蒸气压缩式制冷是利用压缩机来实现的，消耗机械能；吸收式制冷机是利用吸收器、发生器等组成的溶液循环来实现的，消耗热能。

在空调工程中，吸收式制冷机中所用的二元混合物主要是溴化锂水溶液，水为制冷剂，溴化锂为吸收剂。溴化锂（LiBr）是无色结晶物，分子量为86.856，溶点549℃，沸点1265℃，无毒，化学稳定性好，在大气中不变质、不分解和不挥发。溴化锂水溶液是无色液体，有咸味，对一般金属（如碳钢、紫铜）具有强烈的腐蚀性，溴化锂水溶液浓度越高，吸收水蒸气的能力越强。

吸收式制冷机的效率常用热力系数衡量。热力系数的定义为：

$$\xi = \frac{Q_e}{Q_g} \qquad (7-1)$$

式中　Q_e——吸收式制冷机的制冷量，即蒸发器中吸取的热量，kW；

Q_g——发生器中消耗的热量，kW。

7.3.2　直燃型溴化锂吸收式冷热水机组

直燃型溴化锂吸收式冷热水机组（简称直燃机）有两个发生器，一个称为高压发生器，另一个称为低压发生器。其高压发生器实际上是一个锅筒式火管锅炉，燃气或燃油在炉膛中直接燃烧，加热稀溶液，制取高温水蒸气。高温水蒸气作为热源又进入低压发生器，加热低压发生器中的稀溶液，同时产生水蒸气。

直燃机既可用于夏季供冷，又可用于冬季供热，必要时还可提供生活热水。如图7-15所示，直燃机在高压发生器的上方设置一个热水器，机组制热运行时，关闭与高压发生器1相连管路上的A、B、C阀，热水器借助高压发生器所产生的高温蒸汽的凝结热来加热管内热水，凝水则流回高压发生器。制冷运行时，开启A、B、C阀，机组按串联流程双效溴化锂吸收式制冷机的原理工作，制取冷水，也可以在制取冷水的同时制取生活热水。

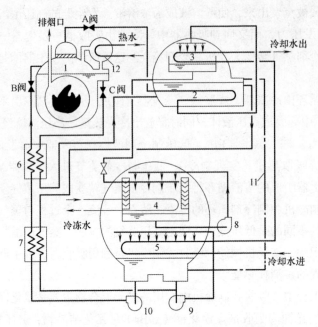

图7-15 设置热水器的直燃机工作原理图

1—高压发生器；2—低压发生器；3—冷凝器；4—蒸发器；5—吸收器；6—高温热交换器；
7—低温热交换器；8—蒸发器泵；9—吸收器泵；10—发生器泵；11—防晶管；12—热水器

7.4 冷源水系统

7.4.1 冷冻水系统

冷冻水系统是指空调冷冻水在冷水机组的蒸发器内将热量传给制冷剂，温度降低，然后被送入空调设备的表冷器或冷却盘管内，与被处理的空气进行热交换。热交换过程中吸收热量，温度升高，然后再回到冷水机组内进行循环再冷却。

1．冷冻水系统的形式

空调水系统根据配管形式、水泵配置、调节方式等的不同，可以设计成不同的系统类型。空调冷水系统，按照系统水压特征，可分为开式循环和闭式循环；按照冷、热管道的设置方式，可分为两管制水系统、四管制水系统和分区两管制水系统；按照空调末端设备的水流程，可分为同程式系统和异程式系统；按照末端用户侧水流量的特征，可分为定流量系统和变流量系统；按系统中循环泵的配置方式，可分为单级泵系统和双级泵系统。

（1）开式系统和闭式系统

如图7-16所示，开式系统的管路系统与大气相通，而闭式系统的管路系统与大气不相通或仅在膨胀水箱处局部与大气有接触。凡采用淋水室处理空气或回水直接进入水箱，再经冷却处理后经泵送到系统中的水系统均属于开式系统。开式系统中的水质易脏，管路和设备易腐蚀，且为了克服系统静水压头，水泵的能耗大，因此空调冷冻水系统很少采用开式系统。开式系统适用于利用蓄冷水池节能的空调水系统中。

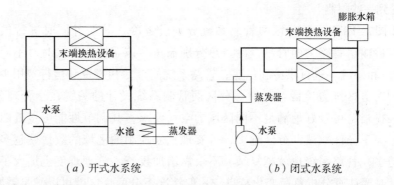

（a）开式水系统　　　　　　（b）闭式水系统

图7-16　开式系统和闭式系统

与开式系统相比，闭式系统水泵能耗小，系统中的管路和设备不易产生污垢和腐蚀。闭式系统最高点通常设置膨胀水箱，以便定压和补充或容纳水温度变化膨胀的水量。

空调水系统一般采用闭式循环。

（2）两管制、三管制、四管制及分区两管制水系统

如图7-17所示，两管制系统只有一供一回两根水管，供冷和供热采用同一管网系统，随季节的变化而进行转换。两管制系统简单，施工方便，但是不能用于同时需要供冷和供热的场所。

三管制系统分别设置供冷管路、供热管路、换热设备管路三根水管，其冷水与热水的回水管共用。三管制系统能够同时满足供冷和供热的要求，管路系统较四管制简单，但是比两管制复杂，投资也较高，且存在冷、热回水的混合损失。

四管制系统的冷水和热水完全单独设置供水管和回水管，可以满足高质量空调环境的要求。四管制系统的各末端设备可随时自由选择供热或供冷的运行模式，相互没有干扰，所服务的空调区域均能独立控制温度等参数。由于冷水和热水在管路和末端设备中完全分离，不像三管制系统那样存在冷热抵消的问题，有

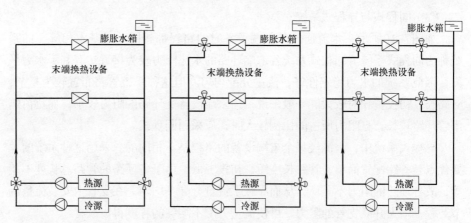

图7-17　两管制、三管制、四管制系统

助于系统的稳定运行和节省能源。但四管制系统由于管路较多，系统设计较为复杂，且管道占用空间大、投资较大，运行管理也相对复杂，这些缺点使该系统的使用受到一些限制。

如图7-18所示，分区两管制系统分别设置冷、热源并同时进行供冷与供热，但输送管路为两管制，冷、热分别输送。该系统能够同时对不同区域（如内区和外区）进行供冷和供热；管路系统简单，初投资和运行费用少；但需要同时分区配置冷源与热源。分区两管制系统设计的关键在于合理分区，如分区得当，可较好地满足不同区域的空气要求，其调节性能可接近四管制系统。关于分区数量，分区越多，可实现独立控制的区域的数量就越多。但分区越多，管路系统也就越复杂，不仅需增加投资，管理难度也加大了，因此设计时要认真分析负荷变化特点，一般情况下分两个区就可以满足需要了。如果在一个建筑里，因内、外区和朝向引起的负荷差异都比较明显，也可以考虑分三个区。

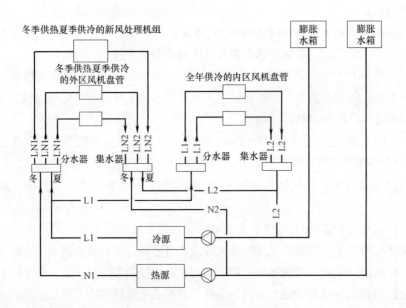

图7-18 分区两管制系统

（3）同程式与异程式系统

如图7-19所示，水流通过各末端设备时的路程都相同（或基本相等）的系统称为同程式系统。同程式系统各末端环路的水流阻力较为接近，有利于水力平衡，因此系统的水力稳定性好，流量分配均匀。但这种系统管路布置较为复杂，管路长，初投资相对较大。一般来说，当末端设备支环路的阻力较小，而负荷侧干管环路较长，且阻力所占的比例较大时，应采用同程式。

异程式系统中，水流经每个末端设备的路程是不相同的。采用这种系统的主要优点是管路配置简单，管路长度短，初投资低。由于各环路的管路总长度不相等，故各环路的阻力不平衡，从而导致了流量分配不均匀。在支管上安装流量调节装置，增大并联支管的阻力，可使流量分配不均匀的程度得以改善。

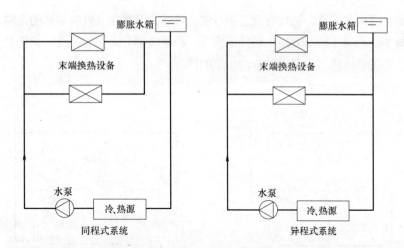

图7-19 同程式
与异程式系统

同程式系统

异程式系统

（4）定流量与变流量系统

如图7-20所示，定流量系统中循环水量为定值，或夏季和冬季分别采用不同的定水量，通过改变供、回水温度来适应空调负荷的变化。定水量系统简单，操作方便，不需要复杂的自控设备和变水量定压控制。用户采用三通阀改变通过表冷器的水量，各用户之间互不干扰，运行较稳定。但这种系统的系统水量均按最大负荷确定，配管设计时不能考虑同时使用系数；输送能耗始终处于最大值，不利于节能。

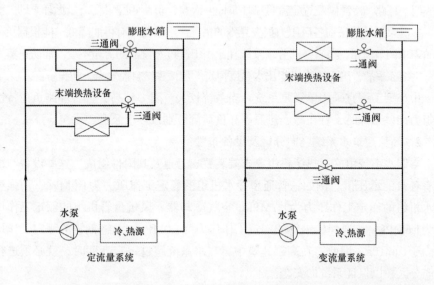

图7-20 定流量
与变流量系统

定流量系统

变流量系统

所谓变流量系统是指系统中供、回水温度保持不变，通过改变供水量来适应空调负荷的变化。变水量系统的水泵的能耗随负荷减少而降低，在配管设计时可考虑同时使用系数，相应减小管径，降低水泵和管道系统的初投资。但是需要采用供、回水压差进行流量控制，自控系统较复杂。

（5）单级泵系统与双级泵系统

如图7-21所示，在冷、热源侧和负荷侧合用一组循环泵的称为单级泵系统。

单级泵系统构造简单，初投资低；运行安全可靠，不存在蒸发器冻结的危险。但该系统不能适应各区压力损失悬殊的情况，在绝大部分运行时间内，系统处于大流量、小温差的状态，不利于节约水泵的能耗。

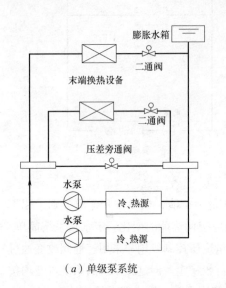（a）单级泵系统　　　　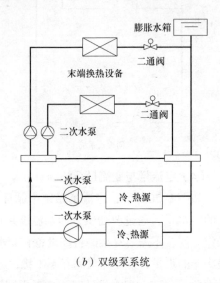（b）双级泵系统

图7-21　单级泵与双级泵系统

在冷、热源侧和负荷侧分别配置循环泵的称为双级泵系统。冷、热源侧与负荷侧分成两个环路，冷源侧配置定流量循环泵即一次泵，负荷侧配置变流量循环泵即二次泵。二次泵系统能适应各区压力损失悬殊的情况，水泵扬程有可能降低；能根据负荷侧的需求调节流量，节省一部分水泵能耗；由于流过蒸发器的流量不变，能防止蒸发器发生结冻事故，确保冷水机组出水温度恒定。但该系统自控复杂，初投资高。

中小型工程宜采用单级泵系统。当系统较大、阻力较高，且各环路负荷特性或阻力相差悬殊时，宜在冷、热源侧和负荷侧分别设一次泵和二次泵。

2. 高层建筑水系统竖向分区及设备布置

空调水系统由冷、热源机组、末端装置、管道及其附件组成。这些设备与部件有各自的承压值。例如，普通型冷水机组的额定工作压力为1.0MPa；加强型冷水机组的额定工作压力为1.7MPa；空气冷却器、风机盘管机组的额定工作压力为1.6MPa；普通焊接钢管的额定工作压力为1.0MPa；无缝钢管的额定工作压力大于1.6MPa。因此，在高层建筑中，当水系统超过一定高度时，就必须进行竖向分区，以保证系统的安全。

（1）竖向分区

水系统的竖向分区应根据设备、管道及附件等的承压能力确定。分区的目的是避免因压力过大造成系统泄漏。如果制冷空调设备、管道及附件等的承压能力处在允许范围内就不应分区，以免造成浪费。

系统静水压力$P_s \leqslant 1.0$MPa时，冷水机组可集中设于地下室，水系统竖向可不分区。

系统静水压力 P_s > 1.0MPa时，竖向应分区。一般宜采用中间设备层布置热交换器的供水模式，冷水换热温差宜取1~1.5℃，热水换热温差宜取2~3℃。

（2）设备布置

在多层建筑中，习惯上将冷、热源设备都布置在地下室的设备用房内。若没有地下层，则布置在一层或室外专用的机房（动力中心）内。

在高层建筑中，冷、热源设备通常有以下几种布置方式：

1）冷、热源设备均在地下室，但高区和低区分为两个系统，低区系统用普通型设备，高区系统用加强型设备，如图7-22所示；

2）冷、热源设备布置在塔楼中间技术设备层或避难层内，如图7-23所示；

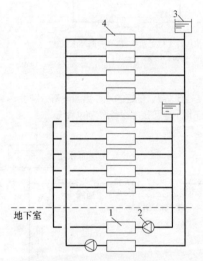

1—冷（热）水机组；2—循环水泵；
3—膨胀水箱；4—用户末端装置

图7-22 冷热源设备设置在地下室的系统

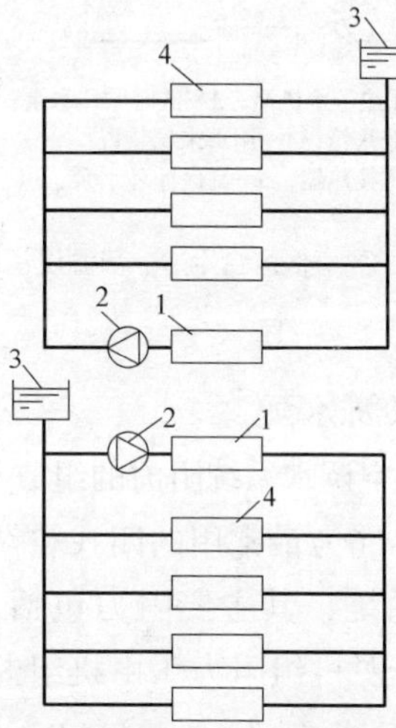

1—冷（热）水机组；2—循环水泵；
3—膨胀水箱；4—用户末端装置

图7-23 冷、热源设备设置在技术设备层的系统

3）高、低区合用冷、热源设备，如图7-24所示。低区采用冷水机组直接供冷。同时在设备层设置板式换热器，作为高、低区水压的分界设备，分段承受水静压力；

4）高、低区的冷热源设备分别设置在地下室和技术设备层内，如图7-25所示。高区的冷水机组可以是水冷机组，也可以用风冷机组，风冷机组一般设置在屋顶上。

（3）水系统的水温

一般舒适性空调水系统的冷、热水温度可按下列推荐值采用：冷冻水供水温度5~9℃，一般取7℃；冷冻水供回水温差5~10℃，一般取5℃；热水供水温度40~65℃，一般取60℃；热水供回水温差4.2~15℃，一般取10℃，宜加大至15℃。

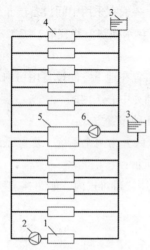

1—冷（热）水机组；2—低区循环水泵；
3—膨胀水箱；4—用户末端装置；
5—板式换热器；6—高区循环水泵

图7-24 高、低区合用冷、热源设备的系统

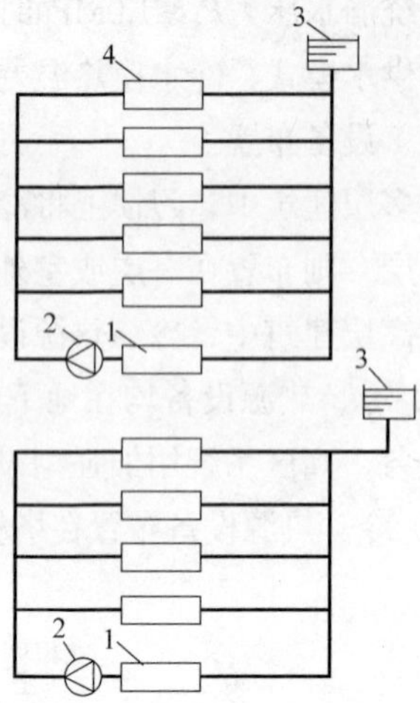

1—冷（热）水机组；2—循环水泵；
3—膨胀水箱；4—用户末端装置

图7-25 高、低区的冷、热源设备分别设置于地下室和技术设备层内的系统

3．冷冻水泵

（1）空调水系统阻力的组成

图7-26为最常用的闭式空调冷冻水系统，其主要阻力包括：冷（热）源机组阻力（由机组制造厂提供，一般为60～100kPa）、空调末端换热设备阻力（末端设备的类型有风机盘管机组、组合式空调器等，其阻力的额定工况值可查阅产品样本）、各种调节阀阻力（可以由设计者根据工程的实际要求来确定）、管路阻力（包括管路沿程阻力和局部阻力）。

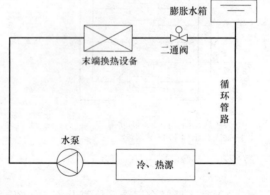

图7-26 典型空调水系统

（2）循环水泵的选用原则

空调水系统循环水泵应按下列原则选用：

1）两管制空气调节水系统，宜分别设置冷水和热水循环泵。当冷水循环泵兼作冬季的热水循环泵使用时，冬、夏季水泵运行的台数及单台水泵的流量、扬程应与系统工况相吻合。

2）一次泵系统的冷水泵以及二次泵系统中一次冷水泵的台数和流量，应与冷水机组的台数及蒸发器的额定流量相对应。

3）二次泵系统的二次冷水泵台数应按系统的分区和每个分区的流量调节方式确定，每个分区不宜少于1台。

4）空气调节热水泵台数应根据供热系统规模和运行调节方式确定，不宜少于2台；严寒及寒冷地区，当热水泵不超过3台时，其中一台宜设置为备用泵。

5）冷水机组和水泵可通过管道一对一连接，也可以通过共用集管连接。

6）多台一次冷水泵之间通过共用集管连接时，每台冷水机组入口或出口管道上宜设电动阀，电动阀宜与对应运行的冷水机组和冷水泵连锁。

选择循环水泵时，应对流量和扬程进行详细计算。

7.4.2　冷却水系统

1．冷却水系统布置形式

冷却水系统的布置形式可分为重力回水式和压力回水式，如图7-27所示。

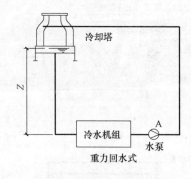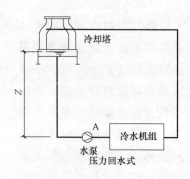

图7-27　冷却水系统的布置形式

重力回水式系统的水泵设置在冷水机组冷却水的出口管路上，经冷却塔冷却后的冷却水借重力流经冷水机组，然后经水泵加压后送至冷却塔进行再冷却。冷凝器只承受静水压力。

压力回水式系统的水泵设置在冷水机组冷却水的入口管路上，经冷却塔冷却后的冷却水借水泵的压力流经冷水机组，然后再进入冷却塔进行再冷却。冷凝器的承压为系统静水压力和水泵全压之和。

2．冷却塔的选择及布置

（1）冷却塔的种类及结构

冷却塔的类型很多，根据循环水在塔内是否与空气直接接触，可分为湿式、干式和干湿式。湿式冷却塔中水与空气直接接触，进行热质交换，从而降低冷却水的温度。干式冷却塔则把冷却水通入安装于冷却塔中的散热器内，冷却水被盘管外的空气冷却。干湿式冷却塔中冷却水在密闭盘管中进行冷却，管外循环水（喷淋水）蒸发冷却对盘管间接换热。

空调制冷常用的冷却塔类型如图7-28～图7-31所示。图7-28、图7-29均为湿式机械通风型冷却塔，利用风机使空气流动。图7-28为逆流式冷却塔，在这种冷却塔中空气与水逆向流动，进出风口高差较大。图7-29为横流式冷却塔，空气沿水平方向流动，冷却水流垂直于空气流动，与逆流式相比，进出风口高差小，塔稍矮，占地面积较大。图7-30为引射式冷却塔，该型冷却塔取消了风机，高速喷水引射空气进行换热，设备尺寸较大。图7-31为干湿式机械通风型冷却塔，冷却水全封闭，不易被污染。

通常在民用建筑和小型工业建筑空调制冷中，宜采用湿式冷却塔，但在冷却水水质要求很高的场所或缺水地区，则宜采用干式冷却塔或干湿式冷却塔。

（2）冷却塔的选择

冷却塔的类型很多，通常在民用建筑和小型工业建筑空调系统中，宜采用湿式冷却塔。冷却塔选型须根据建筑物功能、周围环境条件、场地限制与平面布局等诸多因素综合考虑。对塔型与规格的选择还要考虑当地气象参数、冷却水量、冷却塔进出口水温、水质以及噪声和水雾对周围环境的影响，最后经技术、经济比较确定。

（3）冷却塔的布置

冷却塔运行时，会产生一定的噪声与飘水，因此设计冷却水系统时，必须合理布置冷却塔，充分考虑并注意防止噪声与飘水对周围环境造成影响。

冷却塔设置位置应通风良好，避免气流短路及建筑物高温高湿排气或非洁净气体的影响。当制冷站设在建筑物的地下室，冷却塔可设在通风良好的室外绿化地带或室外地面上；当制冷站为单独建造的单层建筑时，冷却塔可设在制冷站的屋顶或室外地面上；当制冷站设在

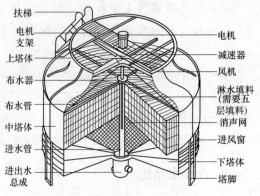

图7-28 逆流式冷却塔

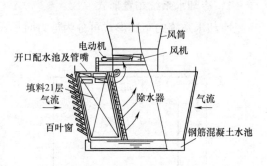

图7-29 横流式冷却塔

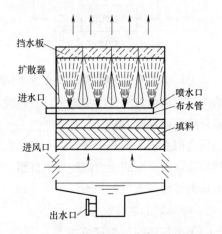

图7-30 引射式冷却塔

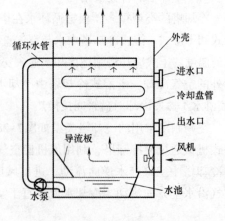

图7-31 干湿式机械通风型冷却塔（闭式冷却塔）

多层建筑或高层建筑的底层或地下室时，冷却塔可设在高层建筑裙房的屋顶上。如果条件不允许这样设置时，可将冷却塔设在高层建筑主（塔）楼的屋顶上，此时应考虑冷水机组冷凝器的承压在允许范围内。

冷却塔台数宜按制冷机台数一对一匹配设计，多台组合塔设置，应保证单个组合体的处理水量与制冷机冷却水量匹配。冷却塔不设备用。多台冷却塔并联使用时，积水盘下应设连通管，或进出水管上均设电动两通阀。多台冷却塔组合在一起使用同一积水盘时，各并联塔之间的风室应做隔断措施。

7.4.3　凝结水系统

1. 凝结水管设置原则

空气处理设备冷凝水管道，应按下列规定设置：

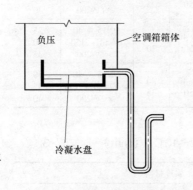

负压　空调箱箱体

冷凝水盘

图7-32　冷凝水盘水封

1）当空气调节设备的冷凝水盘位于机组的正压段时，冷凝水盘的出水口宜设置水封；位于负压段时，应设置水封。水封高度 A 应大于冷凝水盘处正压或负压值，设置方式如图7-32所示。

2）冷凝水盘的泄水支管沿水流方向坡度不宜小于0.01，冷凝水水平干管不宜过长，其坡度不应小于0.003，且不允许有积水部位。

3）冷凝水水平干管始端应设置扫除口。

4）冷凝水管道宜采用排水塑料管或热镀锌钢管，管道应采取防凝露措施。

5）冷凝水排入污水系统时，应有空气隔断措施，冷凝水管不得与室内密闭雨水系统直接连接。

6）冷凝水管管径应按冷凝水的流量和管道坡度确定。

2. 凝结水管管径

空调凝结水管可按末端设备制冷量选用，见表7-1。

空调凝结水管估算表　　　　　　　　　　　　　　　　　表 7-1

冷负荷(kW)	<10	11 ~ 20	21 ~ 100	101 ~ 180	181 ~ 600
DN	20	25	32	40	50
冷负荷(kW)	601 ~ 800	801 ~ 1000	1001 ~ 1500	1501 ~ 12000	>12000
DN	70	80	100	125	150

7.4.4　管路系统的隔热措施

在冷、热介质生产和输送过程中产生冷热损失的部位，以及防止外壁、外表面产生冷凝水的部位，应对设备、管道及其附件、阀门等采取隔热保温措施。绝热工程中，对于热管道，隔热措施的主要目的是为减少散热损失；对于冷管道，则是为减少冷量损失（热量吸入）并防止外表面凝露。

表7-2～表7-5对目前空调工程中最常用的几种性能较好的保冷材料，按不同的介质温度、系统分别给出了设备和管道最小保冷层厚度及凝结水管防凝露厚度。

空气调节供冷管道最小保冷厚度（介质温度≥5℃）（mm）　　表7-2

保冷位置	保冷材料							
	柔性泡沫橡塑管壳、板				玻璃棉管壳			
	Ⅰ类地区		Ⅱ类地区		Ⅰ类地区		Ⅱ类地区	
	管径	厚度	管径	厚度	管径	厚度	管径	厚度
房间吊顶内	$DN15 \sim 25$	13	$DN15 \sim 25$	19	$DN15 \sim 40$	20	$DN15 \sim 40$	20
	$DN32 \sim 80$	15	$DN32 \sim 80$	22	$\geqslant DN50$	25	$DN50 \sim 150$	25
	$\geqslant DN100$	19	$\geqslant DN100$	25			$\geqslant DN200$	30
地下室机房	$DN15 \sim 50$	19	$DN15 \sim 40$	25	$DN15 \sim 40$	25	$DN15 \sim 40$	25
	$DN65 \sim 80$	22	$DN50 \sim 80$	28	$\geqslant DN50$	30	$DN50 \sim 150$	30
	$\geqslant DN100$	25	$\geqslant DN100$	32			$\geqslant DN200$	35
室外	$DN15 \sim 25$	25	$DN15 \sim 32$	32	$DN15 \sim 40$	30	$DN15 \sim 40$	30
	$DN32 \sim 80$	28	$DN40 \sim 80$	36	$\geqslant DN50$	35	$\geqslant DN50 \sim 150$	35
	$\geqslant DN100$	32	$\geqslant DN100$	40			$\geqslant DN200$	40

蓄冰系统管道最小保冷厚度（介质温度≥-10℃）（mm）　　表7-3

保冷位置	管径、设备	保冷材料			
		柔性泡沫橡塑管壳、板		聚氨酯发泡	
		Ⅰ类地区	Ⅱ类地区	Ⅰ类地区	Ⅱ类地区
机房内	$DN15 \sim 40$	25	32	25	30
	$DN50 \sim 100$	32	40	30	40
	$\geqslant DN125$	40	50	40	50
	板式换热器	25	32	—	—
	蓄冰罐、槽	50	60	50	60
室外	$DN15 \sim 40$	32	40	30	40
	$DN50 \sim 100$	40	50	40	50
	$\geqslant DN125$	50	60	50	60
	蓄冰罐、槽	60	70	60	70

空气调节风管最小保冷厚度（mm）　　表7-4

保冷位置		保冷材料			
		玻璃棉板、毡		柔性泡沫橡塑板	
		Ⅰ类地区	Ⅱ类地区	Ⅰ类地区	Ⅱ类地区
常规空气调节（介质温度≥14℃）	在非空气调节房间内	30	40	13	19
	在空气调节房间吊顶内	20	30	9	13
低温送风（介质温度≥4℃）	在非空气调节房间内	40	50	19	25
	在空气调节房间吊顶内	30	40	15	21

空气调节凝结水管防凝露厚度（mm）　　　　表7-5

位置	材料			
	柔性泡沫橡塑管壳		玻璃棉管壳	
	Ⅰ类地区	Ⅱ类地区	Ⅰ类地区	Ⅱ类地区
在空气调节房间吊顶内	6	9	10	10
在非空气调节房间内	9	13	10	15

7.5　VRF系统

1. VRF系统基本概念

VRF（Variable Refrigerant Flow）空调系统即变制冷剂流量多联式空调系统（简称多联机），它是通过控制压缩机的制冷剂循环量和进入室内换热器的制冷剂流量，适时满足室内冷、热负荷要求的直接蒸发式制冷系统。

如图7-33所示，VRF系统由室外机、室内机和冷媒配管三部分组成。一台室外机通过冷媒配管连接到多台室内机，根据室内机电脑板反馈的信号，控制其向内机输送的制冷剂流量和状态，从而实现不同空间的冷热输出要求。

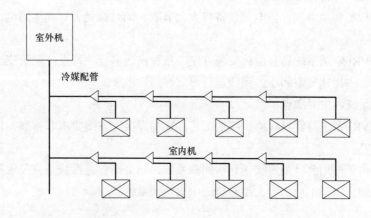

图7-33　VRF系统构成

2. VRF系统工作原理

图7-34是热泵型VRF系统工作原理图，系统通过控制压缩机的制冷剂循环和进入室内换热器的制冷剂流量，适时地满足室内冷热负荷要求，是一种高效率冷剂空调系统。其工作原理是：由控制系统采集室内舒适性参数、室外环境参数和表征制冷系统运行状况的状态参数，根据系统运行优化准则和人体舒适性准则，通过变频等手段调节压缩机输气量，并控制空调系统的风扇、电子膨胀阀等一切可控部件，保证室内环境的舒适性，使空调系统稳定工作在最佳工作状态。

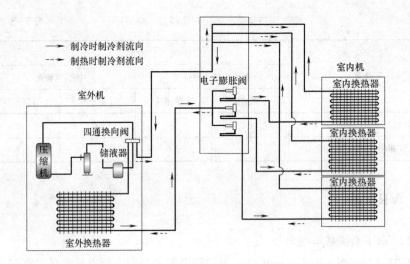

图7-34 VRF系统工作原理图

3．VRF系统的特点

VRF系统的主要优点：

（1）VRF空调系统控制灵活。由于各室内机可以独立控制，因此，系统运行灵活，特别适合于各房间使用时间不一致的建筑。

（2）VRF空调系统具有一定的节能、舒适效果。该系统依据室内负荷，在不同转速下连续运行，减少了因压缩机频繁启停造成的能量损失；采用压缩机低频启动，降低了启动电流，使电气设备将大大节能，同时避免了对其他用电设备和电网的冲击。

（3）VRF空调系统具有设计安装方便、布置灵活多变的特点。系统安装无需专用机房，占用建筑空间小，系统运行可靠性高。

VRF系统的主要缺点：

（1）VRF系统对管材材质、制造工艺、现场焊接等方面要求非常高，且其初投资比较高。

（2）由于使用制冷剂直接送到房间蒸发器，制冷剂管道系统垂直及水平长度均受到限制，因此不适用于大型建筑的中央空调系统。

7.6　地源热泵系统

7.6.1　地源热泵系统的分类与构成

1．地源热泵系统的分类

太阳能的47%会被地表吸收，因此，地表浅层蕴藏大量的能量。地表向下1.5～130m，一年四季的温度是相对恒定的，一般在16～20℃左右。只要是以岩土体、地下水或地表水为低温热源，由水源热泵机组、地热能交换系统、建筑物内系统组成的供热空调系统，统称为地源热泵系统。

地源热泵系统根据地热能交换系统形式的不同，分为地埋管地源热泵系统

（简称地埋管系统）、地下水地源热泵系统（简称地下水系统）和地表水地源热泵系统（简称地表水系统）。其中地埋管地源热泵系统，也称地耦合系统或土壤源地源热泵系统。地表水系统中的地表水是一个广义概念，包括河流、湖泊、海水、中水或达到国家排放标准的污水、废水等。由于地表水系统和地下水系统涉及开采利用地表水或地下水，在某些地区可能受到当地政府政策法规的限制。三种地源热泵系统的主要区别在于室外地能换热系统，见表7-6。

地源热泵室外地能换热系统的比较 表7-6

比较内容	室外地能换热系统		
	地埋管系统	地下水系统	地表水系统
换热强度	土壤热阻大，换热强度低	水质比地表水好，换热强度高	水热阻小，换热强度比土壤高
运行性能	运行性能比较稳定	运行短期稳定性优于地表水，长期可能变化	气候影响较大
占地面积	较多	较少	不计水体占用面积，占地最少
建设难度	设计难度、施工量及投资较大	设计难度、施工量及投资较小	设计难度、施工量及投资最小
运行维护	基本免维护	维护工作量及费用较大	维护工作量及费用较小
环境影响	基本无明显影响	对地下水及生态的影响有待观测和评估	短期无明显影响，长期有待观测和评估
使用寿命	寿命在50年以上	取决于水井寿命，优质井可达20年以上	取决于换热管或换热器寿命
应用范围	应用范围比较广泛	取决于地下水资源情况	取决于附近是否有大量或大流量水体

2. 地源热泵系统组成及工作原理

（1）系统组成

地源热泵系统主要由地表浅层地能采集系统、热泵机组、建筑物空调采暖系统和控制系统四部分组成。系统示意图如图7-35所示。

图7-35 地源热泵系统示意图

地能采集系统 ←水循环→ 热泵机组 ←水或空气循环→ 建筑物空调采暖系统

1）浅层地能采集系统。指通过水循环或含有防冻剂的水溶液循环将岩土体或地下水、地表水中的热量或冷量采集出来并输送给水源热泵机组的换热系统。通常分为地埋管换热系统、地下水换热系统和地表水换热系统。

2）水源热泵机组。主要有水/水热泵和水/空气热泵两种。

3）室内采暖空调系统。主要有风机盘管系统、地板辐射采暖系统等。

热泵与地能之间的换热介质为水，与建筑物采暖空调末端的换热介质是水或空气。

（2）系统工作原理

地源热泵系统通过输入少量的电能，最大限度地利用地表浅层能量，实现由低温位向高温位或由高温位向低温位的转换。即在冬季，把地下的热量"取"出来，经过热泵进一步换热后为室内供暖，同时将冷能传输到地下；在夏季，把地下的冷能"取"出来，经过热泵进一步制冷后供室内使用，同时将热能释放到地下。

3. 地源热泵系统的特点

（1）利用可再生能源。地源热泵从常温土壤或地表水（地下水）中吸热或向其排热，利用地是可再生的清洁能源，可持续使用。

（2）高效节能、运行费用低。地源热泵的冷热源温度一年四季相对稳定，冬季比环境空气温度高，夏季比环境空气温度低，这种温度特性使得地源热泵比传统空调系统运行效率高40%。另外，地能温度较恒定，使得热泵机组运行更稳定、可靠，也保证了系统的高效性和经济性。这些特性使整个系统的维修量极少，折旧费和维修费大大低于传统空调，所以其运行费用比传统集中式空调系统低40%左右。

（3）节水、省地。不消耗水资源，不会对其造成污染；省去了锅炉房及附属煤场、储油房、冷却塔等设施，机房面积大大小于传统的空调系统，既节省了建筑空间，也有利于建筑的美观。

（4）环境效益显著。该系统的运行没有任何污染，可以建造在居民区内。供热时无燃烧和排烟，也无废弃物，不需要堆放燃料废物的场地，因此不会产生城市热岛效应。外部噪声低，对环境非常友好。

（5）运行安全可靠。地源热泵系统中无燃烧设备，因此运行中不产生CO_2、CO之类的废气，也不存在丙烷气体，因而不会有爆炸危险，使用安全。

（6）一机多用，应用范围广。地源热泵系统可供暖、制冷、供生活热水，一套系统可以代替原来的锅炉加制冷机两套装置或系统。可应用于宾馆、商场、办公楼、学校等建筑，更适合于住宅的采暖、制冷。

（7）自动化控制程度高。地源热泵机组由于工况稳定，所以系统简单、部件较少、机组运行简单可靠、维护费用低，易于实现较高程度地自动控制，可无人值守。

（8）机组使用寿命长，均在20年以上。

7.6.2 土壤源地源热泵系统

1. 土壤源地源热泵系统分类

土壤源地源热泵系统是以土壤为热源和热汇。它是利用地下土壤温度相对稳定的特性，通过消耗少量高位能（电能），在夏季把室内余热转移到土壤热源中，在冬季把低位能转移到需要供热的地方。同时，可以提供生活热水，是一种高效、节能的空调装置。系统中最主要的设备之一是室外地表浅层换热器。

如图7-36所示，根据埋地换热器埋管方式的不同，土壤源地源热泵系统可分为水平式埋管换热器系统和竖直式埋管换热器系统。

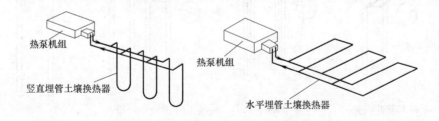

图7-36 埋地换热器的敷设方式

热泵机组
竖直埋管土壤换热器
热泵机组
水平埋管土壤换热器

水平式埋管的埋深通常为1.2～3.0m，常采用单层或多层串、并联水平平铺埋管，每管沟埋1～6根管子。管沟长度取决于土壤状态和管沟内管子的数量与长度。水平式埋管的特点是施工方便、造价低，但换热效果差，受地面温度波动影响大，热泵运行不稳定。且占地面积较大，一般用于地表面积不受限制的场合。图7-37给出了水平地埋管换热器常见的一些布置形式。其中，图7-37（a）是双管水平式布置的图例，左边的常称为并排方式，右边的称为上下排方式；图7-37（b）是四管水平式布置的图例，它可以表示双环路或四环路热交换器；图7-37（c）是双层六管水平式布置的图例，它可以表示三环路或六环路热交换器。

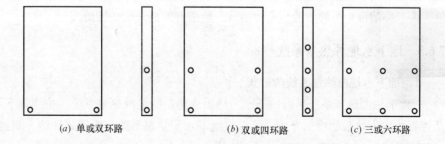

图7-37 几种常见的水平地埋管换热器形式

(a) 单或双环路　　　　(b) 双或四环路　　　　(c) 三或六环路

竖直式根据埋深分为浅埋和深埋两种，浅埋埋深为8～10m，深埋埋深为33～180m，一般埋深为23～92m。竖直式埋管换热器的特点是占地面积小，土壤温度全年比较稳定，热泵运行稳定，所需的管材较少，流动阻力损失小，但初投资（钻孔、打井等土建费用）大。竖直地埋管换热器的构造有多种，主要有竖直U形埋管与竖直套管。图7-38给出了其中几种，采用较多地是图7-38（a）所示的形式，其每个竖井中布置单根U形管热交换器，各U形管作并联同程连接。此外，图7-38（b）所示为每个竖井中布置两根U形管热交换器。图7-38（c）是一种由两个竖井组成一个环路的布置方式，在预布置时，各竖井的间距可为4～6m，以降低各竖井间的相互热干扰和长时间的热积聚。图7-38（d）所示为竖直套管式形式。

2. 地埋管管材与传热介质

地埋管管材的选择，对初装费用、维护费用、水泵扬程和热泵的性能等都有

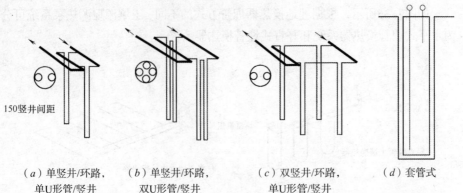

（a）单竖井/环路，　　（b）单竖井/环路，　　　　（c）双竖井/环路，　　（d）套管式
　单U形管/竖井　　　　双U形管/竖井　　　　　　单U形管/竖井

图7-38　竖直式热交换器典型环路构造

影响。地埋管管材及管件应符合设计要求，且应具有质量检验报告和生产厂的合格证。地埋管管材及管件应符合下列规定：地埋管应采用化学稳定性好、耐腐蚀、导热系数大、流动阻力小的塑料管材及管件，宜采用聚乙烯管（PE80或PE100）或聚丁烯管（PB），不宜采用聚氯乙烯（PVC）管。管件与管材应为相同材料。管材的公称压力不应小于1.0MPa。

传热介质应以水为首选，也可选用符合下列要求的其他介质：安全，腐蚀性弱，与地埋管管材无化学反应；较低的冰点；良好的传热特性，较低的摩擦阻力；易于购买、运输和储存，如氯化钠溶液、氯化钙溶液、乙二醇溶液、丙醇溶液、丙二醇溶液、甲醇溶液、乙醇溶液、醋酸钾溶液及碳酸钾溶液。

7.6.3　地下水地源热泵系统

1. 地下水地源热泵系统的形式

地下水源热泵系统是以地下水为热源或热汇的地源热泵系统。按照地下水是否直接作为热泵的冷却介质，可以将地下水源热泵系统分为闭式环路（间接）地下水系统和开式环路（直接）地下水系统。

闭式环路地下水系统中，热交换器把地下水和热泵机组隔开，采用小温差换热的方式运行。系统所用地下水由单个或供水井群提供，然后排入地下回灌。闭式环路地下水系统有多种形式，在冬季制热工况下，主要有带有蓄热设备的分区地下水热泵系统、带有锅炉的分区地下水热泵系统和带有锅炉的集中地下水源热泵系统，系统示意如图7-39所示。制热工况下可以使用锅炉来辅助制热水，限制所需的地下水源系统的规模；在制冷工况下，闭式冷却塔或其他散热装置也能起到辅助制冷却水的作用。

开式地下水热泵系统是将地下水经处理后直接供给并联连接的每台热泵，与热泵中的循环工质进行热量交换后回灌，图7-40为一个开式地下水系统示意图。系统定压由井泵和隔膜式膨胀罐来完成。由于地下水中含杂质，易将管道堵塞，甚至腐蚀损坏，所以地下水源热泵适用于系统设备、管道材质适于水源水质，或者具有较完善的水处理、防腐防堵措施的系统。

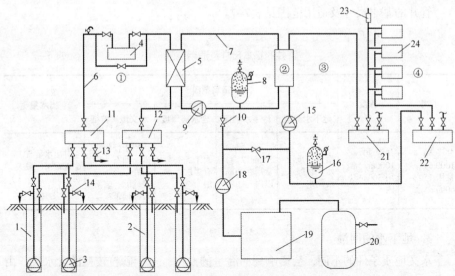

图7-39 中央闭式环路地下水源热泵空调系统图

①一地下水换热系统；②一水源热泵机组；③一热媒或冷媒管路系统；④一空调末端系统
1一生产井群；2一回灌井群；3一潜水泵；4一除砂设备；5一板式换热器；6一一次水环路系统；
7一二次水环路系统；8一二次水管路定压装置；9一二次水循环泵；10一二次水环路补水阀；
11一生产井转换阀门组；12一回水井转换阀门组；13一排污与泄水阀；14一排污与回扬阀；
15一热媒或冷媒循环泵；16一热媒或冷媒管路系统定压装置；17一热媒或冷媒管路系统补水阀；
18一补给水泵；19一补给水箱；20一水处理设备；21一分水缸；22一集水器；23一放气装置；
24一风机盘管

2. 热源井

热源井是地下水源热泵空调系统的抽水井和回灌井的总称。热源井的主要形式有管井、大口井、辐射井等，管井是目前地下水源热泵空调系统中最常见的。

管井的构造如图7-41所示，主要由井室、井壁管、过滤器、沉淀管等部分组成。

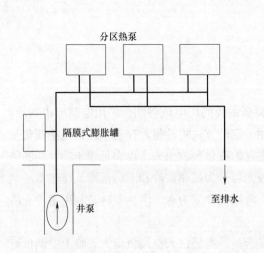

1一井室；2一井管壁；3一过滤器；
4一沉淀管；5一黏土封闭；6一规格填砾

图7-40 开式地下水系统 　　　　　　图7-41 管井构造的示意图

管井的基本尺寸及适用范围见表7-7。

管井的基本尺寸及适用范围　　　　　表 7-7

尺寸	深度	适用范围				出水量
		地下水类型	地下水埋深	含水层厚度	水文地质特征	
井径 50 ~ 1000mm，常用 150 ~ 600mm	井深 20 ~ 1000m，常用 300m 以内	潜水、承压水、裂隙水、溶洞水	200m 以内，常用在 70m 以内	大于 5m 或有多层含水层	适用于任何砂、卵石、砾石底层及构造裂缝隙、岩溶裂隙地带	单井出水量 500 ~ 6000m³/d，最大可达到 (2 ~ 3) × 10⁴m³ / d

3. 地下水的回灌

水文地质条件的不同，会影响到回灌量的大小。对于砂粒较粗的含水层，由于孔隙较大，回灌比较容易。但在细砂含水层中，回灌的速度大大低于抽水速度。表7-8列出了国内针对不同地下含水层情况，典型的灌抽比、井的布置和单井出水量情况。

不同地质条件下的地下水系统设计参数　　　　　表 7-8

含水层类型	灌抽比 (%)	井的布置	井的流量 (t/h)
砾石	> 80	一抽一灌	200
中粗砂	50 ~ 70	一抽二灌	100
细砂	30 ~ 50	一抽三灌	50

7.7　蓄冷空调系统

7.7.1　蓄冷空调技术的原理

1. 基本概念

蓄冷空调技术，即是在电力负荷低的夜间用电低谷期，采用电制冷机制冷，利用蓄冷介质的显热或潜热特性，用一定的方式将冷量贮存起来。再在空调负荷高的白天，也就是用电高峰期，把贮存的冷量释放出来，以满足建筑物空调的需要。根据蓄冷形式不同，蓄冷空调技术可分为显热蓄冷和潜热蓄冷。显热蓄冷是通过降低蓄冷介质的温度进行蓄冷，常用的介质为水。潜热蓄冷是利用蓄冷介质发生相变来蓄冷，常用的介质为冰。

蓄冷空调技术主要适用于两类场合：一类是白天空调负荷大、晚上空调负荷小的场合，如办公楼、写字楼、商场等；另一类是空调周期性使用，空调负荷只集中在某一个时段的场合，如影剧院、体育馆、大会堂、教堂、餐厅等。蓄冷空调系统转移了制冷机组的用电时间，起到了转移电力高峰负荷的作用，使得蓄冷空调技术成为移峰填谷的一种重要手段。应用蓄冷空调技术是否经济取决于当地电力部门的峰谷电价政策，峰谷电价差值越大，蓄冷空调系统所节省的运行费用越多。

2. 蓄冷设计模式与控制策略

（1）设计模式

蓄冷系统设计中，首先应考虑的问题是蓄冷装置容量的大小。通常蓄冷容量越大，初投资越大，而制冷机开机时间越短，运行电费则更省。按照蓄冷设计思想（运行策略），系统设计中需对蓄冷装置和制冷机二者供冷的份额做出合理安排，即对设计模式加以选择。蓄冷模式的确立应以设计循环周期（即设计日或周等）内建筑物的负荷特性及冷量需求为基础，同时还应综合考虑电费结构及其他一些具体设计条件。工程中常用的蓄冷设计模式有两种，即全负荷蓄冷和部分负荷蓄冷。

1）全负荷蓄冷

全负荷蓄冷即将建筑物典型设计日（或周）白天用电高峰时段的冷负荷全部转移到电力低谷时段，启动制冷机进行蓄冷；在白天运行时制冷机组不运行，而由蓄冷装置释冷，承担空调所需的全部冷量。图7-42是全负荷蓄冷模式的示例，例如采用常规空调系统，制冷机容量系按周期内的最大冷负荷确定为1000kW。图中面积A表示用电低谷期（下午6时至次日上午8时）的全部蓄冷量，制冷机在该运行时段内的平均制冷量约为590kW。可以看出，这一模式下蓄冷系统需要配置较大容量的制冷机和蓄冷装置，虽然节省了运行电费，但其设备投资增加，蓄冷装置占地面积也会增大。因此，除非建筑物峰值需冷量大且用冷时间短，一般不宜采用这种设计模式。

2）部分负荷蓄冷

部分负荷蓄冷就是按建筑物典型设计日或周全天所需冷量部分由蓄冷装置供给，部分由制冷机供给，制冷机在全天蓄冷与用冷时段，基本上24小时持续运行。图7-43是部分负荷蓄冷模式的示例，图中面积D是制冷机在用电低谷期的蓄

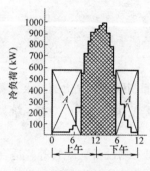

图7-42　全负荷蓄冷模式

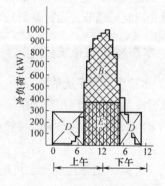

图7-43　部分负荷蓄冷模式

冷量，面积*E*则代表同一制冷机在电力峰值期运行的供冷量（注意其上部曲线位置要比面积*D*高）。显然，部分负荷蓄冷不仅蓄冷装置容量减小，由于制冷机利用效率的提高，其装机容量大幅降低至约400kW左右，是一种更为经济有效的蓄冷设计模式。

（2）控制策略

蓄冷空调系统在运行中的负荷管理或控制策略关系到能否最终确保蓄冷空调的使用效果，并尽可能获取最大效益。原则上应使蓄冷装置充分发挥其在电力非高峰期的蓄冷作用，保证在高峰期内满足负荷要求，且应尽可能使制冷机保持长时间处在满负荷、高效率、低能耗的条件下运行。

全负荷蓄冷中只存在制冷机蓄冷和蓄冷装置供冷两种运行工况，二者在时间上截然分开。运行中除设备安全运转、参数检测以及工况转换等常规控制外，无需特别的控制策略。

部分负荷蓄冷涉及制冷机蓄冷，制冷机供冷、蓄冷装置供冷或制冷机和蓄冷装置同时供冷等多种运行工况，在运行中需要合理分配制冷机直接供冷量和蓄冷装置释冷供冷量，使二者能最经济地满足用户的冷量需求。常用的控制策略有3种，即制冷机优先、蓄冷装置优先和优化控制。

1）制冷机优先。尽量使制冷机满负荷供冷，只有当用户需冷量超过制冷机的供冷能力时才启用蓄冷装置，使其承担不足部分。这种控制策略实施简便（尤其对串联流程中制冷机位于上游时），运行可靠，能耗较低，但蓄冷装置利用率不高，不能有效地削减峰值用电、节约运行费用，因而应用不多。

2）蓄冷装置优先。尽量发挥蓄冷装置的释冷供冷能力，只有在其不能满足用户需冷量时才启动制冷机，以补充不足部分供冷量。这种控制策略利于节省电费，但能耗较高，在控制程序上比制冷机优先复杂。它需要在预测用户冷负荷的基础上，计算分配蓄冷装置的释冷量及制冷机的直接供冷量，以保证蓄冷量得到充分利用，又能满足用户的逐时冷负荷的要求。

3）优化控制。根据电价政策，借助于完善的参数检测与控制系统，在负荷预测、分析的基础上最大限度地发挥蓄冷装置的释冷供冷能力，使用户支付的电费最少，也使系统的综合经济性达到最佳。有分析数据表明，采用优化控制比制冷机优先控制可以节省运行电费25%以上。

7.7.2 水蓄冷空调系统

1. 水蓄冷空调系统的特点

水蓄冷系统将空调用冷水机组在电力谷段时间制取的4~6℃的冷水，蓄存在保温的蓄冷水池中，在空调时将蓄存的冷水抽出来使用。水蓄冷空调系统具有如下优点：

（1）可以使用常规的冷水机组、水泵、空调末端设备、配管等，适合于常规空调系统的扩容和改造，可以在不增加制冷机容量的前提下增加供冷量；用于旧系统改造也十分方便，只需增设蓄冷槽，原有的设备仍然可用，所增加的费用不多。

（2）蓄冷、放冷时冷水温度相近，冷水机组在这两种工况下均能维持较高的制冷效率。

（3）可以利用消防水池、原有蓄水设施或地下室等作为蓄冷槽，从而减少初投资。

（4）可以实现蓄热和蓄冷的双重功能，适合于采用热泵系统的地区冬季蓄热、夏季蓄冷，提高蓄冷槽的利用率。

（5）其设备及控制方式与常规空调系统相似，可直接与常规空调系统匹配，运行维护管理方便，无需特殊的技术培训。

水蓄冷系统也存在一些不足：

（1）只能储存水的显热，不能储存潜热，因此需要较大体积的蓄冷槽，其应用受到空间条件的限制。

（2）蓄冷槽体积较大，表面散热损失也相应增加，保温措施需要加强。

（3）蓄冷槽内不同温度的冷水混合会影响蓄冷效率，使蓄存冷水的可用冷量减少。

（4）开式蓄冷槽中的水与空气接触易滋生菌类和藻类，管路易锈蚀，需增加水处理设施。

2. 水蓄冷空调系统的形式

常见的水蓄冷空调系统形式有直接供冷和间接供冷两种方式。

所谓直接供冷就是将蓄冷水槽贮存的冷冻水直接用水泵抽至末端换热设备实现供冷，这种系统属于开式冷冻水供应形式。由于常规的空调系统一般采用闭式冷冻水系统，因此，直接供冷的水蓄冷空调系统应用较少。

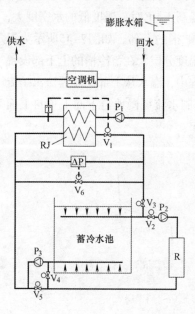

图7-44　间接供冷式系统的流程图

间接供冷是水蓄冷系统中最常用的形式，如图7-44所示。该系统在供冷回路中采用换热器与用户形成间接连接，换热器一侧与水蓄冷槽组成开式回路，而用户侧形成一个闭式回路。这样可使用户侧回路的压力保持稳定，可防止其管路出现氧化腐蚀、有机物及菌藻类繁殖的现象。间接式系统同样可以实现4种运行工况，各工况的设备和阀门运行情况与直接式系统有一定的区别，见表7-9。

间接式系统可根据用户的要求，选用相应的设备承受各种静压，因此，该系统主要适用于高层、超高层空调供冷。由于用户的换热器二次侧回路为闭式流程，水泵扬程降低，故水泵能耗减少，但需增加换热设备及相应的投资。另外，由于系统中设置了中间换热器，其供水温度将比直接供冷提高1～2℃，使系统的蓄冷效率降低。故此形式应根据系统规模大小及供冷条件，进行技术经济比较后再作选择。一般认为，对于高于35m的建筑物，采用间接供冷方式较为经济。

间接供冷式系统的各运行工况 表7-9

工况	P_1	P_2	P_3	V_1	V_2	V_3	V_4	V_5	V_6
蓄冷	关	开	关	关	开	关	开	关	关
制冷机供冷	开	开	关	调节	开	开	关	开	调节
蓄冷槽供冷	开	关	开	调节	关	开	关	开	调节
联合供冷	开	开	开	调节	开	开	关	开	调节

3．水蓄冷槽的类型及其特点

水蓄冷系统储存冷量的大小取决于蓄冷槽储存冷水的数量和蓄冷温差。蓄冷温差是指空调回水与蓄冷槽供水之间的温差，蓄冷温差的维持可以通过降低蓄冷温度、提高回水温度及防止回水与储存的冷水之间混合等措施来实现。蓄冷温度一般为4～7℃，回水温度取决于负荷及末端设备的状况。水蓄冷技术的关键是蓄冷槽的结构形式应能够有效地防止回水与储存的冷水之间混合。就结构形式而言，水蓄冷槽类型主要有以下几种。

（1）温度分层型

温度分层型水蓄冷槽是最简单、有效和经济的一种蓄冷槽形式。水蓄冷槽中水温的分布是按照其密度自然地进行分层，水温高于4℃时，温度低的水密度大，位于贮槽的下部，而温度高的水密度小，位于贮槽的上部。如图7-45所示为温度分层型蓄冷槽的温度分布示意图。为了实现温度分层，在蓄冷槽的上下部设置了均匀分配水流的稳流器。在蓄冷（释冷）过程中，温水从上部稳流器流出（流入），冷水从下部稳流器流入（流出），并且控制水流缓慢地自下而上（自上而下）平移运动，在蓄冷槽内形成稳定的温度分布。

（a）自然分层蓄冷槽

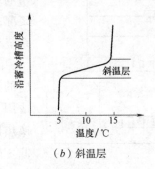

（b）斜温层

图7-45 自然分层蓄冷槽及斜温层示意图

在上部温水区和下部冷水区之间存在一个温度剧变层，即斜温层，依靠稳定的斜温层可阻止下部的冷水与上部的温水混合。当蓄冷时，随着冷水不断从下部送入和温水不断从上部被抽出，斜温层逐渐上移，当斜温层在蓄冷槽顶部被抽出时，抽出温水的温度急剧降低。反之，当释冷时，随着温水不断从上部流入和冷水不断从下部被抽出，斜温层逐渐下降，当斜温层在蓄冷槽底部被抽出时，蓄冷槽的供冷水温度急剧升高。因此，蓄冷槽实际释放的冷量小于理论可用蓄冷量，若设计合理，实际释放的冷量一般可以达到理论可用蓄冷量的90%。

（2）迷宫型

迷宫型蓄冷槽是指采用隔板将大蓄冷槽分隔成多个单元格，水流按照设计的路线依次流过每个单元格。如果单元格的数量较多，可以控制整体蓄冷槽的冷温水的混合，蓄冷槽的供冷水温度变化缓慢。图7-46所示为迷宫型蓄冷槽的水流线路图，蓄冷时的水流方向与释冷时的水流方向刚好相反。单元格的连接方式有堰式和连通管式两种，图7-46中的断面图便是堰式连接的示意图，蓄冷时的水流方向为下进上出，释冷时的水流方向为上进下出。堰式结构简单，节省空间，适于单元格数量多的场合，在工程中应用较多。

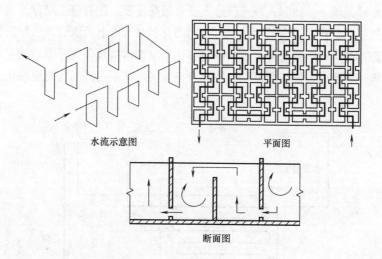

水流示意图　　　　　　　　平面图

断面图

图7-46 迷宫式蓄冷槽的水流路线

虽然整体上蓄冷槽冷温水的混合能得到较好的控制，但在相邻两个单元格之间仍然存在局部的混合现象。另外，迷宫型蓄冷槽表面积与容积之比偏高，使冷损失增加，蓄冷效率下降。蓄冷槽中水流速度的控制非常重要，若水流速度过高，会导致水流扰动，加剧冷温水的混合；若水流速度过低，会在单元格中形成死区，冷量不能充分利用，降低蓄冷系统的容量。

7.7.3 冰蓄冷空调系统

冰蓄冷系统利用冰的溶解热进行蓄热。由于冰的溶解热（335kJ/kg）远高于水的比热，采用冰蓄冷时蓄冰池的容积比蓄冷水池的容积小得多，通常冰蓄冷时单位蓄冷量所要求的容积仅为水蓄冷时的17%左右。

总体而言，可以根据蓄冰系统所用冷媒的不同，将冰蓄冷空调系统分为间接冷媒式和直接蒸发式。所谓直接蒸发式，是指制冷系统的蒸发器直接用作制冰元件，来自膨胀阀的制冷剂进入蓄冰槽盘管内吸热蒸发，使盘管外的水结冰。直接蒸发方式以蓄冰槽代替蒸发器，制冷剂与冷冻水只发生一次热交换，制冷机的蒸发温度比间接方式有所提高，但长度较长的蒸发盘管浸泡在蓄冰槽内，容易引起管路腐蚀，发生制冷剂泄漏，而且蒸发盘管内的润滑油易于沉积。因此，这种方式用于一些小型蓄冰装置和冰片滑落式蓄冰装置。

间接冷媒式使用载冷剂在蒸发器中与制冷剂进行换热，冷却到0℃以下后被送入蓄冰槽的盘管内，使盘管外的水结冰。这种方式大大降低了制冷剂泄漏的可能性，不存在润滑油沉积的问题，提高了运行的可靠性，在冰蓄冷空调系统中得到广泛使用。其载冷剂一般采用浓度为25%的乙二醇溶液。

1. 蓄冰装置

（1）冰盘管式

根据融冰方式的不同，冰盘管式蓄冰可以分为内融冰方式和外融冰方式。

外融冰蓄冷系统可以采用间接冷媒式和直接蒸发式。图7-47为直接蒸发式外融冰蓄冷系统。蓄冰时，制冷剂进入盘管吸热蒸发，使管壁上结冰，当冰层达到规定厚度时结束蓄冰，蓄冰结束时槽内需保持50%以上的水量，以便进行抽水融冰。融冰时，冷水泵将蓄冰槽内的冷水送至空调末端设备，升温后的空调回水进入结满冰的盘管外侧空间流动，使盘管外表面的冰层由外向内逐渐融化。

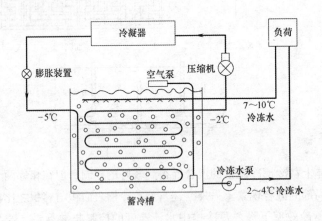

图7-47 直接蒸发式外融冰蓄冷系统

内融冰蓄冷系统均采用间接冷媒式，如图7-48所示。蓄冰时，低温的载冷剂在盘管内循环，将盘管外的水逐渐冷却至结冰。融冰时，从空调负荷端流回的升温后的载冷剂在盘管内循环，将盘管外表面的冰层由内向外逐渐融化，使载冷剂冷却到需要的温度，以供应空调负荷的需要。

内融冰蓄冷装置的蓄冰率较大，为50%～70%。由于内层冰融化后形成的水膜层产生较大的换热热阻，因此内融冰的融冰速度不如外融冰方式。常用的内融

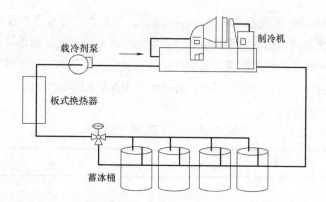

图7-48 内融冰
蓄冷系统

冰盘管材料有钢和塑料，多采用小管径、薄冰层的方式蓄冰。

（2）封装式

封装式蓄冷是以内部充有水或有机盐溶液的塑料密封容器为蓄冷单元，将许多这种密封件有规则地堆放在蓄冷槽内。蓄冰时，制冷机组提供的低温载冷剂（乙二醇水溶液）进入蓄冷槽，使封装件内的蓄冷介质结冰；释冷时，载冷剂流过密封件之间的空隙，将封装件内的冷量取出。

密封件由高密度聚乙烯材料制成，由于水结冰时约有10%的体积膨胀，为防止冰球形成后体积增大对密封件壳体造成破坏，要预留膨胀空间。密封件按其形状可以分为冰球、冰板、哑铃形。冰球直径为50~100mm，球表面有多处凹窝，结冰时凹处凸起成为平滑的球形。冰板一般为长750mm、宽300mm、厚35mm的长方块，内部有90%的空间充水。哑铃形密封件设计有伸缩折皱，可适应制冰、融冰过程中的膨胀和收缩。在哑铃形密封件的一端或两端有金属芯伸入密封件内部，以促进冰球的热传导，其金属配重作用也可避免密封件在开敞式贮槽制冰时浮起。

2. 冰蓄冷空调系统的循环流程

根据制冷机与蓄冰槽的相对位置不同，冰蓄冷空调系统的循环流程有并联和串联两种形式。

（1）并联式蓄冰空调系统

图7-49所示为并联式蓄冰空调系统流程图，该系统由双工况制冷机、蓄冰

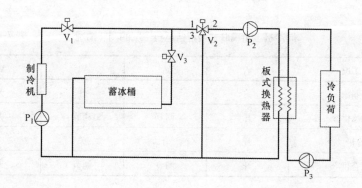

图7-49 并联式
蓄冰空调系统流
程图

槽、板式换热器、初级乙二醇泵P_1、次级乙二醇泵P_2、冷水泵P_3及调节阀等组成，整个系统由两个独立的环路组成，即空调冷水环路和乙二醇溶液环路。两个环路通过板式换热器间接连接，每个环路具有独立的膨胀水箱和工作压力。

该系统可以实现五种运行工况，各种运行工况的调节情况如表7-10所示。

并联式流程各运行工况的调节情况　　　　表7-10

工况	P_1	P_2	V_1	V_2	V_3
制冰	开	关	开	关	开
制冰同时供冷	开	开	开	调节	开
融冰供冷	关	开	关	调节	开
制冷机供冷	开	开	开	1-2连通	关
联合供冷	开	开	开	调节	开

（2）串联式蓄冰空调系统

图7-50所示为串联式流程示意图。该系统可以实现四种运行工况，各种运行工况的调节情况见表7-11。

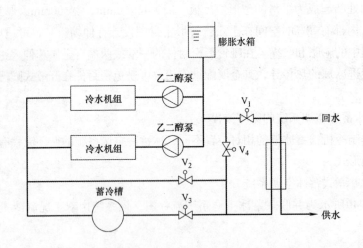

图7-50　制冷机位于上游时串联系统的流程图

制冷机上游串联式流程各运行工况的调节情况　　　　表7-11

工况	V_1	V_2	V_3	V_4
制冰	关	关	开	开
融冰供冷	开	调节	调节	关
制冷机供冷	开	开	关	关
联合供冷	开	调节	调节	关

7.8 热源

7.8.1 锅炉及锅炉房

锅炉是供热之源，锅炉及锅炉房设备生产出蒸汽（或热水），通过热力管道，将蒸汽（或热水）送往热用户，以满足生产工艺或生活供热等方面的需要。通常，我们将用于工业及供暖的锅炉，称为供热锅炉，以区别用于动力、发电的动力锅炉。

1. 供热锅炉类型

锅炉分蒸汽锅炉与热水锅炉两大类。对供热锅炉来说，每一类又可分为低压锅炉与高压锅炉。在蒸汽锅炉中，蒸汽压力小于或等于70kPa的称为低压锅炉，大于70kPa的称为高压锅炉。在热水锅炉中，温度低于115℃的称为低压锅炉，温度高于115℃的称为高压锅炉。低压锅炉用铸铁或钢制造，高压锅炉则完全用钢制造。

锅炉除了使用煤作燃料外，还可使用石油冶炼中产生的轻油、重油等液体燃料及天然气、人工煤气等气体燃料。通常把用煤作为燃料的锅炉，称为"燃煤锅炉"；把用油品、气体作为燃料的锅炉，称为"燃油燃气锅炉"。

当蒸汽锅炉工作时，在锅炉内部要完成三个过程，即燃料的燃烧过程、烟气与水的热交换过程以及水受热的汽化过程。热水锅炉则只完成前两个过程。

2. 锅炉基本构造

锅炉本体的基本组成是汽锅和炉子两大部分。燃料在炉子里燃烧，燃烧的产物——高温烟气以对流和辐射的方式，通过汽锅的受热面把热量传递给汽锅内温度较低的水，使水被加热，形成热水或者沸腾汽化形成蒸汽。为了充分利用高温的热量，在烟气离开锅炉本体之前，应让其先通过省煤器（用来预热锅炉给水的换热器）和空气预热器（用来预热参与炉膛燃烧的空气的换热器）。此外，为了保证锅炉能安全可靠地工作，还应当配备水位表、压力表、温度计、安全阀、主汽阀、排污阀、止回阀等附件。下面介绍两种常用的锅炉设备。

（1）快装锅炉

快装锅炉通常用来生产蒸汽，用煤作为燃料。锅炉整体结构紧凑，已在制造厂完成组装，用户只需在现场按要求接上相应的电源和配管即可投入运行，大大地减少了安装工作量，缩短了施工周期。

图7-51为KZLⅡ-4-13型卧式快装锅炉。在卧式锅筒内，布置了许多烟管，烟管外是需要被加热的水。锅炉燃煤由运煤设备输送到炉前的煤斗内，煤借自重落到链条炉排上，由自前至后移动的炉排带入炉内，随着炉排向后缓慢移动，逐渐完成预热干燥、燃烧、燃尽等各个阶段，最后形成灰渣落入沉渣池。燃烧形成的高温烟气加热锅筒的外壁及四周的水冷壁，然后在炉内向后流去，出炉膛进入下半部烟管。通过对烟管的冲刷来加热烟管外的水，烟气流动至炉前再经前烟箱导入上半部烟管，进一步对水加热。水被加热沸腾形成蒸汽聚集在锅筒上部，经

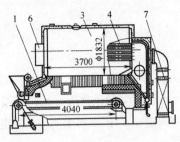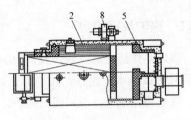

图7-51 KZLⅡ-4-13型快装锅炉

1—链条炉排；2—水冷壁管；3—锅筒；4—烟管；5—下降管；6—前烟箱；7—铸铁省煤器；8—送风机

排气管引出。烟气在炉后汇集进入尾部受热面（省煤器、空气预热器），用其余热对锅炉的进水、进风进行预热，此后烟气经除尘净化后由引风机排入烟囱。

快装锅炉的容量有1t/h、2t/h、4t/h等多种规格，工作压力为0.8MPa和1.3MPa两种，热效率可达50%～60%。

（2）燃油燃气热水锅炉

燃油燃气锅炉可以是蒸汽锅炉，也可以是热水锅炉。这里主要介绍在物业设施设备工程中日益广泛使用的燃油燃气热水锅炉。

图7-52是采用三回火烟气燃烧系统的热水锅炉的原理图。锅炉包括炉体、燃烧器、控制电路等，与进出水系统、供油系统相连接，组成热水供应系统。

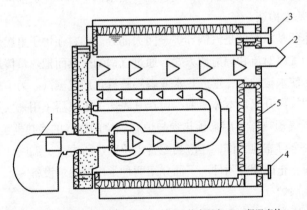

图7-52 燃油燃气热水锅炉

1—燃烧器；2—烟气进口；3—热水出口；4—热水回水；5—保温壳体

炉体大部分采用优质不锈钢制造，保证水质清洁、经久耐用。燃烧器一般用轻质柴油做燃料，根据不同需要也可用重油或天然气做燃料。燃烧器内的高压泵及送风机将柴油雾化后送至燃烧室，自控电路自测油雾浓度，当符合风油比例后，延时2～4s送1万伏高压电点燃油雾。油雾点燃后，由自动电眼感应一定温度后停止高压送电，燃烧器投入正常工作。油气在圆柱状的燃烧室内燃烧，加热四周的回水，烟气流入管状的二极加热面，再经最上方的片形散热管，形成第三回烟管道。这样能充分利用烟气的热量，增强传热效果。热媒回水由下部进入，通过第三回火烟管加热后，从上部离开热水锅炉。

此类热水锅炉的一个显著特点是常压（亦称"无压"）。在热媒回水进锅炉之前宜设置一开式回水箱。锅炉承受地只是水池与锅炉间的水位差压力，此压力很小，因此从根本上消除了蒸汽锅炉存在的爆炸隐患，安全可靠。

3．锅炉房

（1）各种锅炉房的工艺系统

当使用不同的燃料时，锅炉房的工艺流程也会不同。

1）燃煤锅炉房的系统组成

燃煤锅炉房的系统组成，如图7-53所示。除了锅炉本体之外，还包括以下几个子系统：

①运煤、除灰系统。其作用是保证为锅炉运入燃料和送出灰渣。

②送、引风系统。其作用是给炉子送入燃烧所需空气和从锅炉引出燃烧产物烟气，以保证燃烧正常进行，并使烟气以必需的流速冲刷受热面。锅炉的送、引风系统设备主要有送风机、引风机、除尘器和烟囱。

③水、汽系统（包括排污系统）。汽锅内具有一定的压力，因而给水需借给水泵提高压力后送入。此外，为了保证给水质量，避免汽锅内壁结垢或受腐蚀，锅炉房通常还设有水处理设备（包括软化、除氧）。为了储存给水，还需设有一定容量的水箱。锅炉的排污水因具有相当高的温度和压力，因此需排入排污减温池或专设的扩容器，进行膨胀减温。

④仪表控制系统。除了锅炉本体上装有的仪表外，为监督锅炉设备安全经济运行，还常设有一系列的仪表和控制设备，如蒸汽流量计、水量表、烟温计、风压计、排烟二氧化碳指示仪等常用仪表。

2）燃油燃气锅炉房的工艺系统

燃油燃气锅炉房的工艺系统，如图7-54所示。除了燃油燃气锅炉本体外，还包括燃油燃气供应系统、汽水系统及安全控制系统。燃油供给系统主要由贮油罐、输油管道、油泵、室内油箱组成。燃气一般由单独设置的气体调压站，经输气管道送至燃气锅炉。燃油燃气都是易燃易爆物，因此锅炉房的安全保障系统尤为重要。

（2）锅炉的选择

由于煤的贮存、烟气排放、废渣处理等对周围的环境污染十分严重，燃煤锅炉在市区内烟囱的布置难度和施工难度都很大。同时燃煤锅炉占地面积大，防火

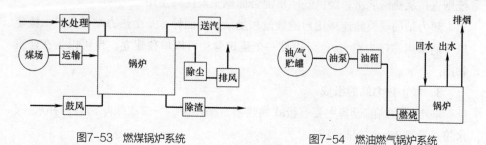

图7-53　燃煤锅炉系统　　　　　　　　图7-54　燃油燃气锅炉系统

防爆要求高，在城市用地日益紧张的今天，难以满足其要求，因而燃煤锅炉房的布置越来越困难。油、气是较清洁的能源，燃油燃气热水锅炉污染物排放浓度基本符合国家关于"三废"的排放标准。而燃油燃气热水锅炉系统简单、结构紧凑，对水质的适应性强，既节省了设备投资，又减少了占地面积，使锅炉房的布置方便、灵活，易于实现，因而应用得越来越多。

7.8.2 城市热力站

1. 城市热力站的基本概念

城市热力站是城市集中供热系统中热网与用户的连接站。其作用是根据热网工况和用户的条件，采用不同的连接方式，将热网输送的供热介质加以调节、转换，向用户系统分配，以满足用户需要，并集中计量、检测供热介质的数量和参数。

热力站按供热形式分为直供站和间供站。直供站是电厂直接供给用户，其温度高、控制难，浪费热能。间供站是以电厂为一次线，小区为二次线，一、二次线管网依靠热力站连接。目前的集中供热均采用间供站。

按照连接用户性质的不同，热力站可分为民用热力站和工业热力站；按照热网供热介质的不同，分为热水热力站和蒸汽热力站。民用热水热力站和工业蒸汽热力站是较为常见的形式。

2. 民用热水热力站

民用热水热力站的采暖设备有直接连接和间接连接两种。

（1）直接连接时，热网供热介质直接进入用户系统。当热网计算水温高于用户采暖系统计算水温时，则需设混合装置，将部分采暖回水混入供水中，以降低进入用户的供水温度。混合装置可采用水喷射器或混合水泵。

（2）间接连接时，用户系统与热网的压力分隔开，热网供热介质不直接进入用户系统，而通过表面式换热器进行热能的传递。目前，常用的换热器有快速管式换热器和板式换热器。通向用户的水循环由水泵驱动。

民用热水热力站内的热水供应系统有闭式和开式两种。闭式热水供应系统是由热网水通过表面式换热器将上水（自来水）加热，加热后的水一般依靠自身的压力送入用户。常用的换热器有快速管式、板式和容积式。当热水供应输送距离较长时，应安装循环管和循环水泵，使水进行循环，避免停用水时水温降低。用户的热水供应和采暖系统可采用并联或串联的方式与热网连接。开式热水供应系统则直接从热网取水，经供、回水混合而调整温度后使用。

热力站的规模随连接用户的数量和复杂程度而异，一个热力站可只带一幢建筑（通常也称热力点），也可以带一个建筑群；可以单独建立，也可以设在建筑物内。

3. 城市热力站的组成

城市热力站的设备主要有板式换热器、循环泵、一二次线除污器、补水泵、水箱、计量表、控制阀门等。

在热网压力差不能保证用户所需流量时，可在热力站增设加压水泵，但需采取措施控制热网水流量。为了避免热网水中杂物进入热力站设备和用户系统中杂物进入热网，影响热网的正常运行，在热力站要安装除污器。当上水硬度高时，为防止换热器和管道内结垢，热力站应安装简单的水质软化设备，降低水的硬度，还可把处理过的水作为采暖系统补给水。图7-55是一般的民用热水热力站示意图。

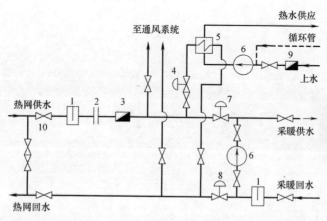

图7-55　民用热水热力站示意

1—除污器；2—调压板；3—流量计（或热量表）；4—温度调节器；5—换热器；6—水泵；7—流量调节器；8—压力调节器；9—水表；10—阀门

思考与练习题

1. 逆卡诺循环包括哪几个过程？蒸气压缩式制冷系统包括哪四大部件？各部件的作用是什么？

2. 什么是制冷剂的ODP、GWP？

3. 什么是吸收式制冷？它是如何工作的？

4. 什么是冷冻水系统的同程式和异程式？

5. 为什么要在冷冻水管道上安装绝热层？有哪些绝热材料可供选择？

6. 什么是VRF系统？

7. 地源热泵系统可分为哪几种类型？它由哪些部分组成？

8. 为什么要进行蓄冷？空调蓄冷系统有哪几种？

低压配电系统

本章要点及学习目标

　　掌握建筑物用电负荷分类及负荷类别、供电系统方案、电压标准及电压质量、线路敷设。熟悉负荷计算和导线选择，及变配电室设备。了解低压配电系统保护装置的选择和低压配电工程施工图。

8.1 概述

1. 建筑物用电负荷的分类

根据《供配电系统设计规范》与《民用建筑电气设计规范》的要求，民用建筑电力负荷根据供电可靠性的要求及中断供电对人身安全、经济损失所造成的影响程度进行分级，将民用建筑用电负荷分为三级。

（1）一级负荷

一级负荷指中断供电将造成人身伤害，在经济上造成重大损失，将影响重要用电单位的正常工作。

在一级负荷中，当中断供电将造成人员伤亡或重大设备损坏或发生中毒、爆炸和火灾等情况的负荷，以及特别重要场所的不允许中断供电的负荷，应视为一级负荷中非常重要的负荷。

（2）二级负荷

二级负荷指中断供电将在经济上造成较大损失，将影响较重要用电单位的正常工作。

造成较大政治影响、较大经济损失、公共场所秩序混乱的用电单位的重要负荷，如地市级政府办公大楼、地市级图书馆、博物馆、文物珍品库；科研机构、体育场馆、气象台站、金融支行、地区邮电局、中小型剧场、三星级旅馆、建筑面积在1万~3万m²有局部空调的商厦等均为二级负荷。

（3）三级负荷

三级负荷指不属于一级和二级的负荷。

民用建筑及工业建筑的常用设备及部位的负荷分级见表8-1。

常用设备及部位的负荷分级表　　　　　　　　　　表 8-1

建筑类别	建筑物名称	用电设备及部位	负荷级别
住宅建筑	建筑高度大于54m的住宅建筑	消防用电；应急照明、航空障碍照明、走道照明、值班照明、安防系统、电子信息设备机房用电；客梯、排污泵、生活水泵用电	二级
旅馆建筑	四、五级旅馆	宴会厅、餐厅、厨房、门厅、高级套房及主要通道等场所的照明用电，信息网络系统、通信系统、广播系统、有线电视及卫星电视接收系统、信息引导及发布系统、时钟系统及公共安全系统用电，乘客电梯、排污泵、生活水泵用电	一级
	三级旅馆	主要照明	二级
办公建筑	国家及省部级政府办公建筑	会议厅、总值班室、客梯、档案室、主要办公室	一级
	银行、金融中心、证交中心	重要的计算机系统和安防系统用电	一级

一级负荷应由双重电源供电，当一个电源发生故障时，另一个电源不应同时受到损坏。一级负荷中的特别重要负荷，除应由双重电源供电外，还应增设应急电源。为保证特别重要负荷的供电，严禁将其他负荷接入应急供电系统。二级负荷的供电系统，宜由两回线路供电。在负荷较小或地区供电条件困难时，二级负荷可由一路6kV及以上专用架空线供电。三级负荷对供电无特殊要求。

2. 负荷类别

按照核收电费的"电价规定"，将建筑用电负荷分为如下三类：

（1）照明和划入照明电价的非工业负荷

指公用、非工业用户和工业用户的生活、生产照明用电。

（2）非工业负荷

如服务行业的炊事电器用电，高层建筑内的电梯用电，民用建筑中供热锅炉房的鼓风机、引风机、上煤机和水泵等用电。

（3）普通工业用电

指总容量不足320kVA的工业负荷，如纺织合线设备用电、食品加工设备用电等。

按照不同的负荷类别，将设备用电分组，分别用不同的线路配电，以便单独安装电表，分别计算。按照各类负荷不同的电价标准，核收电费。

3. 供电系统方案

低压配电的接线一般应考虑简单、经济、安全、操作方便、调度灵活和有利发展等因素。但由于配电系统直接和用电设备相连，故对接线的可靠性、灵活性和方便性要求更高。

低压配电一般采用380/220V中性点直接接地系统。照明和电力设备一般由同一台变压器供电。当电力负荷所引起的电压波动超过照明或其他用电设施的电压质量要求时，可分别设置电力和照明变压器。单相用电设备应均匀分配到三相电路中，不平衡中性电流应小于规定的允许值。电源引入建筑物后应在便于维护操作之处装设配电开关和保护设备。若装于配电装置上时，应尽量接近负荷中心。

低压配电的一般方式有放射式、树干式及混合式，如图8-1所示。

放射式的优点是各个负荷独立受电，因而故障范围一般仅限于本回路，线路发生故障需要检修时，只切断本回路而不影响其他回路；同时回路中电动机的启动引起的电压波动对其他回路的影响也较小。其缺点是所需开关和线路较多，建设费用较高，系统灵活性较差。因此，放射式配电多用于比较重要的负荷。

树干式是由配电装置引出一条线路同时向若干用电设备配电。这种方式的优点是有色金属消耗量少、造价低，但干线故障时影响范围大，可靠性较低。故

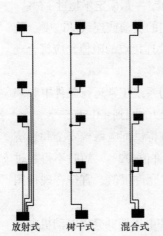

图8-1 配电方式示意

放射式　　树干式　　混合式

一般用于用电设备的布置比较均匀、容量不大，又无特殊要求的场合。

混合式系统是放射式配电和树干式配电的结合形式。

在多层建筑物内，由总配电箱至楼层配电箱宜采用树干式配电或分区树干式配电。对于容量较大的集中负荷或重要用电设备，应从配电室以放射式配电；楼层配电箱至用户配电箱应采用放射式配电。

在高层建筑物内，向楼层各配电点供电时，宜采用分区树干式配电；由楼层配电间或竖井内配电箱至用户配电箱的配电，应采取放射式配电；对部分容量较大的集中负荷或重要用电设备，应从变电所低压配电室以放射式配电。

从低压电源引入的总配电装置（第一级配电点）开始，至用电设备末端配电箱为止，配电级数一般不宜超过三级，每一级配电线路的长度不宜大于30~50m。若从变电所的低压配电装置算起，则配电级数一般不多于四级，总配电长度一般不宜超过250m，每路干线的负荷计算电流一般不宜大于200A。

4. 电压标准及电压质量

（1）我国电力系统的电压等级

电压等级是根据国家的工业生产水平以及电机、电器的制造能力，进行技术经济综合分析比较而确定的。我国采用50Hz标准电压系列。2007年我国规定了三类电压标准：

第一类额定电压值在100V及以下，主要用于安全照明、蓄电池及开关设备的操作电压。

第二类额定电压值在100V以上，1000V以下，主要用于低压动力和照明。用电设备的额定电压，直流分110V、220V、440V三等，交流分380／220V和230／127V两等。建筑用电的电压主要属于这一范围。

第三类额定电压值在1kV及以上，主要作为高压用电设备及发电、输电的额定电压值。

（2）电压质量指标

1）电压偏差。供配电系统在正常的运行方式下，系统各点的实际电压对系统标称电压的偏差，常用相对于系统标称电压的百分数表示，一般限定不超过±5%。

2）电压波动。指电压方均根值（有效值）一系列的变动或连续的改变。配电系统中的波动负荷产生的电压变动和闪变在电网公共连接点的限值，应符合现行国家标准《电能质量 电压波动和闪变》的规定。

3）频率。我国电力工业的标准频率为50Hz，电力系统正常运行条件下频率偏差限值为±0.2Hz。当系统容量较小时，偏差限值可以放宽到±0.5Hz。

4）三相电压不平衡。应保证三相电压平衡，以维持供配电系统安全和经济地运行。电力系统的公共连接点正常电压不平衡度允许值为2%，短时不得超过4%。供配电系统中在公共连接点的三相电压不平衡度允许限值，宜符合现行国家标准《电能质量 三相电压允许不平衡度》的规定。

电源的供电质量直接影响用电设备的工作状况，如电压偏低会使电动机电磁转矩下降、灯光昏暗，电压偏高使电动机电磁转矩增大、灯泡寿命缩短；电压波动会导致灯光闪烁、电动机运转不稳定；频率变化使电动机转速变化，严重时可能引起电力系统的不稳定运行；三相电压不平衡可造成电动机转子过热，影响照明和各种电子设备的正常工作。故需对供电质量进行必要的监测。

用电设备的不合理布置和运行，也会对供电质量造成不良影响。如单相负载在各相内的不的均匀分配，就将造成三相电压不平衡。

8.2 负荷计算及导线的选择

8.2.1 负荷计算

建筑物负荷的确定，是关系到供配电设计合理与否的前提。负荷计算的方法有单位建筑面积安装功率法或单位指标法、需要系数法、二项式法和利用系数法等。在建筑电气设计中，方案设计阶段可采用单位指标法，初步设计及施工图设计阶段宜采用需要系数法。

1. 单位建筑面积安装功率（或负荷密度）法和单位指标法

民用建筑负荷密度指标　　　　　　　　　　表 8-2

建筑类别	负荷密度（W/m²）	建筑类别	负荷密度（W/m²）
住宅建筑	20 ~ 60	剧场建筑	50 ~ 80
公寓建筑	30 ~ 50	医疗建筑	40 ~ 70
旅馆建筑	40 ~ 70	展览建筑	50 ~ 80
办公建筑	35 ~ 75	演播室	250 ~ 500W/m²
体育建筑	40 ~ 70	汽车停车库	8 ~ 15W/m²
商业建筑	一般：40 ~ 80 大中型：60 ~ 120	教学建筑	高等学校：20 ~ 40 中小学校：12 ~ 20

方案设计阶段为便于确定供电方案和选择变压器的容量和台数，可采用单位建筑面积安装功率法或单位指标法。单位建筑面积安装功率指标与建筑物种类、等级、附属设备情况和房间用途等条件有关。根据目前的用电水平和装备标准，其指标见表8-2。

确定单位建筑面积安装功率指标后，乘以总建筑面积，即可得建筑物的总计算有功功率。

2. 需要系数法

需要系数 K_x 就是用电设备组所需要的最大负荷与其设备容量的比值。按需要系数法确定三相用电设备的有功计算负荷 P_{js} 时，就是将三相用电设备的设备容量乘以一个需要系数，即

$$P_{js} = K_x P_e \qquad (8-1)$$

式中　　P_{js}——用电设备组的计算有功功率，kW；

K_x——需要系数，三台以下$K_x=1$；

P_e——用电设备组的设备功率，kW。

（1）设备容量的计算

进行负荷计算时，需要将用电设备按其性质分为不同的用电设备组，然后确定设备功率，是变配电所负荷计算的基础资料和依据。

每台用电设备的铭牌上都标有"额定功率"。但是，由于各用电设备的额定工作条件不同，有的是连续工作制，有的是短时或周期工作制，因此这些铭牌上的额定功率就不能简单地直接相加，而必须先换算到统一负载持续率下的有功功率才能相加。经过换算至统一负载持续率下的额定功率称为"设备容量"。

1）用电设备的工作制

按照工作制的不同，将用电设备分为三类。

①长期连续工作制：电气设备在运行工作中能够达到稳定的温升，能在规定环境温度下连续运行，设备任何部分的温度和温升均不超过允许值。

②短时运行工作制：运行时间短而停歇时间长，设备在工作时间内的发热量不足以达到稳定温升，而在间歇时间内能够冷却到环境温度。

③反复短时（断续周期性）工作制：用电设备以断续方式反复进行工作，其工作时间t与停歇时间t_0相互交替，周期性地工作或是经常停歇、反复运行。一个周期一般不超过10min。描述断续周期性工作制设备的状态用暂载率（负载持续率）ε表征。暂载率ε是在一个工作周期内工作时间t与工作周期T的比值。

用公式表示为

$$\varepsilon = \frac{t}{T} \times 100\% = \frac{t}{t+t_0} \times 100\% \qquad (8-2)$$

式中　T——工作周期；

t——工作周期内的工作时间；

t_0——工作周期内的停歇时间；

ε——暂载率。

2）设备容量的确定

对于长期连续工作制和短时运行工作制的用电设备，设备容量就是铭牌标注的额定功率P_e。对于重复短时（断续）工作制的用电设备，设备容量就是将设备在某一暂载率（负荷持续率）下的铭牌容量统一换算到一个规定的暂载率下的功率。

由电工学可知，设备容量与暂载率的平方根成反比，假如设备在ε_N下的额定容量为P_N，则换算到ε下的设备容量P_e为：

$$P_e = P_N \sqrt{\frac{\varepsilon_N}{\varepsilon}} \qquad (8-3)$$

在确定电气设备的容量P_e时，应注意：

①设备容量P_e不包括备用设备。

②照明设备的设备功率为光源的额定功率加上附属设备的功率。如气体放电灯、金属卤化物灯等，为光源的额定功率加上整流器的功耗；低压卤钨灯、节能灯、LED灯等，为光源的额定功率加上其变压器的功耗。

③季节性用电设备（如制冷设备和采暖设备）应选择其中最大者计入总设备容量。

④消防用电设备容量小于平时使用的总用电设备容量时，可不列入总设备容量。

⑤单相用电设备应均衡分配到三相上，使各相的设备容量尽量相近。单相负荷与三相负荷同时存在，当单相负荷的总计算容量小于计算范围内三相对称负荷总计算容量的15%时，应全部按三相对称负荷计算；当超过15%时，应将单相负荷换算为等效三相负荷，再与三相负荷相加。

（2）需要系数K_x的确定

有关用电设备组的需要系数及功率因数推荐值见表8-3、表8-4。

旅游宾馆主要用电设备的需要系数及功率因数　　　　　表8-3

序号	项目	需要系数	功率因数	序号	项目	需要系数	功率因数
1	全馆总负荷	0.45 ~ 0.5	0.8	10	洗衣机房	0.3 ~ 0.4	0.7
2	全馆总电力	0.5 ~ 0.6	0.8	11	窗式空调机	0.35 ~ 0.45	0.8
3	全馆总照明	0.35 ~ 0.45	0.85	12	客房	0.4	
4	制冷机房	0.65 ~ 0.75	0.8	13	餐厅	0.7	
5	锅炉房	0.65 ~ 0.75	0.75	14	会议室	0.7	
6	水泵房	0.6 ~ 0.7	0.8	15	办公室	0.8	
7	通风机	0.6 ~ 0.7	0.8	16	车库	1	
8	电梯	0.18 ~ 0.22	DC0.8/AC0.5 ~ 0.6	17	生活水泵、污水泵	0.5	
9	厨房	0.35 ~ 0.45	0.7				

民用建筑照明负荷的需要系数　　　　　表8-4

建筑类别	需要系数	建筑类别	需要系数	建筑类别	需要系数
办公楼	0.7 ~ 0.8	锅炉房	0.9	商店	0.85 ~ 0.9
设计室	0.9 ~ 0.95	宿舍区	0.6 ~ 0.7	学校	0.8 ~ 0.9
科研楼	0.8 ~ 0.9	医院	0.5 ~ 0.7	展览馆	0.6 ~ 0.7
仓库	0.5 ~ 0.7	食堂	0.8 ~ 0.9	旅馆	0.7 ~ 0.9

（3）需要系数法负荷计算

在进行用电设备的分组计算时，同类用电设备的总容量直接相加。不同类用电设备的总容量应按有功功率和无功功率负荷分别相加求得。

由于配电干线（或变配电所）的各组设备负荷在实际运行时，各组最大负荷并不是同时出现，在计算配电干线或变配电所的计算负荷时，配电干线（或变配电所）设备组的计算负荷之和应乘以同时系数，即配电干线和变电所的计算负荷为各用电设备组的计算负荷之和再乘以同时系数$K_{\Sigma p}$。这时，总的有功计算功率用下式计算

$$P_{js} = K_{\Sigma p} \cdot \sum P_{js\cdot i} \qquad (8-4)$$

式中　　P_{js}——总的有功计算功率，kW；

　　$K_{\Sigma p}$——有功功率同时系数，可取0.8~1.0；

　　$\sum P_{js\cdot i}$——各组用电设备的有功计算功率之和，kW。

总的无功计算功率为

$$Q_{js} = K_{\Sigma q} \cdot \sum Q_{js\cdot i} \qquad (8-5)$$

式中　　Q_{js}——总的无功计算功率，kVar；

　　$K_{\Sigma q}$——无功功率同时系数，可取0.93~1.0；

　　$\sum Q_{js\cdot i}$——各组用电设备的无功计算功率之和，kVar。

总的视在功率和计算电流的计算式分别为

$$S_{js} = \sqrt{P_{js}^2 + Q_{js}^2} \qquad (8-6)$$

$$I_{js} = \frac{S_{js}}{\sqrt{3}U_e} \qquad (8-7)$$

式中　　S_{js}——总的视在功率，kVA；

　　I_{js}——总的计算电流，A；

　　U_e——线路的额定电压，kV。

当类别不同的建筑（如办公楼和宿舍）共用一台变压器时，其同时系数可适当减小。

8.2.2　导线的选择

在配电线路中，使用的导线主要有电线和电缆。导线的选择包括类型和截面两方面的选择。电线和电缆是分配电能的主要传输介质，选择是否合理，直接关系到有色金属的消耗量与线路投资的经济性和电力供应的可靠性，并直接影响到电力网的安全、可靠、经济、合理地运行。电线、电缆的导线截面应不小于与保护装置配合要求的最小截面。

电线、电缆的额定电压是指交、直流电压，是依据国家产品规定制造的，与用电设备的额定电压不同。

配电导线按使用电压分为1kV以下交、直流配电线路用的低压导线和1kV以上交、直流配电线路用的高压导线。建筑物的低压配电线路，一般采用380/220V、中性点直接接地的三相四线制或三相五线制配电系统。线路的导体应符合工作电压的要求，室内敷设塑料绝缘电线不应低于0.45/0.75kV，电力电缆不应低于0.6/1kV。室内正常条件下低压线路一般采用绝缘电线。

电缆、电线可选用铜芯或铝芯，民用建筑宜采用铜芯电缆或电线。下列场所

应选用铜芯电缆或电线：

1）易燃、易爆场所；

2）重要的公共建筑和居住建筑；

3）特别潮湿场所和对铝有腐蚀的场所；

4）人员聚集较多的场所；

5）重要的资料室、计算机房、重要的库房；

6）移动设备或有剧烈振动的场所；

7）有特殊规定的其他场所。

在选择电线和电缆时，其截面的选择应满足发热条件、线路电压损失、机械强度等要求。电线、电缆的绝缘额定电压要大于线路的工作电压，并应符合线路安装方式和敷设环境的要求。

1. 按发热条件选择导线截面

电线、电缆本身是阻抗，当负荷电流通过时，就会发热，使温度升高，当所流过的电流超过其允许电流时，就会破坏导线的绝缘性能，影响供电线路的安全性与可靠性。为了保证安全供电，导线在通过正常负荷电流时产生的发热温度，不应超过其正常运行时的最高允许温度；按敷设方式、环境条件确定的电线和电缆的载流量，不应小于其线路的最大计算电流，即按允许温升选择截面。按允许温升选择导体截面的计算公式为：

$$I_{ys} \geq I_{js} \tag{8-8}$$

表8-5为聚氯乙烯绝缘电线明敷设的安全载流量，各种导线在不同敷设方式下的安全载流量可参见电气设计手册。

聚氯乙烯（PVC）绝缘电线明敷设的安全载流量

（导线允许长期工作温度为70℃）　　　　　表8-5

线芯截面（mm²）	BLV 铝芯				BV、BVR 铜芯			
	25℃	30℃	35℃	40℃	25℃	30℃	35℃	40℃
1.0					19	17	16	15
1.5	18	16	15	14	24	22	20	18
2.5	25	23	21	19	32	29	27	25
4	32	29	27	25	42	39	36	33
6	42	39	36	33	55	51	47	43
10	59	55	51	46	75	70	64	59
16	80	74	69	63	105	98	90	83
25	105	98	90	83	138	129	119	109
35	130	121	112	102	170	158	147	134
50	165	154	142	130	215	201	185	170

2. 按允许电压损失选择导线截面

电流通过导体时，由于线路上存在电阻和电抗，除产生电能损耗外，还产生电压损失。当电压损失超过一定的数值后，将使用电设备端子上的电压不足，严重地影响用电设备的正常运行。为了保证电气设备的正常运行，必须根据线路的允许电压损失来选择导线的截面。当达不到其允许电压损失条件时，应适当放大电缆或电线的截面。选择导线截面时，线路电压损失应满足用电设备正常工作及启动时端电压的要求。按电压损失条件选择导体截面，是要保证用电设备端子处的电压偏差不超过允许值，保证负荷电流在线路上产生的电压损失不超过允许值。

电压损失的计算公式为：

$$\Delta U\% = \frac{M}{C \cdot S} = \frac{P \cdot L}{C \cdot S} \qquad (8-9)$$

式中　S——导线的截面，mm^2；

　　　M——负荷矩，$kW \cdot km$；

　　　P——有功功率，kW；

　　　L——线路的长度，km；

　　　C——电压损失计算系数，见表8-6。

线路电压损失的计算系数 C 值　　　　　　表 8-6

线路额定电压（V）	系统体制及电流种类	系数 C	
		铜线	铝线
380/220	三相四线	77	46.3
380/220	两相三线	34	20.5
220 110 36 24 12	单相或直流	12.8 3.2 0.34 0.135 0.038	7.75 1.9 0.21 0.092 0.023

公式仅适用于功率因数为1的情况，即电阻线路，对感性电路则要进行适当修正。

在进行设计时，通常给出线路的允许电压损失，通过选择导线截面来满足要求。《电能质量供电电压偏差》中规定，35kV及以上供电电压正、负偏差绝对值之和不超过标称电压的10%，20kV及以下三相供电电压偏差为标称电压的±7%，220V单相供电电压偏差为-10% ～ +7%。

3．按机械强度要求选择

导线截面的选择必须满足机械强度的要求，即导线在正常使用时不能断线，保证供电线路的安全运行。按机械强度确定的导体最小允许截面见表8-7。此外，配电线路每一相导体截面不应小于表8-8的规定。

按机械强度确定的导体最小允许截面　　　表 8-7

布线系统形式	线路用途	导线最小截面（mm²）	
		铜	铝
固定敷设的电缆和绝缘电线	电力和照明线路	1.5	2.5
	信号和控制线路	0.5	—
固定敷设的裸导体	电力（供电）线路	10	16
	信号和控制线路	4	—
用绝缘电线和电缆的柔性连接	任何用途	0.75	
	特殊用途的特低压电路	0.75	—

配电线路每一相导体最小允许截面　　　表 8-8

用途		线芯的最小截面（mm²）		
		铜芯软线	铜线	铝线
照明用灯头引下线	民用建筑，屋内 工业建筑，屋外 屋外	0.4 0.5 1.0	0.5 0.8 1.0	1.5 2.5 2.5
移动式用电设备	生活间 生产间	0.2 1.0		
架设在绝缘支持件上的绝缘导线，其支持点间距离	1m 以下，屋内 屋外		1.0 1.5	1.5 2.5
	2m 及以下，屋内 屋外		1.0 1.5	2.5 2.5
	6m 及以下		2.5	4.0
	12m 及以下		2.5	6.0
	12～15m		4.0	10
	穿管敷设的绝缘导线	1.0	1.0	2.5

　　在具体选择导线截面时，必须综合考虑电压损失、发热条件和机械强度等要求。低压动力供电线路，因负荷电流较大，所以一般先按载流量（即发热允许温升条件）来选择导线截面，再校验电压损失和机械强度。低压照明供电线路中，因照明对电压水平要求较高，所以一般先按允许电压损失来选择截面，然后校验

其发热条件和机械强度。需要指出的是，在实际应用中导线的允许载流量的数据与环境温度、敷设方式、负荷特性有关，其校正系数可查阅有关文献。

4．低压配电系统中性线（N线、零线）、保护线（PE线、地线）和保护中性线（PEN线）截面选择

低压配电系统中，中性线截面选择要考虑线路中最大不平衡负荷电流及谐波电流的影响；保护线截面选择要满足单相短路电流通过时的短路热稳定度；保护中性线截面选择要兼顾中性线和保护线截面的要求。

任何截面的单相两线制线路中，中性导体和相导体应具有相同截面。在三相四线和单相三线电路中，当相导体截面不大于16mm^2（铜）或25mm^2（铝）时，中性导体和相导体采用相同截面；当相导体截面大于16mm^2（铜）或25mm^2（铝）时，N线、PE线最小截面应满足表8-9的规定。

N 线、PE 线最小截面（mm^2） 表8-9

相导体的截面 S	N 线、PE 线最小截面 S
$S \leqslant 16$	S
$16 < S \leqslant 35$	16
$S > 35$	$S/2$

对于可能发生逐相切断电源的三相线路中，其中性线截面应与相线截面相同。

8.2.3 线路的敷设

电线、电缆的敷设应根据建筑的功能、室内装饰的要求和使用环境等因素，经技术、经济比较后确定。特别是应按环境条件确定导线的型号及敷设方式。

布线系统的敷设方法应根据建筑物构造、环境特征、使用要求、用电设备分布等敷设条件及所选用导体的类型等因素综合确定。

1．电缆线路的敷设

室外电缆可以架空敷设或埋地敷设。架空敷设造价低，施工简单，检修方便，但美观性较差。埋地敷设可在排管、电缆沟、电缆隧道内敷设，也可直接埋地敷设。

室内电缆敷设应包括电缆在室内沿墙及建筑构件明敷设和电缆穿金属导管埋地暗敷设。

室内电缆通常采用金属托架或金属托盘明设。在有腐蚀性介质的房屋内明敷的电缆宜采用塑料护套电缆。无铠装的电缆在室内明敷时，水平敷设的电缆离地面的距离不宜小于2.5m，垂直敷设的电缆离地面的距离不宜小于1.8m。除明敷在电气专用房间外，当不能满足上述要求时，应有防止机械损伤的措施。

相同电压的电缆并列明敷时，电缆间的净距不应小于35mm，并且不应小于电缆外径，但在线槽、桥架内敷设时除外。电缆在室内埋地敷设、穿墙或楼板时，应穿导管或采取其他保护措施，其管内径应不小于电缆外径的1.5倍。

低压电缆由配电室（房）引出后，一般沿电缆隧道、电缆沟、金属托架或金属托盘进入电缆竖井，然后沿支架垂直上升敷设。因此配电室应尽量布置在电缆竖井附近，减少电缆的敷设长度。

2. 绝缘导线的敷设

绝缘导线的敷设方式可分为明敷和暗敷。

明敷时，导线直接或者在管子、线槽等保护体内，敷设于墙壁、顶棚的表面及桁架等处；暗敷时，导线在管子、线槽等保护体内，敷设于墙壁、顶棚、地坪及楼板等内部，或者在混凝土板孔内。布线用塑料管、塑料线槽及附件，应采用非火焰蔓延类制品。明敷有以下方式：电线架设于绝缘支柱（绝缘子、瓷珠或线夹）上；电线直接沿墙、顶棚等建筑物结构敷设（用线卡固定），称为直敷布线或线卡布线；导线穿金属（塑料）管或金属（塑料）线槽用支持码直接敷设在墙、顶棚表面。建筑物顶棚内、墙体及顶棚的抹灰层、保温层及装饰面板内，严禁采用直敷或明敷布线。

绝缘导线穿管敷设应注意：①当三根及以上绝缘导线穿于同一根金属管、塑料管时，其总截面（包括外护层）不应超过管内截面积的40%；②穿金属管的交流线路，应将同一回路的所有相线和中性线（如果有中性线）穿在同一根管内；③塑料管布线一般适用于室内和有酸碱腐蚀性介质的场所，但在高温和易受机械损伤的场所不宜采用明敷设；④建筑物顶棚内，可采用难燃性硬质塑料管或可挠金属电线保护套管布线；⑤穿管敷设的绝缘导线，其电压等级不应低于交流750V。塑料管暗敷或埋地敷设时，引出地（楼）面不低于0.50m的一段管路，应采用防止机械损伤的措施。

线槽布线应注意：①金属线槽布线一般适用于正常环境的室内场所明敷，但对金属线槽有严重腐蚀的场所不应采用，具有槽盖的封闭式金属线槽可在建筑顶棚内敷设。塑料线槽布线一般适用于正常环境的室内场所和有酸碱腐蚀性介质的场所，在高温和易受机械损伤的场所不宜采用；②同一路径无电磁兼容要求的配电线路，可敷设于同一线槽内。线槽内电线或电缆的总截面（包括外护层）不应超过线槽内截面的20%，载流导线不超过30根；③同一回路的所有相线和中性线（如果有中性线），应敷设在同一金属线槽内；④金属线槽布线，不得在穿过楼板或墙体等处进行连接。金属线槽垂直敷设或大于45°倾斜敷设时，应采取措施防止电线或电缆在线槽内滑动。在地面内暗装金属线槽布线时，强、弱电线路应分槽敷设，两种线路交叉处应设置有屏蔽分线板的分线盒；⑤强、弱电线路不应敷设在同一塑料线槽内。电线、电缆在塑料线槽内不得有接头，分支接头应在接线盒内进行。

8.3 低压配电系统保护装置的选择

当电流通过导体时，会产生发热现象。当通过的电流过大时，由于导线温升过高，其绝缘将迅速老化，缩短使用期限，严重时还可能引起火灾。因此，线路应具备一定的保护装置。低压配电线路的保护分为短路保护、过负载保护、接地故障保护、中性线断线故障保护。

低压电器通常是指工作在交流电压为1kV或直流1.5kV及以下的电器设备，对电能的产生、输送、分配与应用起着通断、控制、保护与转换的作用。按照低压电器的用途可以分为配电电器和控制电器，常用的低压电器主要有刀开关、熔断器、低压断路器、剩余电流动作保护电器等，而低压成套设备常用的有配电箱（盘）。

1. 刀开关

刀开关是最简单的手动控制电器，可用于非频繁接通和切断容量不大的低压供电线路，并兼做电源隔离开关。按工作原理和结构形式，刀开关可分为胶盖闸刀开关、刀形转换开关、铁壳开关、熔断式刀开关、组合开关五类。

"H"为刀开关和转换开关的产品的编码：HD为刀型开关，HH为封闭式负荷开关，HK为开启式负荷开关，HR为熔断式刀开关，HS为刀型转换开关，HZ为组合开关。

刀开关按其极数分，有单极、二极开关和三极、四极开关。单极、二极开关用于照明和其他单相电路，三极、四极开关用于三相电路。各种低压刀开关的额定电压，单极、二极为250V，三极、四极为400V、500V等。开关的额定电流可从产品样本中查找，其最大等级为1500A。

刀开关断开的负荷电流不应大于制造厂容许的断开电流值。刀开关所在线路的三相短路电流不应超过制造厂规定的动、热稳定值。

一般结构的刀开关通常不允许带负荷操作，但装有灭弧室的刀开关，可作不频繁带负荷操作。

2. 熔断器

熔断器是一种保护电器，主要由熔体和安装熔体用的绝缘器组成。它在低压电网中主要用作短路保护，有时也用于过载保护。熔断器的保护作用靠熔体来完成，一定截面的熔体只能承受一定值的电流，当通过的电流超过规定值时，熔体将熔断，从而起到保护作用。汉语拼音"R"为熔断器的型号编码，RC为插入式熔断器，RH为汇流排式，RL为螺旋式，RM为封闭管式，RS为快速式，RT为填料管式，RX为限流式熔断器。

选择低压熔断器时，应首先选定适当的形式，再根据计算电流和回路的尖峰电流选择熔断器及熔体的额定电流。由于照明和动力负荷的特点不同，所以选择熔断器的计算方法也有所区别。

（1）照明负荷

当照明负荷采用熔断器保护时，一般取熔体的额定电流大于或等于负荷回路的计算电流，即

$$I_{er} \geqslant I_{js} \tag{8-10}$$

当用高压汞灯或高压钠灯照明时，应考虑启动的影响，因此取

$$I_{er} \geqslant (1.1\sim1.7)I_{js} \tag{8-11}$$

式中　I_{er}——熔断器熔体的额定电流，A。

（2）电热负荷

对于大容量的电热负荷需要单独装设短路保护，其熔体的额定电流应大于或等于回路的计算电流，即

$$I_{er} \geqslant I_{js} \tag{8-12}$$

（3）电动机类用电负荷

对于容量较大的电动机类用电负荷，需要单独装设保护装置时，可选用熔断器或自动开关进行保护。若采用熔断器进行保护时，由于电动机的启动电流比它的额定电流大若干倍（对鼠笼式异步电动机可取5～7倍，线绕式异步电动机可取2～2.5倍），所以按计算电流选择熔断器，电动机在启动时，启动电流可能使熔体熔断。若按启动电流选择熔断器，则熔体电流过大，不能有效地起到保护作用。其熔体的电流应按下述两种情况确定：

单台电动机线路　　　　$I_{er} \geqslant I_{qd}/\alpha$ 　　　　　　　　　（8-13）

多台电动机线路　　　　$I_{er} \geqslant I_{jf}/\alpha$ 　　　　　　　　　（8-14）

式中　I_{qd}——启动电流，A；

　　　I_{er}——单台电动机的启动电流，A；

　　　I_{jf}——尖峰电流，A；

　　　α——取决于启动状况和熔断器特性的系数，其值见表8-10。

系数 α 值　　　　　　　　　　　　　　　表8-10

熔断器型号	熔体材料	熔体电流	α 值	
			电动机轻载启动	电动机重载启动
RT0	铜	50A 及以下 60 ~ 200A 200A 以上	2.5 3.5 4	2 3 3
RM10	锌	60A 及以下 80 ~ 200A 200A 以上	2.5 3 3.5	2 2.5 3

续表

熔断器型号	熔体材料	熔体电流	α 值	
			电动机轻载启动	电动机重载启动
RM1	锌	10 ~ 350A	2.5	2
RL1	铜、银	60A 及以下 80 ~ 100A	2.5 3	2 2.5
RC₁A	铅、铜	10 ~ 200A	3	2.5

注：启动时间轻载按 6 ~ 10s 考虑，重载按 15 ~ 20s 考虑。

3. 低压断路器（自动空气开关）

低压断路器也称为自动空气开关，是常用的一种低压保护电器，可实现短路、过载和失压保护。在正常情况下，可作"开"与"合"的开关作用，在电路出现故障时，自动切断故障电路。自动空气开关动作后，只要切除或排除了故障，一般不需要更换零件，又可以再投入使用。自动空气开关的分断能力较强，所以应用极为广泛，是低压网络中非常重要的一种保护电器。

（1）分类

低压断路器（自动空气开关）按其用途可分为配电用空气开关、电动机保护用空气开关、照明用自动空气开关；按其结构可分为塑料外壳式、框架式、快速式、限流式等。但其基本形式主要有万能式和装置式两种，分别用W和Z表示，不同结构形成的自动空气开关的特点如下。

1）塑料外壳式自动空气开关属于装置式，它具有保护性能好，安全可靠等优点。

2）框架式自动空气开关是敞开装在框架上的，因其保护方案和操作方式较多，故有"万能式"之称。

3）快速自动空气开关，主要用于对半导体整流器的过载、短路的快速保护。

4）限流式自动空气开关，用于交流电网快速动作的自动保护，以限制短路电流。

（2）保护方式

为了满足保护动作的多重选择性，过电流脱扣器的保护方式有：过载和短路均瞬时动作，过载具有延时而短路瞬时动作，过载和短路均为长延时动作，过载和短路均为延时动作等方式。

（3）型号及常用开关规格

自动开关用D表示，其型号含义为：

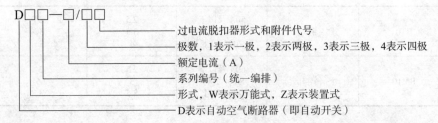

D□□—□/□□

过电流脱扣器形式和附件代号

极数，1表示一极，2表示两极，3表示三极，4表示四极

额定电流（A）

系列编号（统一编排）

形式，W表示万能式，Z表示装置式

D表示自动空气断路器（即自动开关）

目前常用的自动空气开关型号主要有DW10、DW5、DZ5、DZ10、DZ12、DZ6等系列。

（4）低压断路器（自动空气开关）的选择

1）断路器额定电压、电流的确定

按线路的额定电压选择，自动开关的额定电压应大于或等于线路的额定电压，即：

$$U_{ezd} \geq U_{ex} \qquad (8-15)$$

式中　U_{ezd}——自动空气开关的额定电压，V；

　　　U_{ex}——线路的额定电压，V。

按线路计算电流选择，自动开关的额定电流应大于或等于线路的计算电流，即

$$I_{ezd} \geq I_{js} \qquad (8-16)$$

如自动空气开关作为大容量电热负荷的控制和保护时，其过电流脱扣器的整定电流应满足：

$$I_{zd} \geq I_{js} \qquad (8-17)$$

式中　I_{zd}——自动空气开关过电流脱扣器的动作整定电流，A；

　　　I_{js}——电热负荷回路计算电流，A。

2）长延时动作的过电流脱扣器的整定电流

长延时动作的过电流脱扣器的整定电流应大于线路的计算电流，即

$$I_{zd1} \geq K_{k1} I_{js} \qquad (8-18)$$

式中　I_{zd1}——自动空气开关长延时过电流脱扣器的动作整定电流，A；

　　　I_{js}——线路计算电流，A；

　　　K_{k1}——可靠系数，取1.1。

3）短延时动作的过电流脱扣器的整定电流

短延时动作的过电流脱扣器的整定电流应大于尖峰电流，即

$$I_{zd2} \geq K_{k2} I_{jf} \qquad (8-19)$$

式中　I_{zd2}——自动空气开关短延时过电流脱扣器的动作整定电流，A；

　　　I_{jf}——配电线路尖峰电流，A；

　　　K_{k2}——考虑整定误差的可靠系数，对动作时间大于0.02s的自动空气开关（如DW型），一般取1.35；动作时间小于0.02s的自动空气开关（如DZ型），取1.7～2.0。

对于单台电动机回路，其尖峰电流等于电动机的启动电流，于是

$$I_{zd2} \geq K_{k2} I_{qd} \qquad (8-20)$$

式中　I_{qd}——电动机的启动电流，A。

对配电线路，不考虑电动机自启动时，其尖峰电流为

$$I_{jf} = I_{qm} + I_{js(n-1)} \qquad (8-21)$$

式中　I_{qm}——配电线路中功率最大的一台电动机的启动电流，A；

　　　$I_{js(n-1)}$——配电线路中除启动电流最大的一台电动机外的回路计算电流，A。

4）瞬时动作的过电流脱扣器的整定电流

自动空气开关瞬时动作的过电流脱扣器的整定电流，应躲过配电线路的尖峰电流，即

$$I_{zd3} \geqslant K_{k3}\left[I_{qm} + I_{js(n-1)}\right] \qquad (8-22)$$

式中　I_{zd3} ——自动空气开关瞬时过电流脱扣器的动作整定电流，A；

　　　I_{qm} ——配电线路中功率最大的一台电动机的起动电流，A；

　$I_{js(n-1)}$ ——配电线路中除启动电流最大的一台电动机外的回路计算电流，A；

　　　K_{k3} ——自动空气开关瞬时脱扣可靠系数，取1.2。

5）照明用自动空气开关的过电流脱扣器的整定电流

当照明支路负荷采用自动空气开关作为控制和保护时，其延时和瞬时过电流脱扣器的整定电流分别取：

$$I_{zd1} \geqslant K_{js1} I_{js} \qquad (8-23)$$

$$I_{zd3} \geqslant K_{js3} I_{js} \qquad (8-24)$$

式中　K_{js1} ——用于长延时过电流脱扣器的计算系数，见表8-11；

　　　K_{js3} ——用于瞬时过电流脱扣器的计算系数，见表8-11；

　　　I_{js} ——照明支路的计算电流，A。

K_{js1}、K_{js3} 值 　　　　　　　　　　表 8-11

计算系数	白炽灯、卤钨灯	荧光灯	高压汞灯	高压钠灯
K_{js1}	1	1	1.1	1
K_{js3}	10 ~ 12	4 ~ 7	4 ~ 7	4 ~ 7

4. 剩余电流动作保护器（俗称漏电保护器）

剩余电流动作保护器（漏电保护器）又称触电保安器，是一种自动电器。装有检漏元件联动执行元件，自动分断发生故障的线路。剩余电流动作保护器能迅速断开接地故障电路，以防发生间接电击伤亡和引起火灾事故。

（1）剩余电流动作保护器（漏电保护器）分类

剩余电流动作保护器（漏电保护器）的分类方法较多，这里介绍几种主要的分类。

1）剩余电流动作保护器（漏电保护器）按其动作原理可分为电压型、电流型和脉冲型。

2）剩余电流动作保护器（漏电保护器）按脱扣的形式可分为电磁式和电子式两种。电磁式剩余电流保护开关主要由检测元件、灵敏继电器元件、主电路开断执行元件以及试验电路等部分构成。电子式剩余电流保护开关主要由检测元件、电子放大电路、执行元件以及试验电路等部分构成。电子式与电磁式相比较，灵敏度高，制造技术简单，可制成大容量产品，但需要辅助电源，抗干扰能力不强。

3）剩余电流动作保护器（漏电保护器）按其保护功能及结构特征，可分为剩余电流继电器与剩余电流断路器。

剩余电流继电器由零序电流互感器和继电器组成。它仅具备判断和检测功能，由继电器触头发生信号，控制断路器分闸或控制信号元件发出声、光信号。

剩余电流断路器具有过载保护和漏电保护功能，它是在断路器上加装漏电保护器件而构成。剩余电流断路器应有足够的分断能力，可承担过载和短路保护。否则，应另行考虑短路保护措施，例如加熔断器一起配合使用。

（2）剩余电流保护器型号及表示方法

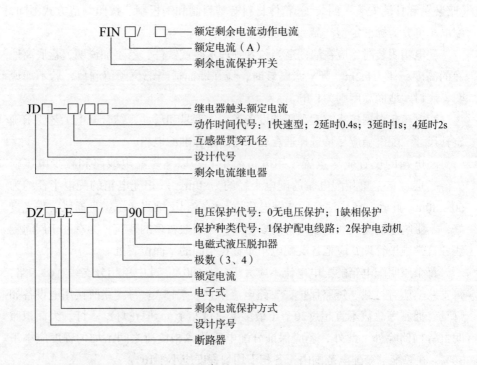

（3）剩余电流断路器动作电流选择

当剩余电流保护器用于插座回路和末端配电线路，并侧重于防止间接电击时，应选择动作电流为30mA的高灵敏度剩余电流保护器。如果需要作为上一级的防火灾保护，其动作电流不小于300mA，对于配电干线回路不大于500mA。

电气线路和设备剩余电流值及分级安装剩余电流保护器动作特性的电流配合要求：

1）用于单台用电设备时，动作电流应不小于正常运行实测泄漏电流的4倍；

2）配电线路的剩余电流保护器动作电流应不小于正常运行实测泄漏电流的2.5倍，同时还应满足其中剩余电流最大一台用电设备正常运行泄漏电流实测值的4倍；

3）用于全配电网保护时，动作电流应不小于实测泄漏电流的2倍。

8.4 变配电室

为了集中控制和统一管理供配电系统，常把整个系统中或配电分区中的开关、计量、保护和信号等设备，分路集中布置在一起。于是，在低压系统中，即形成各种配电盘或低压配电柜；在高压系统中，即形成各种高压配电柜。

1. 配电箱

配电箱是直接向低压用电设备分配电能的控制、计量装置。按照用电设备的种类，配电箱分为照明配电箱和照明动力配电箱。配电箱的安装方式有嵌入安装（暗装）和挂墙安装（明装）。箱体材料有塑料制和钢板制。按照制造方式不同，配电箱可分为标准定型产品和非标定型产品。

配电箱明装时，应在墙内适当位置预埋木砖或铁件，若不加说明，盘底离地面的高度一律为1.2m。配电盘暗装时，应在墙面适当部位预留洞口，若不加说明，底口距地面高度则为1.4m。

配电箱应根据接线方案和所选设备类型、型号和尺寸，结合配电工艺要求确定其尺寸。配电箱应尽量选择适合要求的定型标准配电箱。

配电箱的位置应尽量置于用电负荷中心，以缩短配电线路和减少电压损失。一般规定，单相配电箱的配电半径约为30m，三相配电箱的配电半径约为60~80m。此外，还应注意所选配电箱位置应有利于维修、干燥且通风、采光良好，不影响建筑美观和建筑结构的安全等。对层数较多的建筑，为有利于层间配线和日常维护管理，应把各层配电箱布置在相同的平面位置处。

每个照明配电箱的配电电流不应大于60~100A，其中单相分支线宜6~9路，每支路上应有过载、短路保护，支路电流不宜大于15A。每支路所接用电设备如灯具、插座等总数不宜超过20个（最多不超过25个），但花灯、彩灯、大面积照明灯等回路除外。此外，还应保证分配电箱的各相负荷之间不均匀程度应小于30%，在总配电箱配电范围内，各相不均匀程度应小于10%。

2. 配电柜

配电柜是用于成套安装供配电系统中受配电设备的定型柜，分为高压配电柜和低压配电柜两大类。各类柜各有统一的外形尺寸。按照供配电过程中不同功能要求，选用不同标准的接线方案。

高压配电柜按结构形式分为固定式和移开式（手车式）。前者的电气设备为固定安装，安装、维修各种设备，开启柜门后在柜内进行。手车式配电柜内的电气设备装在可用滚轮移动的手车上，手车的种类有断路器车、真空开关车、电流互感器车、避雷器车、电容器车和隔离开关车等。同类手车可互换，可方便、安全地拉出手车进行柜外检修。

高压配电柜的布置方式有靠墙式和离墙式两种。前者可缩小使用房间的建筑面积，而后者则便于检修。

在高层建筑中，选用高压配电柜时，因高层建筑要求防火标准高，一般应选用少油断路器或真空断路器所组成的高压配电柜。

高压配电柜还有抽屉式配电柜，具有回路多、占地少，方便检修等优点，但由于结构复杂、加工困难、价格较高，在国内尚未普遍采用。

3．20kV及以下变配电所（室）

变配电所（室）由高压配电室、变压器室和低压配电室三部分组成。因建筑中引用的高压电在我国多为20kV及以下，只有少数特大型民用建筑，才采用35kV供电，故采用20kV及以下电压供电的建筑所设置的变配电所（室）被称为20kV及以下变配电所（室）。

（1）所址选择

变配电所（室）的所址在其配电范围内应尽量布置在接近电源侧，并位于或接近于用电负荷中心，保证进出线路顺直、方便、最短。变配电所（室）不应选在有剧烈振动或高温的场所，不宜选在多尘、水雾和有腐蚀性物质场所，应选在上述污染源的上风侧。变配电所也不应选在贴邻厕所、浴室、厨房或其他经常积水场所，或者这些场所的正下方，更不应选在有爆炸、火灾危险场所的正上方或正下方，应遵守和符合《爆炸危险环境电力装置设计规范》的规定。

燃油或燃气锅炉、油浸变压器、充有可燃油的高压电容器和多油开关等，宜设置在建筑外的专用房间内（首先推荐在室外）；确需贴邻民用建筑布置时，应采用防火墙与所贴邻的建筑分隔，且不应贴邻人员密集场所，该专用房间的耐火等级不应低于二级；确需布置在民用建筑内时，不应布置在人员密集场所的上一层、下一层或贴邻。

在多层建筑物或高层建筑物的裙房中，不宜设置油浸变压器的变电所。当受条件限制必须设置时，应将油浸变压器的变电所设置在建筑物首层靠外墙的部位，且不得设置在人员密集场所的正上方、正下方、贴邻处以及疏散出口的两旁。高层建筑主体内不应设置油浸变压器的变电所。

在多层或高层建筑物的地下层设置非充油电气设备的配电所、变电所时，应符合下列规定：

1）当有多层地下层时，不应设置在最底层；当只有地下一层时，应采取抬高地面和防止雨水、消防水等积水的措施。

2）应设置设备运输通道。

3）应根据工作环境要求加设机械通风、去湿设备或空气调节设备。

高层或超高层建筑物根据需要可以在避难层、设备层和屋顶设置配电所、变电所，但应采取供设备的垂直搬运及电缆敷设的措施。

（2）形式和布置

变配电室（所）的形式有独立式、附设式、杆上式等。其中附设式又有内附设式和外附设式之分，这是根据变配电所（室）本身有无专门建筑物及该建筑物与用电建筑物间的相互位置关系划分的。

布置原则应遵守：具有可燃油的高压开关柜，宜单独布置在高压配电装置室内，但当高压开关柜的数量少于5台时，则可与低压配电屏置于同一房间。非充油的高、低压配电装置和非油浸型的电力变压器，可设置在同一房间内。

有人值班的变电所，应设单独的值班室。值班室应与配电室直通或经过通道相通，且值班室应有直接通向室外或通向变电所外走道的门。当低压配电室兼作值班室时，低压配电室的面积应适当增大。变电所宜单层布置。当采用双层布置时，变压器应设在底层，设于二层的配电室应设搬运设备的通道、平台或孔洞。高、低压配电室内，宜留有适当的配电装置备用位置。低压配电装置内，应留有适当数量的备用回路。

变配电所房间内部设备的布置应做到线路顺直、最短、进出线方便，有利于操作、巡视、试验和检修。

8.5 低压配电工程施工图

8.5.1 施工图表示的内容与构成

低压配电工程施工图应包括图纸目录、施工设计说明、设计图纸主要设备表、表达供配电关系的各类配电系统图、表达设备布置和配电线路布置的各类平面图、建筑防雷与接地平面图、建筑消防系统的系统图和平面图等。

1. 图纸目录

电气工程设计内容由多张工程图纸组成，为了方便查阅图纸，应根据设计内容编制图纸目录，并将图纸目录装订在工程图纸的首页。图纸目录无统一格式，但通常应包括序号、图号、图纸名称、图幅、备注等基本信息。应按图纸序号排列，先列新绘制图纸，后列选用的重复使用图和标准图。

2. 建筑电气设计说明

（1）设计依据

1）工程概况：应说明建筑类别、性质、结构类型、面积、层数、高度等；

2）相关专业提供给本专业的工程设计资料；

3）建设方提供的有关职能部门（如供电部门、消防部门、通信部门、公安部门等）认定的工程设计资料，建设单位设计任务书及设计要求；

4）设计所执行的主要法规和所采用的主要标准（包括标准的名称、编号、年号和版本号）；

5）上一个阶段文件的批复意见。

（2）设计范围

1）根据设计任务书和有关设计资料说明本专业的设计工作内容，以及与相关专业的设计分工与分工界面；

2）拟设置的建筑电气系统。

（3）变电、配电、发电系统

1）确定负荷等级和各级别负荷容量；

2）确定供电电源及电压等级，要求电源容量及回路数、专用线或非专用线、线路路由及敷设方式、近远期发展情况；

3）备用电源和应急电源容量确定原则及性能要求，有自备发电机时，说明启动方式及与市电网关系；

4）高、低压供电系统结线形式及运行方式：正常工作电源与备用电源之间的关系；母线联络开关运行和切换方式；变压器之间低压侧联络方式；重要负荷的供电方式；

5）变、配电站的位置、数量、容量（包括设备安装容量，计算有功、无功、视在容量，变压器台数、容量）及形式（户内、户外或混合）；设备技术条件和选型要求；

6）继电保护装置的设置；

7）电能计量装置：采用高压或低压；专用柜或非专用柜（满足供电部门要求和建设方内部核算要求）；监测仪表的配置情况；

8）功率因数补偿方式：说明功率因数是否达到供用电规则的要求，应补偿容量和采取的补偿方式和补偿前后的结果；

9）谐波：说明谐波治理措施；

10）操作电源和信号：说明高、低压设备操作电源、控制电源，以及运行信号装置配置情况；

11）工程供电：高、低压进出线路的型号及敷设方式；

12）选用导线、电缆、母干线的材质和型号及敷设方式；

13）开关、插座、配电箱、控制箱等配电设备选型及安装方式；

14）电动机启动以及控制方式的选择。

（4）照明系统

照明种类及照度标准、主要场所照明功率密度值；光源、灯具及附件的选择，照明灯具的安装及控制方式；室外照明的种类（如路灯、庭院灯、草坪灯、地灯、泛光照明、水下照明等）、电压等级、光源选择及其控制方法等；照明线路的选择及敷设方式（包括室外照明线路的选择和接地方式）；若设置应急照明，应说明应急照明的照度值、电源形式、灯具配置、线路选择及敷设方式、控制方式、持续时间等。

（5）电气节能和环保

拟采用的节能和环保措施；表述节能产品的应用情况。

（6）其他建筑电气系统

系统组成及功能要求；确定机房位置、设备规格；传输线缆选择及敷设要求。

（7）图例和标注

施工图设计总说明中应对具体设计采用的图例、标注等进行说明，即使采用国家建筑标准图集规定的图例、标注也应用文字表示所采用的标准图集编号。如果是非标准的图例、标注方式或者特殊的图例和标注，则必须有相应说明，以便其他技术人员阅读设计内容。图 8-2为常用图例示例。

（8）主要设备表

为方便进行成本估算和施工验收，在电气工程图中应以表格形式提供配电系统的主要设备材料清单，在主要设备材料表中应注明主要设备的名称、型号、规格、数量、单位等基本信息。

图例	说明	备注
◖	天棚灯	吸顶安装
⊢⊣	荧光灯	详平面图
✦	暗装单极开关	$h=1.4m$（暗装）
✦	暗装双极开关	$h=1.4m$（暗装）
✦	暗装三极开关	$h=1.4m$（暗装）
✦	暗装四极开关	$h=1.4m$（暗装）
⊼	暗装二三极单相组合插座	$h=0.3m$（暗装）
◪	多种电源配电箱	中心标高 1.6m（暗装）

图8-2　图例

3．设计图纸

（1）变、配电站设计图

1）高、低压配电系统图（一次线路图）中应标明母线的型号、规格，变压器、发电机的型号、规格，标明开关、断路器、互感器、继电器、电工仪表（包括计量仪表）等的型号、规格、整定值。

图下方表格标注：开关柜编号、开关柜型号、回路编号、设备容量、计算电流、导体型号及规格、敷设方法、用户名称、二次原理图方案号。当选用分格式开关柜时，可增加小室高度或模数等相应栏目。

2）平、剖面图。按比例绘制变压器、发电机、开关柜、控制柜、直流及信号柜、补偿柜、支架、地沟、接地装置等平、剖面布置、安装尺寸等，当选用标准图时，应标注标准图编号、页次；标注进出线回路编号、敷设安装方法，图纸应有比例。

3）继电保护及信号原理图。

4）竖向配电系统图。以建（构）筑物为单位，自电源点开始至终端配电箱为止，按设备所处相应楼层绘制，应包括变、配电站变压器台数、容量、发电机台数、容量、各处终端配电箱编号，自电源点引出回路编号（与系统图一致），接地干线规格。

5）相应图纸说明。图中表达不清楚的内容，可随图作相应说明。

（2）配电、照明设计图

1）配电箱（或控制箱）系统图，应标注配电箱编号、型号，进线回路编号；标注各开关（或熔断器）型号、规格、整定值；配电回路编号、导线型号规格（对于单相负荷应标明相别），对有控制要求的回路应提供控制原理图；对重要负荷供电回路宜标明用户名称。上述配电箱（或控制箱）系统内容在平面图上标注完整的，可不单独出配电箱（或控制箱）系统图。

2）配电平面图应包括建筑门窗、墙体、轴线、主要尺寸、工艺设备编号及容量；布置配电箱、控制箱，并注明编号、型号及规格；绘制线路始、终位置（包括控制线路），标注回路规模、编号、敷设方式，图纸应有比例。

3）照明平面图，应包括建筑门窗、墙体、轴线、主要尺寸，标注房间名称，绘制配电箱、灯具、开关、插座、线路等平面布置，标明配电箱编号，干线、分支线回路编号、相别、型号、规格、敷设方式等；凡需二次装修部位，其照明平面图随二次装修设计，但配电或照明平面上应相应标注预留的照明配电箱，并标注预留容量；图纸应有比例。

4）图中表达不清楚的，可随图作相应说明。

8.5.2　施工图示例

1．竖向配电系统图

图8-3是某工程竖向配电系统图示例。

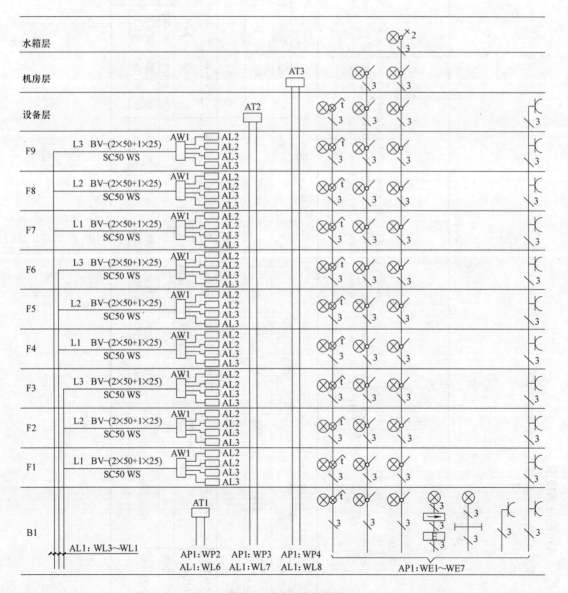

图8-3　竖向配电系统图

2. 低压配电系统图

图8-4是某工程低压配电系统图示例。

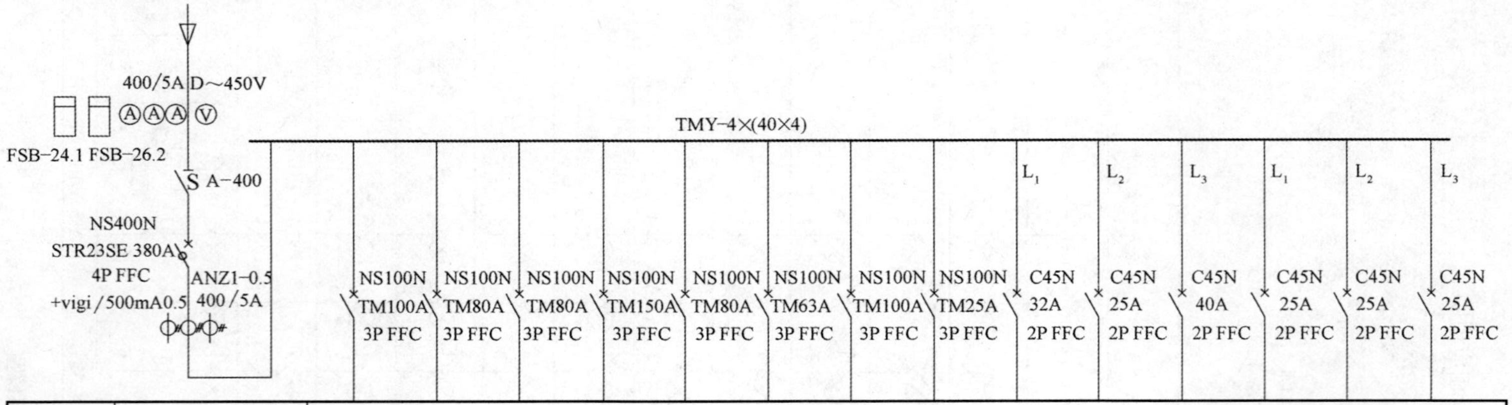

进线（一次回路）主要标注：

- FSB-24.1　FSB-26.2
- 400/5A　D～450V
- Ⓐ Ⓐ Ⓐ　Ⓥ
- S　A-400
- NS400N　STR23SE 380A　4P FFC　+vigi/500mA 0.5
- ANZ1-0.5　400/5A
- TMY-4×(40×4)

MP1（XL-21M-70K）各回路开关：

回路	开关	整定	相数
N1	NS100N	TM100A	3P FFC
N2	NS100N	TM80A	3P FFC
N3	NS100N	TM80A	3P FFC
N4	NS100N	TM150A	3P FFC
N5	NS100N	TM80A	3P FFC
N6	NS100N	TM63A	3P FFC
N7	NS100N	TM100A	3P FFC
N8	NS100N	TM25A	3P FFC

MP1（XL-21M-70K）配电参数：

配电柜编号 回路编号	MPI（XL-21M-70K）	N_1	N_2	N_3	N_4	N_5	N_6	N_7	N_8
设备容量（kW）	214.4	36.8	30.3	29.1	27.9	30	18.3	27.6	
计算电流（A）	353	62.9	51.8	49.7	47.7	45.6	42.7	69.9	
出线型号	ZR-W	ZR-W	ZR-W	ZR-W	ZR-W	ZR-W	ZR-W	ZR-W	
出线规格		4×35-1×16	4×35+1×16	4×35+1×16	4×35+1×16	4×35+1×16	4×35+1×16	4×50+1×25	
敷设方式	SC	CT	CT	CT	CT	CT	CT	CT	CT
负荷类别	照明进线	二层照明2MK	三层照明3MK	四层照明4MK	五层照明5MK	屋顶照明6MK	车道负荷ZCK	夜景照明ZMK	备用
备注									

MP2（XL-21M-70改）各回路开关：

各回路开关 C45N（2P FFC），整定值：32A、25A、40A、25A、25A、25A、25A、25A；相别 L_1、L_2、L_3。

MP2（XL-21M-70改）配电参数：

回路编号	IM_1	IM_2	IM_3	IM_1	IM_2	IM_3	JM_1	JM_1
设备容量（kW）	3.4	1.0	3.4	3.4	2.0	1.4		
计算电流（A）	19.3	5.7	19.3	19.3	11.4	8.0		
出线型号	ZR-BV	ZR-BV	ZR-BV	ZR-BV	ZR-BV	ZR-BV		
出线规格	3×6	3×4	3×6	3×6	3×4	3×4		
敷设方式	MR-WE	MR-WE	MR-WE	MR-WE	MR-WE	MR-WE		
负荷类别	首层照明ILK1	首层照明ILK2	首层照明ILK3	夹层照明ILK1	夹层照明ILK2	夹层照明ILK3	备用	备用

图8-4　低压配电系统图

3. 配电箱系统图

图8-5是某项目配电和系统图示例。

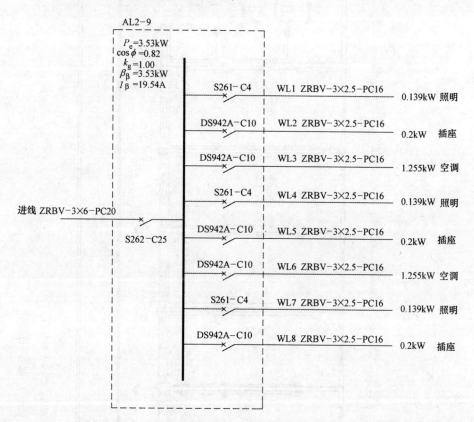

图8-5　配电箱系统图

4. 配电平面图

图8-6为某工程二层照明插座平面图图示例。

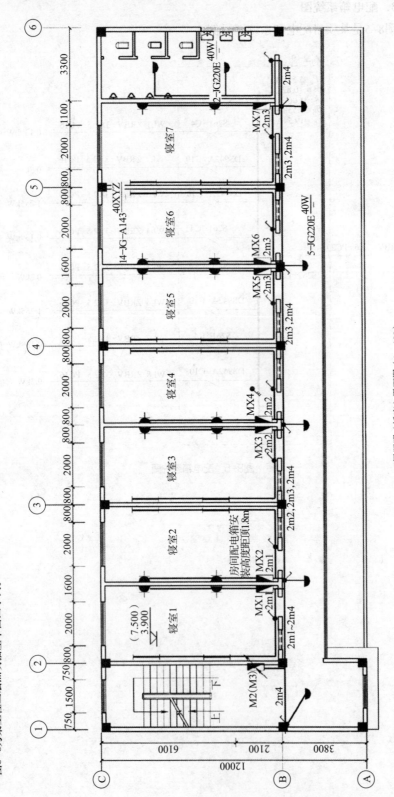

二、三层照明（插座）平面图（1:100）

图8-6 配电平面图

思考与练习题

1. 建筑物用电负荷如何进行分类?

2. 低压配电有哪些方式? 各种方式有何优缺点?

3. 什么是需要系数法? 如何用需要系数法进行负荷计算?

4. 导线的选择需要满足哪些条件?

电气照明

本章要点及学习目标

　　掌握光的基本度量物理量，照明的种类和方式，电光源的种类和特点，灯具的种类及安装要求。熟悉室内照明设计。了解室内电气工程施工图。

9.1 基本知识

光是人眼可以感觉到的，波长在一定范围内的电磁辐射，即电磁波。波长在380~780nm（1nm=10^{-9}m）范围内的电磁波能使人眼产生光感，这部分电磁波称为可见光。与其相邻波长长的部分称为红外线（780~34000nm），波长短的部分称为紫外线（380~10nm）。

1. 光的度量

光作为电磁能量的一部分，是可以量度的。光的基本度量单位有以下几个：

（1）光通量

根据辐射对标准光度观察者的作用导出的光度量。光通量的符号为Φ，单位为流明（lm）。在照明工程中，光通量是表现光源发光能力的基本物理量。

（2）发光强度

发光体在给定方向上的发光强度是该发光体在该方向的立体角元dΩ内传输的光通量dΩ除以该立体角元所得之商，即单位立体角的光通量。发光强度的符号为I，单位为坎德拉（cd）。1坎德拉表示在1球面度立体角内，均匀发出1流明的光通量，用公式表示为1cd=1lm/sr。因为光源发出的光线是向空间各个方向辐射的（图9-1），因此必须用立体角度作为空间光束的量度单位计算光通量的密度。将光源

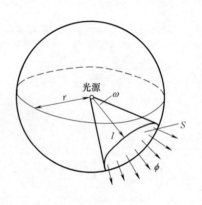

图9-1 发光强度示意

四周的发光强度大小用极坐标形式表示，连接各坐标点所形成的曲线称为该光源的配光曲线。发光强度常用于说明光源或灯具发出的光通量在空间各方向或在选定方向上的分布密度。

（3）照度

用来表示被照面上光的强弱，是指入射在包含该点的面元上的光通量dΦ除以该面元面积dA所得之商。照度的符号为E，单位为勒克斯（lx），1lx=1lm/m²。

（4）亮度

物体被照射后，将照射来的光线一部分吸收，其余反射或透射出去。只有反射或透射的光在眼睛视网膜上产生一定照度时，才可以形成人们对该物体的视觉。被视物体在视线方向单位投影面上所发出的发光强度称为亮度。亮度的符号为L，单位为cd/m²。

2. 照明质量

良好的视觉不是单纯地依靠充足的光通量，还需要一定的照明质量的要求。影响照明质量的因素很多，在进行照明设计时，应从以下几个方面考虑。

（1）合适的照度

照度是决定物体明亮度的间接指标。在一定范围内照度增加，视觉功能可

相应提高。合适的照度有利于保护视力，提高工作和学习效率。选用的照度值应符合有关标准的规定。

（2）照度均匀度

在工作环境中，人们希望被照场所的照度均匀或比较均匀。如果有彼此照度极不相同的表面，将会导致视觉不适甚至疲劳。因此，工作面与周围的照度应力求均匀。照度均匀度用规定表面上的最小照度与平均照度之比来衡量。为了获得满意的照明均匀度，灯具布置间距不应大于所选灯具最大允许距高比。

（3）合适的亮度分布

当物体发出可见光（或反光），人才能感知物体的存在，亮度愈亮，人看得就愈清楚。但若亮度过大，人眼便会感觉不舒适，超出人眼的适应范围，则灵敏度下降，反而看不清楚。照明环境不但应使人能清楚地观看物体，而且要给人以舒适的感觉，所以在整个视场内（房间内）各个表面都应有合适的亮度分布。

（4）光源的显色性

在需要正确辨色的场所，应采用显色指数高的光源，如白炽灯、日光色荧光灯和日光色镝灯等。显色指数是光源显色性的度量，以被测光源下物体颜色和参考标准光源下物体颜色的相符合程度来表示。

（5）照度的稳定性

照度变化会引起照明的忽明忽暗，不但会分散人们的注意力，给工作和学习带来不利，而且会导致视觉疲劳，尤其是5～10次/s到1次/min的周期性严重波动，对眼睛极为有害。因此，照度的稳定性应予以保证。

照度的不稳定主要是由光源光通量的变化所致，而光源光通量的变化则主要是由照明电源电压的波动所致。因此，必须采取措施保证照明供电电压的质量，如将照明和动力电源分开或用调压器等。另外，灯具的摆动也会影响视觉，而且会影响光源本身的寿命。所以，灯具应设置在没有气流冲击的地方或采取牢固的吊装方式。

（6）限制眩光

当人们观察高亮度的物体时，眩光会使视力逐渐下降。为了限制眩光，可适当降低光源和照明器具表面的亮度。如对有的光源可用漫射玻璃或格栅等限制眩光，格栅保护角为30°～45°。

（7）频闪效应的消除

交流电源供电的气体放电光源，其光通量会发生周期性的变化。最大光通量和最小光通量差别很大，使人眼产生明显的闪烁感觉，即频闪效应。当观察转动物体时，若物体转动频率是灯光闪烁频率的整数倍时，则转动的物体看上去好像没有转动一样，会造成人眼的错觉，容易发生事故。在气体放电灯的频闪效应对视觉作业有影响的场所，应采用下列措施之一：

1）采用高频电子镇流器；

2）相邻灯具分接在不同相序。

9.2 照明种类和方式

9.2.1 照明种类

照明的种类按用途可分为正常照明、应急照明、值班照明、警卫照明和障碍照明。

1．正常照明

在正常情况下使用的室内外照明。所有居住房间和工作、运输、人行车道以及室内外小区和场地等，都应设置正常照明。

2．应急照明

因正常照明的电源失效而启动的照明。它包括备用照明、安全照明和疏散照明。所有应急照明必须采用能瞬时可靠点燃的照明光源，一般采用白炽灯和卤钨灯。

（1）备用照明

用于确保正常工作或活动继续进行的照明。在由于工作中断或误操作容易引起爆炸、火灾和人身伤亡或将造成严重政治后果和经济损失的场所，例如医院的手术室和急救室、商场、体育馆、剧院、变配电室、消防控制中心等，都应设置备用照明。

（2）安全照明

用于确保处于潜在危险之中的人员安全的照明。如使用圆盘锯，处理热金属作业和手术室等处应装设安全照明。

（3）疏散照明

用于确保疏散通道被有效地辨认和使用的照明。对于一旦正常照明熄灭或发生火灾将引起混乱的人员密集的场所，如宾馆、影剧院、展览馆、大型百货商场、体育馆、高层建筑的疏散通道等，均应设置疏散照明。

应急照明的供电应符合下列规定：

1）疏散照明的应急电源宜采用蓄电池（或干电池）装置，或蓄电池（或干电池）与供电系统中有效地独立于正常照明电源的专用馈电线路的组合，或采用蓄电池（或干电池）装置与自备发电机组组合的方式；

2）安全照明的应急电源应和该场所的供电线路分别接自不同变压器或不同馈电干线，必要时可采用蓄电池组供电；

3）备用照明的应急电源宜采用供电系统中有效地独立于正常照明电源的专用馈电线路或自备发电机组。

3．值班照明

非工作时间为值班所设置的照明。值班照明宜利用正常照明中能单独控制的一部分或利用应急照明的一部分或全部。

4．警卫照明

在夜间为改善对人员、财产、建筑物、材料和设备的保卫而采用的照明。例如用于警戒以及配合闭路电视监控而配备的照明。

5．障碍照明

在可能危及航行安全的建筑物或构筑物上安装的标识照明，称为障碍照明。例如为保障航空飞行安全，在高大建筑物和构筑物上安装的障碍标志灯。障碍标志灯的电源应按主体建筑中最高负荷等级要求供电。

6．景观照明

为室内外特定建筑物、景观而设置的带艺术装饰性的照明。包括装饰建筑外观照明、喷泉水下照明、用彩灯勾画建筑物的轮廓、给室内景观投光以及广告照明灯等。

9.2.2　照明方式

由于建筑物的功能和要求不同，对照度和照明方式的要求也不同。照明方式是照明设备按其安装部位或使用功能而构成的基本制式。照明方式可分为一般照明、局部照明、混合照明和重点照明。

1．一般照明

一般照明是为照亮整个场所而设置的均匀照明。一般照明由若干个灯具均匀排列而成，可获得较均匀的水平照度。对于工作位置密度很大而对光照明方向无特殊要求或受条件限制不适宜装设局部照明的场所，可只单独装设一般照明，如办公室、体育馆和教室等。工作场所应设置一般照明，当同一场所内的不同区域有不同照度要求时，应采用分区一般照明。

2．局部照明

局部照明是为特定视觉工作用的，为照亮某个局部而设置的照明。其优点是开关方便，并能有效地突出对象。一个工作场所内不应只采用局部照明。

3．混合照明

由一般照明和局部照明组成的照明，称为混合照明。对于工作位置需要有较高照度并对照射方向有特殊要求的场合，应采用混合照明。对于作业面照度要求较高，只采用一般照明不合理的场所，宜采用混合照明。混合照明的优点是，可以在工作面（平面、垂直面或倾斜面表面）上获得较高的照度，并易于改善光色，降低照明装置功率和节约运行费用。

4．重点照明

重点照明是指为提高指定区域或目标的照度，使其比周围区域突出的照明。当需要提高特定区域或目标的照度时，宜采用重点照明。如在商场建筑、博物馆建筑、美术馆建筑等场所，需要突出显示某些特定的目标，可采用重点照明提高该目标的照度。

9.3　电光源、灯具与照明装置

9.3.1　电光源和灯具

1．电光源

电光源是指将电能转换成光学辐射能的器件。电光源按照其工作原理可分为三大类，一类是热辐射光源，如白炽灯、卤钨灯等；第二类是气体放电光源，如荧光灯、高压汞灯、高压钠灯、金属卤化物灯等；第三类是固体发光光源（电致发光光源），如LED发光二极管等。

（1）电光源的参数

电光源的性能与特点用各种参数反映，这些参数是选择光源的依据。电光源的主要参数如下：

1）额定光通量和光通量维持率

额定光通量是指由制造商给定的某一型号灯在规定条件下的初始光通量值，单位为lm。光通量维持率是指灯在给定点燃时间后的光通量与其初始光通量之比，通常用百分比表示。

2）发光效能

灯的发光效能是指灯的光通量与灯消耗电功率之比，简称光源的光效，单位为lm/W。

3）寿命

光源的寿命是指光源从初次通电工作时起到其完全丧失或部分丧失使用价值时止的累计点燃时间。寿命又分为三种：全寿命，是指灯泡从开始使用时起，到其不能再工作时为止的累计点燃时间；有效寿命，是从开始点燃起，到其光通量降低到初始值的70%时的点燃时间；平均寿命，是指在规定条件下，同批寿命试验灯所测得寿命的算术平均值。通常所指的寿命都是指平均寿命。

4）光谱能量（功率）分布

一个光源发出的光是由许多不同波长的辐射组成的，其中不同波长的辐射能量（功率）也不同。光源的光谱辐射能量（功率）按波长的分布称为光谱能量（功率）分布。用任意值表示的光谱能量分布称为相对光谱能量分布。光谱能量分布通常以曲线形式给出，它表明光源辐射的光谱成分和相对强度。图9-2是常用电光源的相对光谱能量分布曲线。

5）光源显色指数

显色性是指与参考标准光源相比较，光源显现物体颜色的特性。光源的显色性是由光源的光谱功率分布所决定的。所以，要判定物体颜色，必须先确定参考光源。人类长期在日光下生活，因而会有意识或无意识地以日光为基准来分辨颜色。显色指数是光源显色性的度量，以被测光源下物体颜色和参考标准光源下物体颜色的相符合程度来表示，符号为R。日光和标准光源的显色指数R定为100，光源的显色指数R值越大，显色性越好。

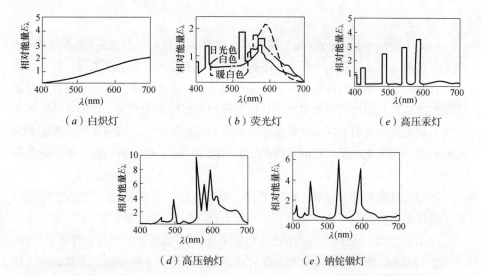

图9-2 常用电光源的相对光谱能量分布曲线

（a）白炽灯　　　　（b）荧光灯　　　　（e）高压汞灯

（d）高压钠灯　　　　（e）钠铊铟灯

（2）常用电光源

1）白炽灯

白炽灯光谱能量为连续分布型，故显色性好。白炽灯具有结构简单、使用灵活、可调光，能瞬间点燃、无频闪现象、价格便宜等优点，是目前广泛使用的光源之一。但因其极大部分热辐射为红外线，故光效很低。白炽灯的常用应用场所为：开关频繁场所、需要调光的场所、严格要求防止电磁波干扰的场所以及其他光源无法满足需求时可使用。而建筑室内照明一般场所不应采用普通照明白炽灯。应用白炽灯时其单灯功率不宜超过60W。

2）荧光灯

属于气体放电光源，其中充以低气压汞蒸气，是气体放电光源应用中最为广泛的一种。荧光灯的基本构造由灯管和附件两部分组成。附件主要是镇流器和启动器。

荧光灯的电流参数包括额定工作电流和启动电流两项。额定工作电流是根据灯管的功率、结构、电流密度而定的。在工作电流下，灯管上产生的电压降就是荧光管的灯管电压。由于荧光灯工作时必须串接入镇流器，故灯管电压比线路电压低，一般为线路电压的1/2～1/3。额定启动电流是启动时预热灯丝的电流。

荧光灯在额定电流下所消耗的功率为额定功率。线路功率是镇流器功率与荧光管功率之和。

荧光灯的发光效率以灯管所发光通量与灯管消耗功率之比来表示。计算发光效率时应考虑到镇流器所消耗的功率。荧光灯的发光效率一般为44～100lm/W。

荧光灯的光通量输出衰减到额定输出的70%时，所点燃的整个时间作为荧光灯的寿命，该时间称为有效时间。灯管的寿命可达3000h以上，平均寿命约比白炽灯大2倍。

荧光灯以交流电供电时，光通量输出随交流电变化而变化，发生闪烁现象。

3）LED灯

LED（light emitting diode）即发光二极管，其核心部分是由P型半导体和N型半导体组成的晶片，在P型半导体和N型半导体之间有一个过渡层，称为P–N结。在某些半导体材料的P–N结中，注入的少数载流子与多数载流子复合时会把多余的能量以光的形式释放出来，从而把电能直接转换为光能。LED芯片实际上是将一块电致发光的半导体材料置于一个有引线的架子上，四周用环氧树脂密封而制成的一个发光单元。目前生产的LED可以发出红、橙、黄、绿、蓝及白色等多种色光。

LED灯具由四部分组成：LED芯片、驱动电路、散热装置、二次光学系统。其主要优点包括：

①高效节能。以相同亮度比较，LED灯的耗电量远低于荧光灯和普通节能灯。

②长寿命。半导体芯片发光，无灯丝，无玻璃泡，不怕振动，不易破碎，使用寿命可达五万小时（普通白炽灯使用寿命仅1000小时，普通荧光灯使用寿命约8000小时）。

③绿色环保。荧光灯管中含有汞和铅等元素而LED灯不含汞和氙等有害元素，利于回收。

④保护视力。直流驱动，无频闪（普通灯都是交流驱动，必然产生频闪）。

⑤光效率高。目前实验室最高光效已达303lm/W，远高于白炽灯。

⑥安全系数高。所需电压、电流较小，安全隐患小。

4）卤钨灯

卤钨灯是白炽灯的一种。普通白炽灯在使用过程中，从灯丝蒸发出来的钨沉积在灯泡内壁上使玻璃壳黑化，玻璃黑化后使透光性能变差，造成发光效率降低。虽然在灯泡内充入惰性气体可在一定程度上防止玻壳黑化，但效果并不令人满意。卤钨灯除了在灯泡内充入惰性气体外，还充有少量的卤族元素（氟、氯、溴、碘），这样对于防止玻壳黑化具有较好的效果。

卤钨灯中，充入卤素碘的叫作碘钨灯。此外还有溴钨灯、氟钨灯等。碘钨灯的发光效率约为14～30lm/W，寿命一般为2000h。

5）高压汞灯

在高压汞灯的外管上加有反射膜，形成反射型的照明高压汞灯，可使光通量集中投射，作为简便的投光灯使用。在外管内将钨丝与汞放电管串联者为自镇流式高压汞灯，不必再配用镇流器，否则需配用镇流器。高压汞灯的光谱能量分布不连续，而是集中在几个窄区段上，因而其显色性能较差。高压汞灯具有功率大、光效高、耐震、耐热、寿命长等特点，常用于空间高大的建筑物中，悬挂高度一般在5m以上。由于它的显色指数低，故适用于不需要分辨颜色的大面积照明场所，在室内照明中可与白炽灯、碘钨灯等光源配合使用。

6）金属卤化物灯

金属卤化物灯是近些年发展起来的一种新型光源。它是在高压汞的放电管内填充一些金属卤化物（如碘、溴、铊、铟、镝、钍等金属化合物），利用金属卤化物的循环作用，彻底改善了高压汞灯的光色，使其发出的光谱接近天然光。同时还提高了发光效率，是目前比较理想的光源，人们称之为第三代光源。

（3）光源的选择

当选择光源时，应满足显色性、启动时间等要求，并应根据光源、灯具及镇流器等的效率或效能、寿命等在进行综合技术经济分析比较后确定。

照明设计应按下列条件选择光源：

1）灯具安装高度较低的房间宜采用细管直管形三基色荧光灯；

2）商店营业厅的一般照明宜采用细管直管形三基色荧光灯、小功率陶瓷金属卤化物灯，重点照明宜采用小功率陶瓷金属卤化物灯、发光二极管灯；

3）灯具安装高度较高的场所，应按使用要求，采用金属卤化物灯、高压钠灯或高频大功率细管直管荧光灯；

4）旅馆建筑的客房宜采用发光二极管灯或紧凑型荧光灯；

5）照明设计不应采用普通照明白炽灯，对电磁干扰有严格要求，且其他光源无法满足的特殊场所除外。白炽灯单灯功率不宜超过60W。

应急照明应选用能快速点亮的光源。

照明设计应根据识别颜色要求和场所特点，选用相应显色指数的光源。

常用光源应用场所见表9-1。

常用光源应用场所   表9-1

序号	光源名称	应用场所	备注
1	白炽灯	开关频繁场所、需要调光的场所及严格要求防止电磁波干扰的场所、其他光源无法满足需求时可使用	单灯功率不宜超过60W
2	卤钨灯	电视播放、绘画、摄影照明，反光杯卤钨灯打开用于贵重商品照明、模特照射等	
3	荧光灯	家庭、学校、科研机构、工业、商业、办公室、控制室、设计室、医院、图书馆等照明	
4	自镇流荧光灯	住宅、宾馆以及景观照明等	
5	荧光高压汞灯	一般照明场所不推荐应用，但可用于特殊景观照明	
6	金属卤化物灯	体育场馆、展览中心、游乐场所、商业街、广场、机场、停车场、车站、码头、工厂、道路等照明、电影外景摄制、演播室及景观照明	
7	普通高压钠灯	道路、机场、码头、港口、车站、广场及无显色要求的工矿企业等照明，以及景观照明	
8	LED	电子显示屏、交通信号灯、机场地面标志灯、疏散标志灯、庭院、道路等照明，以及夜景照明，旅馆客房、住宅、商店营业厅	

2. 灯具

灯具是能透光、分配和改变光源光分布的器具，以达到合理利用和避免眩光的目的。灯具包括除光源外所有用于固定和保护光源所需的全部零部件，以及与电源连接所必需的线路附件。

照明灯具主要有以下作用：1）固定光源，让电流安全地流过光源；对于气体放电灯，灯具通常提供安装镇流器、功率因数补偿电容和电子触发器的位置；2）对光源和光源的控制装置提供机械保护，支撑全部装配件，并和建筑结构件连接起来；3）控制光源发出光线的扩散程度，实现需要的配光，防止直接眩光；4）保证特殊场所的照明安全，如防爆、防水、防尘等；5）装饰和美化室内外环境，特别是在民用建筑中，可以起到装饰品的效果。

控照器的材料，一般为金属、玻璃或塑料。按照控照器的光学性质可分为反射型、折射型和透射型等多种类型。

灯具的特性通常以光强分布、亮度分布和保护角、灯具效率三项指标来表示。

光强空间分布特性是用曲线来表示的，故该曲线又称为配光曲线。一般有三种表示曲线的方法：极坐标法、直角坐标法和等光强曲线。

亮度分布和保护角（遮光角）。灯具表面亮度分布及保护角（遮光角）直接影响到眩光。

灯具的保护角（遮光角）是指灯具出光沿口遮蔽光源发光体使之完全看不见的方位与水平线的夹角，如图9-3所示。保护角（遮光角）γ的大小可用下式确定：

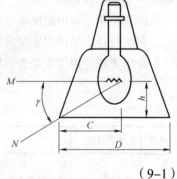

图9-3 灯具的保护角（遮光角）

$$tg\gamma = h/C \tag{9-1}$$

式中　h——发光体（灯丝）至灯具下缘高差，mm；

　　　　C——控照器下缘与发光体（灯丝）下缘最远边缘水平距离，mm。

灯具效率是指在相同的使用条件下，灯具发出的总光通量与灯具内所有光源发出的总光通量之比，是灯具的主要质量指标之一。

灯具的配光曲线、灯具效率和保护角（遮光角）三者之间是紧密相关，而又相互制约的。如为改善配光需加罩，为减弱眩光需增大保护角，但均会造成光效率降低。为此，需研制一种可建立任意大小的保护角，但不增加尺寸的新型灯具，遮光格栅就是其中的一种。

3. 灯具的种类

（1）按光通量在空间上、下两半球的分配比例分类

1）直接型灯具。由反光性能良好的不透明材料制成，如搪瓷、铝和镀锌镜面等。这类灯又可按配光曲线的形态分为广照型、均匀配光型、配照型、深照型和特深照型五种。直接型灯具效率高，但灯的上部几乎没有光线，顶棚很暗，与明亮灯光容易形成对比眩光。且由于它的光线集中，方向性强，产生的阴影也

较重。

2）半直接型灯具。它能将较多的光线照射在工作面上，又可使空间环境得到适当的亮度，改善房间内的亮度比。这种灯具常用半透明材料制成下面开口的式样，如玻璃菱形罩等。

3）漫射型或直接—间接型灯具。典型的乳白玻璃球型灯属于漫射型灯具的一种，采用漫射透光材料制成封闭式的灯罩，造型美观，光线均匀柔和。但是光的损失较多，光效较低。

4）半间接型灯具。这类灯具上半部用透明材料、下半部用漫射透光材料制成。由于上半球光通量的增加，增强了室内反射光的效果，使光线更加均匀柔和。但在使用过程中，上部很容易积灰尘，影响灯具的效率。

5）间接型灯具。这类灯具全部光线都由上半球发射出去，经顶棚反射到室内。因此能很大限度地减弱阴影和眩光，使光线均匀柔和。但由于光损失较大，不甚经济。这种灯具适用于剧场、美术馆和医院的一般照明，通常还与其他形式的灯具配合使用。

表9-2给出了各种类型灯具的光通量分配对比情况。

按光通量在上、下半球空间的分配比例分类（CIE 灯具分类）　　表 9-2

灯具类别		直接	半直接	漫射（直接—间接）	半间接	间接
光强分布						
光通量分配(%)	上	0 ~ 10	10 ~ 40	40 ~ 60	60 ~ 90	90 ~ 100
	下	100 ~ 90	90 ~ 60	60 ~ 40	40 ~ 10	10 ~ 0

（2）按灯具结构分类

1）开启式灯具。光源与外界环境直接相通。

2）保护式灯具。具有闭合的透光罩，但内外仍能自由通气，如半圆罩天棚灯和乳白玻璃球形灯等。

3）密封式灯具。透光罩将灯具内外隔绝，如防水防尘灯具。

4）防爆式灯具。在任何条件下，不会因灯具引起爆炸的危险。

（3）按固定方式（灯的安装方式）分类

1）吸顶式灯具。直接固定于顶棚上的灯具称为吸顶灯。

2）嵌入式灯具。镶嵌灯嵌入顶棚中。

3）悬吊式灯具。吊灯是利用导线或钢管（链）将灯具从顶棚上吊下来。大部分吊灯都带有灯罩。灯罩常用金属、玻璃和塑料制作而成。

4）壁式灯具。壁灯装设在墙壁上，大多数情况下与其他灯具配合使用。除有实用价值外，也有很强的装饰性。

（4）灯具的选择

灯具类型的选择与使用环境、配光特性有关。在选用灯具时，一般要考虑以下几个因素：

1）光源。选用的灯具必须与光源的种类和功率完全相适用。

2）环境条件。灯具要适应环境条件的要求，以保证安全耐用和有较高的照明效率。

3）光分布。要按照对光分布的要求来选择灯具，以达到合理利用光通量和减少电能消耗的目的。

4）限制眩光。由于眩光作用与灯具的光强、亮度有关，当悬挂高度一定时，可根据限制眩光的要求选用合适的灯具形式。

5）经济性。按照经济原则选择灯具，主要考虑照明装置的基建费用和年运行维修费用。

6）艺术效果。因为灯具还具有装饰空间和美化环境的作用，所以应注意在可能的条件下尽量做到美观，强调照明的艺术效果。

4．灯具安装的一般要求

室内照明灯具的安装方式，主要是根据配线方式、室内净高以及对照度的要求来确定，作为安装工作人员则是依据设计施工图纸进行。常用的安装方式有悬吊式、壁装式、吸顶式、嵌入式等。悬吊式又可分为软线吊灯、链吊灯、管吊灯。常用灯具的安装方式如图9-4所示，其代号见表9-3。

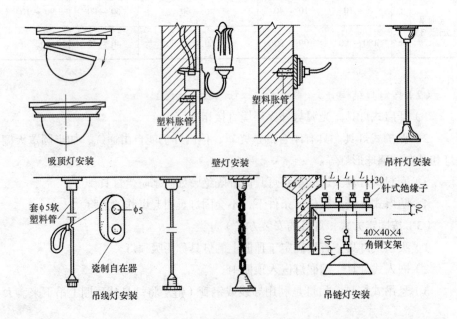

图9-4 常用灯具
安装方式

灯具的安装方式和光源种类标注符号说明　　　　表 9-3

灯具的安装方式标注符号说明		光源种类标注符号说明	
名称	标注符号	名称	标注符号
线吊式、自在器线吊式	SW	氖灯	Ne
链吊式	CS	氙灯	Xe
管吊式	DS	钠灯	Na
壁装式	W	汞灯	Hg
吸顶式	C	碘钨灯	I
嵌入式	R	白炽灯	IN
顶棚内安装	CR	荧光灯	FL
墙壁内安装	WR	电发光灯	EL
支架上安装	S	弧光灯	ARC
柱上安装	CL	红外线灯	IR
座装	HM	紫外线灯	UV
		发光二极管	LED

灯具的安装一般在配线完毕之后进行，其安装高度一般不低于2.5m。在危险性较大及特别危险场所，如灯具高度低于2.4m应采取保护措施或采用36V及以下安全电压供电。

9.3.2　照明装置

照明装置是指由若干个照明灯组成的如发光天棚之类的发光装置。常见的照明装置有发光天棚、光檐等。

1．发光天棚

发光天棚是利用有散射特性的介质将安装于天棚的光源的光通量重新分配而照亮房间。其主要特点是发光表面亮度低而面积大，能得到照度均匀、无强烈阴影、无直射眩光和间接眩光、有合适的垂直照度与水平照度的高质量照明。

构成发光天棚的材料有磨砂玻璃、半透明有机玻璃、棱镜、塑料和栅格等。这些材料用框架支撑并整幅地布置成一个平面。发光天棚的光源安装在天棚上面的夹层中。夹层要有一定的高度，以保证灯之间的距离与灯悬挂高度之比值选得恰当，并可以在夹层中方便地对照明设备进行维护。图9-5和图9-6为发光天棚

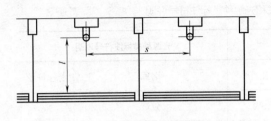

图9-5 玻璃发光天棚的一部分断面

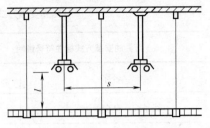

图9-6 栅格发光天棚的一部分断面

的部分断面。

发光天棚的光源可用白炽灯或荧光灯。由于荧光灯发光效率高，且容易得到均匀的亮度，所以优先选用荧光灯。发光天棚具有良好的照明质量，但也存在着发光天棚容易积尘，影响照明质量，耗电大等缺点，使用时应综合考虑。

2. 光盒与光带

光盒是嵌于天棚内的散光面积较大的矩形照明装置。图9-7给出了几种光盒的断面图。图中虚线表示透光面，实线表示反射面。

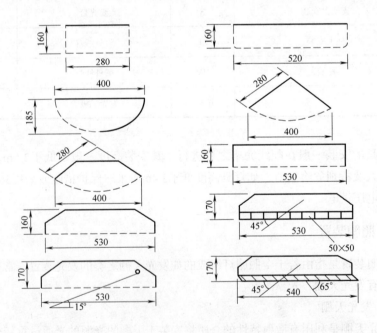

图9-7 光盒的断面图

当光盒连续布置成一条线时，得到较长的带状照明装置称为光带。

光盒和光带的特点是嵌装在天棚内，在设计和安装时需要和土建配合。

在光盒和光带中，由于发光面积较小，且需考虑较大的表面亮度，光源分布较密，光源距发光面较近，所以可造成具有封闭断面的形式，并采用反射罩。这样光带（盒）的效率提高了，亮度也更均匀，而且能较好地阻止灰尘集聚在发光面上。光盒（带）的透光面可以采用磨砂玻璃、蛋白玻璃、有机玻璃、栅格结构。

为了使光盒（带）亮度均匀，断面内灯管的数量要符合要求，一般灯间距离与灯距透射面的距离之比不应超过2.4。在光带（盒）内最好采用线光源，如荧光灯管。对于光带，为使沿光带长度亮度均匀，应将光带内成单列或多列布置的荧光灯端部错开。

光盒与光带能够制造良好的照明。在照明扩散度、均匀度方面，仅次于发光天棚，但方向性却比发光天棚好。光盒与光带可以构成各种图案，使房间的空间造型更加丰富。

3. 导光管日光照明系统

导光管日光照明系统通过采光罩高效采集室外自然光线并导入系统内重新分配，再经过特殊制作的导光管传输后由底部的漫射装置把自然光均匀高效地照射到任何需要光线的地方。导光管日光照明系统主要由三部分组成：采光装置、导光装置、漫射装置。

作为一种无需供电的照明系统，采用这种系统的建筑物白天可以利用太阳光进行室内照明。因此，其被广泛应用于大型体育场馆和公共建筑以及办公楼、住宅、商店、旅馆、白天阴暗的房间或地下室、地下车库等建筑的采光照明中。

导光管日光照明系统的主要优点包括：

节能：无需电力，利用自然光照明，同时系统中空密封，具有良好的隔热保温性能，按光源类型分类，可将其归入"冷光源"，不会给室内带来热负荷效应。

光效好：光导照明系统所传输的光为自然光，其波长范围为380nm～780nm，显色性Ra为100，且经过系统底部的漫射装置，进入室内的光为漫射光，光线柔和，照度分布均匀。

使用年限长：光导照明系统使用年限≥25年。

9.4 室内灯具布置及照度标准

9.4.1 灯具布置

灯具的布置主要就是确定灯具在室内的空间位置。灯具的布置对照明质量有重要影响。光的投射方向、工作面的照度、照明均匀性、直射眩光、视野内其他表面的亮度分布以及工作面上的阴影等，都与照明灯具的布置有直接关系。灯具的布置合理与否影响到照明装置的安装功率和照明设施的耗费，影响照明装置的维修和安全。

1. 灯具的布置方式

（1）均匀布置

均匀布置是使灯具之间的距离及行间距离均保持一定。选择布置则是按照最有利的光通量方向及清除工作表面上的阴影等条件来确定每一个灯的位置。均匀布置方式适用于要求照度均匀的场合。

（2）选择布置

选择性布置是指根据工作面的安排、设备的布置来确定。这种布灯适用于分区、分段一般照明，它的优点在于能够选择最有利光的照射方向和保证照度要求，可避免工作面上的阴影。在办公、商业、车间等工作场所内，设施布置不均匀的情况下，采用这种有选择的布灯方式可以减少一定数量的灯具，有利于节约投资与能源。

2. 常用灯具布置方案

（1）灯具的平面布置

灯具均匀布置时，一般采用矩形、菱形等形式。灯具按图9-8布置时，其等效灯具L的值计算如下：

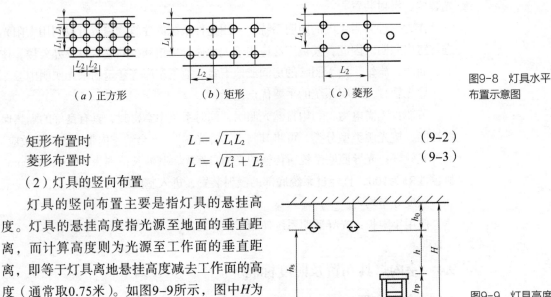

（a）正方形　　　　（b）矩形　　　　（c）菱形

图9-8　灯具水平布置示意图

矩形布置时　　　　　　　$L = \sqrt{L_1 L_2}$　　　　　　　（9-2）

菱形布置时　　　　　　　$L = \sqrt{L_1^2 + L_2^2}$　　　　　（9-3）

（2）灯具的竖向布置

灯具的竖向布置主要是指灯具的悬挂高度。灯具的悬挂高度指光源至地面的垂直距离，而计算高度则为光源至工作面的垂直距离，即等于灯具离地悬挂高度减去工作面的高度（通常取0.75米）。如图9-9所示，图中H为房间高度，h_o为照明器的垂度，h为计算高度，h_p为工作面高度，h_s为悬挂高度。

图9-9　灯具高度布置示意图

灯具的最低悬挂高度是为了限制直接眩光，且注意防止碰撞和触电危险。室内一般照明用的灯具距地面的最低悬挂高度，应不低于表规定的数值。当因环境条件限制而不能满足规定数值时，一般不低于2米。

（3）距高比

灯具间距L与灯具的计算高度H的比值称为距高比。灯具布置是否合理，主要取决于灯具的距高比是否恰当。距高比值小，照明的均匀度好，但投资大；距高比值过大，则不能保证得到规定的均匀度。因此，灯间距离L实际上可以由最有利的距高比值来决定。根据研究，各种灯具最有利的距高比列于表9-4，这些距高比值保证了为减少电能消耗而应具有的照明均匀度。

各种灯具最有利的距高比 *L/H*　　　　表 9-4

灯具类型	距高比 *L/H*		单行布置时房间最大宽度（m）
	多行布置	单行布置	
配照型、广照型工厂灯	1.8 ~ 2.5		1.2*H*
镜面（搪瓷）深照型、漫射型灯	1.6 ~ 1.8	1.8 ~ 2.0	
防爆灯、圆球灯、吸顶灯、防水防尘灯、防潮灯、	2.3 ~ 3.2	1.5 ~ 1.8	1.1*H*
荧光灯	1.4 ~ 1.5	1.9 ~ 2.5	1.3*H*

在布置一般照明灯具时，还需要确定灯具距墙壁的距离 l，当工作面靠近墙壁时，可采用 $l=(0.25 \sim 0.3)L$；若靠近墙壁处为通道或无工作面时，则 $l=(0.4 \sim 0.5)L$。

在进行均匀布灯时，还要考虑顶棚上安装的吊风扇、空调送风口、扬声器、火灾探测器等其他设备。原则上以照明布置为基础，协调其他安装工程，统一考虑，统一布置，达到既满足功能要求，又使顶棚整齐划一与美观。

9.4.2　照度标准

室内被照面上某点的照度，一般由两部分光通形成，即直射光通和反射光通。

为了使建筑照明设计符合建筑功能和保护人们的视力健康的要求，做到节约能源、技术先进、经济合理，国家对各类工业与民用建筑照明标准已有规定，具体部分数值摘录见表9-5、表9-6。

办公建筑照明标准值　　　　表 9-5

房间或场所	参考平面及其高度	照度标准值（lx）	*UGR*	U_o	R_a
普通办公室	0.75m 水平面	300	19	0.60	80
离档办公室	0.75m 水平面	500	19	0.60	80
会议室	0.75m 水平面	300	19	0.60	80
视频会议室	0.75m 水平面	750	19	0.60	80
接待室、前台	0.75m 水平面	200	—	0.40	80
服务大厅、营业厅	0.75m 水平面	300	22	0.40	80
设计室	实际工作面	500	19	0.60	80
文件整理、复印、发行室	0.75m 水平面	300	—	0.40	80
资料、档案存放室	0.75m 水平面	200	—	0.40	80

注：此表适应于所有类型建筑的办公室和类似用途场所的照明。有视觉显示屏的作业，屏幕上的垂直照度不应大于150lx。

住宅建筑照明标准值 表 9-6

房间或场所		参考平面及其高度	照度标准值 (lx)	R_a
起居室	一般活动	0.75m 水平面	100	80
	书写、阅读		300*	
卧室	一般活动	0.75m 水平面	75	80
	床头、阅读		150*	
餐厅		0.75m 餐桌面	150	80
厨房	一般活动	0.75m 水平面	100	80
	操作台	台面	150*	
卫生间		0.75m 水平面	100	80
电梯前厅		地面	75	60
走道、楼梯间		地面	50	60
车库		地面	30	60

注: * 指混合照明照度。

9.5 室内电气工程施工图

9.5.1 施工图表示的内容

对于民用建筑电气安装工程来说，其施工图主要包括图纸目录、设计说明、图例、设备材料表、电气系统图及各层电气平面图等。

由于建筑电气安装工程施工图一般不包括剖面图，因此，许多设备及配管的安装高度不能从图中获得，这类信息一般包含在设计说明中。如在设计说明中，设计人员会说明开关、配电箱、插座等的安装高度，而这些电气设备在整幢建筑中的安装高度往往是相同的。由于水平导线一般沿顶棚敷设，因此在计算配管配线工程量时不可漏算由顶棚至安装在墙壁上的电气设备（开关、配电箱、插座、壁灯等）之间的垂直长度。建筑物中的灯具的安装位置、线管及导线的型号规格则用特定的表示方法表示在图上，动力、照明线路及设备在平面图上表示方法如下：

1. 线路文字标注格式

$$a\text{-}b(c \times d)e\text{-}f$$

式中　a —— 线路编号或线路用途符号；　　b —— 导线型号；

　　　c —— 导线根数；　　　　　　　　　d —— 导线截面，不同截面分别标注；

　　　e —— 配线方式符号及导线穿管管径；　f —— 敷设部位符号。

2. 电力和照明配电箱标注格式

$a\dfrac{b}{c}$ 或 a-b-c，当需要标注引入线规格时为 $a\dfrac{b-c}{d(e \times f)-g}$

式中　a —— 设备编号；　　　　　　　　　b —— 设备型号；

c —— 设备功率，kW；　　　　　　d —— 导线型号；

e —— 导线根数；　　　　　　　　f —— 导线截面，mm^2；

g —— 导线敷设方式及部位。

3. 灯具的标注方法

$a - b\dfrac{c \times d \times L}{e}f$，吸顶灯为 $a - b\dfrac{c \times d \times L}{-}f$

式中　a —— 灯具数量；　　　　　　　　　b —— 灯具型号或编号；

c —— 每盏照明灯具的灯泡（管）数量；　d —— 灯泡（管）容量，W；

e —— 灯泡（管）安装高度，m；　　　　f —— 灯具安装方式（B, X, L, G）；

L —— 光源种类（Ne, Xe, Na, Hg, I, IN, FL）。

9.5.2 施工图示例

某学校学生宿舍电气安装工程，总安装容量104kW，计算电流155A；负荷等级为三级负荷，电源由学校总配电房引入一路三相380V电源。建筑物室内干线沿金属线槽敷设，支线穿塑料管沿楼板（墙）暗敷。电力系统采用TN-S制，从总配电柜开始采用三相五线，单相三线制，电源零线（N）与接地保护线（PE）分别引出，所有电器设备不带电的导电部分、外壳、构架均与PE线可靠接地。

电气安装工程施工图纸（部分）如图9-10至图9-12所示。

15	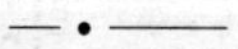 —— • ——	边缘说明线路	
14	—— ——	导线	导线截面详见说明书
13	 ▭	电缆桥架	距地3m安装
12	⌁	单相三极空调插座	250V，16A/个，距地2.0m暗装
11	⌁	单相二、三极电源插座	250V，10A/个，距地0.3m暗装
10	⌀	多联框式开关	距地1.5m暗装
9	⌀	拉线式开关	距地1.5m暗装
8	▱	疏散指示标志灯	距地0.8m安装
7	▭	安全出口灯	距地2.5m安装
6	 ⊨	双管荧光灯	
5	 ⊢	单管荧光灯	
4	⊗c	吸顶灯	
3	A12	应急照明配电箱	
2	A1-	消防配电箱	
1	A1+	楼层配电箱	*为各模具型号，如，AL1为一层配电箱
序号	图例	名称	备注

图9-10　图例

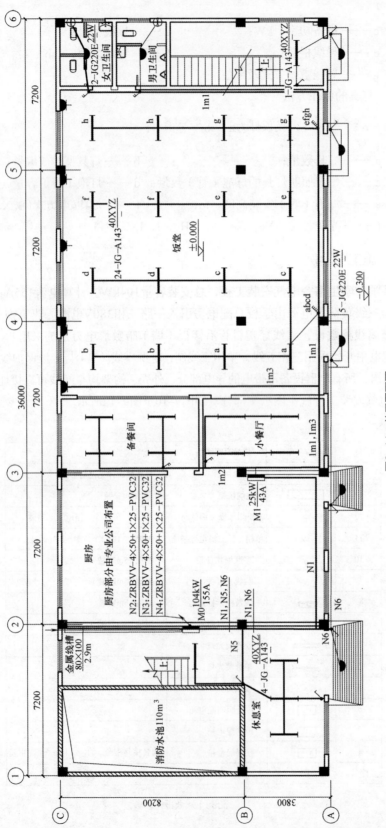

图9-11 首层平面图

图9-12 系统图

9.6 室外环境照明

室外环境照明主要是指人们进行室外活动和社会交往的城市"公共空间环境"的照明。城市公共空间包括公共建筑的外部空间、居住区住宅楼的外部空间及城市中相对独立的街道、广场、绿地和公园等。城市公共空间照明（夜景照明）包括建筑物的外观照明、机场和车站的室外环境照明、道路和立交桥的照明、广场照明、名胜古迹和公园照明、商业街特别是广告和橱窗的照明等。

9.6.1 景观照明（夜景照明）

室外照明包括建筑物的立面与装饰照明、小区及广场照明、道路及体育场地照明等。室外照明大致可分为：以明视为主的明视照明和以显示夜间景色为主的饰景照明。明视照明是为行走或进行各种活动而设置的，因此须保证道路、场地有必要的照度，且应尽量减少对正常视线形成的眩光作用。饰景照明是要创造出夜间的景色和绚丽的气氛，即用亮度对比来表现光的协调，对不同景物、不同环境的特点采取不同的照明手法，同时尽量避免由光源产生的眩光的影响。

1. 泛光照明

泛光照明的目的是用来提高一个表面或一个目标物的亮度，使其超过周围环境。泛光照明广泛用于工业、商业和娱乐场所，工业上主要用于那些天黑以后仍需继续进行室外视觉工作的场所，如码头、机场、加油站、转运站、仓库及建筑工地等。这些场所的泛光照明，除了保证工作继续有效地进行外，还能给行人或交通车辆创造舒适的感觉，因此良好的泛光照明是维护生产的重要因素。泛光照明也常用于需要安全保卫的场所、机要地方，用于照亮入口处、篱笆、小区和小路，以加强防护与安全。泛光照明还可以用来表现市容，如照亮历史性建筑和市中心区。大型娱乐场所通常都采用现代化的泛光照明。

泛光照明俗称投光照明，使用的灯具为投光灯。投光灯使用的光源有白炽灯泡、卤钨灯管、高压汞灯泡以及金属卤化物灯泡。投光灯按其结构可分为敞开型和闭合型两种。敞开型的特点是散热条件好，但反射器易被腐蚀；闭合型则可以使反射器免受污染，但散热条件差。投光灯具的玻璃镜有汇聚型和扩散型，它与光源组合构成不同类型的配光。

根据被照面的特点和要求的不同，投光灯的布置方式有：四角式、两侧式、中间式和周边式等。

1）四角式。在场地的四角设置灯塔，灯塔一般高25～50m，常用窄光束灯具作远距离投射照明，如足球场地照明。

2）两侧式。沿着场地两侧对称或交错布置投光灯，采用宽光束或中光束灯具。对称式适用于球场照明；交错式布置可提高照度的均匀度或减少光源的功率，适用于生产场地的照明。

3）中间式。在场地中间设置灯柱，并用宽光束投光灯具。这种布置方式的照明，光通利用率最高，设备费用也最低，它适用于场地中心允许装射灯杆的大面积广场、停车场等。

4）周边式。沿场地四周布置投光灯具，适用于中间不允许设置灯柱的大面积广场、停车场以及自行车比赛场地的照明，灯柱采用均匀布置。

为了尽量减少正常视线方向的眩光，投光灯的安装应具有一定的高度。

2．建筑物立面照明

当建筑物处于繁华地带或具有特殊意义时，建筑物往往需要装饰照明来衬托建筑艺术，因此装饰照明便成为建筑艺术整体的一个重要组成部分。建筑物的装饰照明大体上有沿建筑物轮廓装设串灯或霓虹灯、建筑立面的泛光照明及建筑物的效果照明等。

（1）沿建筑物轮廓装设串灯

沿建筑物轮廓装设串灯即彩灯，能够勾画出建筑的艺术造型，展示建筑物的建筑风采，特别适用于具有民族风格的亭台楼阁式建筑。

串灯有固定式及悬挂式两种，一般设置于建筑物的高处。固定式串灯采用定型的彩灯灯具。灯具的底座有溢水孔，因此灯罩不必密封，雨水可自然排出。悬挂式串灯多用于建筑的四角无法装设固定式串灯的场所。

（2）霓虹灯照明

沿建筑物的轮廓敷设霓虹灯，或在高层建筑的顶部或底部，用霓虹灯装饰招牌、广告及各种宣传牌。这样不仅具有宣传广告及招牌的作用，还能点缀市容、美化城市，且较白炽灯泡节省电力，但建设费用较高，维护工作较串灯复杂。

霓虹灯管工程是一种高压特殊工程，霓虹灯需在灯管两端加高电压时，才能产生辉光放电而发光，所以霓虹灯需配置专用的变压器。此种变压器是一种单相变压器，低压输入220V交流电，高压输出15000V，额定容量为450VA。一台霓虹灯变压器一般可供10mϕ12mm的灯管，或供8mϕ6～10mm的灯管，因为灯管越细，管压降越高，供电灯管长度越短。霓虹灯变压器应紧靠灯管安装。

霓虹灯应配置专用的电控箱，电控箱内一般装有电源总开关、定时开关及接触器。电源总开关一般采用空气开关，定时开关有电子式及钟表机构式两种。如果需要霓虹灯经常变换图案，必须用灯管制成各种图案，采用程序控制器按一定顺序接通相应图案灯管。各色霓虹灯管的规格性能参数见表9-7。

（3）投光立面照明

建筑物设置立面照明，以便晚间突出建筑物的轮廓。建筑物立面照明灯具近年来多采用投光灯，因投光灯省电，当光线配合协调、明暗搭配适当，建筑物犹如玲珑剔透的雕塑品耸立于夜幕之中，不仅可供人欣赏，而且起到了美化城市的作用。

1）照明面的选择

建筑物照明面的选择，应根据建筑物的朝向确定，凡正对繁华街面或广场

霓虹灯管的规格性能参数 表9-7

颜色	灯管外径（mm）	用电量（W/m）	所需电压（V/m）	每台变压器供灯管长度（m）
红	15 ~ 16	11.5	1300	9
	12 ~ 13	14	1500	7.5
	9 ~ 10	17.5	2000	6
	7 ~ 7.5	23.5	2500	4.5
绿或蓝	15 ~ 16	8.4	1000	12.5
	12 ~ 13	9.5	1200	11
	9 ~ 10	11	1300	9.5
	7 ~ 7.5	14	1500	7.5
白或黄	15 ~ 16	21	2400	5
	12 ~ 13	26	3000	4

的立面，应为照明面。但也不尽然，如能代表一个城市风格的高层建筑，从四面八方都能看到高耸的立面，则每个面都为照明面。

2）投光灯的设置点

建筑立面照明要求有比较均匀的照度、适当的阴影和亮度对比，因此投光灯的装设地点必须根据建筑体形和周围环境特点来确定。

①对于正方形或长方形的建筑物，应使建筑物两相邻的立面有明显的亮度差异，以便有较好的透视感。为了使立面突出，投射灯的安装位置应使投射方向与观看方向存在一个夹角。为了表现立面的特点，光在建筑物立面的入射角应小于90°；对有深凹部分的立面，入射角可取0°~60°；立面平整时入射角可取60°~85°；要表现立面结构的细部时，入射角可取80°~85°，并采用散射光。

②对于圆塔形建筑物，重点是突出建筑物的圆体形。因此，需围绕建筑物设置二至三个投射点，并采用窄光束或中光束投光灯，光束尽可能向上投射且愈高愈好，光的入射角（由中心线到塔边缘）可取0°~90°，这样可使塔身上形成一条光带。当观看方向与投射方向一致时，则看到的是中间亮两边较暗；当观看方向在两组投光灯之间时，圆形建筑物中间部位较暗而两边明亮，于是加强了圆形感。

③对低层的建筑物，可用宽光束投光灯沿建筑物底层平面形状设置。

④对高层的建筑物，可用多个窄光束或中光束投光灯沿建筑物底层平面形状设置，调整光束在立面的分布可获得均匀的亮度。

当建筑立面平整时，需使投光灯非常接近立面，才能产生明暗效果。若要突出立面的垂直线条，则应用中光束投光灯从建筑立面两侧投光。立面具有水平线条时，投光灯不宜太接近立面，否则凸出的梁将形成宽而深的阴影。建筑物有凸凹部分时，为了避免产生过分的阴影，可把小型光源安装在局部的凸出或凹进部分内，作为光的补充。

一般情况下，为了得到较均匀的立面照明，投光灯距建筑物的距离l与建筑物的高度H之比应不小于1：10。为了节约能源及获得较好的光色，投光照明宜采用大功率金属卤化物灯做光源。

9.6.2 庭院照明

1．路灯和庭院灯具类型

常用路灯可分为：马路弯灯、悬臂式高杆路灯、柱灯和草坪灯四类。

（1）马路弯灯

此类分一般马路弯灯和大马路弯灯。前者多装在墙壁上，也可用于室内，而后者附设在架空线路的电杆上。这类灯具虽无保护角，但光损失小，因而多用于要求不高的住宅区道路照明。

（2）悬臂式高杆路灯

悬臂式高杆路灯分为单叉式、双叉式和多叉式三种。为了控制光通的分布，灯具内常装有反射罩。灯具常以高压汞灯、高压钠灯或金属卤化物灯为光源。

（3）柱灯类和草坪灯

柱头灯型有各种艺术造型，常以白炽灯泡或高压汞灯等做光源。用于一般庭院照明时，灯高3.5～5m，灯柱为钢管。用于较大广场照明时，灯高为5～7m，灯柱用水泥杆。

草坪灯专用于庭院绿化曲径照明，光源采用白炽灯泡，灯柱高约0.6m，光线朝下照射。

2．路灯布置

（1）布置方式

路灯布置方式有单侧布灯、两侧交叉布灯、丁字路口布灯、十字路口布灯和弯道布灯。其各自适用条件为：当路面宽度小于9m，或照度要求不高的道路，常采用单侧布灯。当路面宽度大于9m，或照度要求较高的道路，可在道路两侧对称布灯或交叉布灯。在交通繁忙的丁字路口、十字路口和弯道，分别采用丁字路口布灯、十字路口布灯和弯道（一般在弯道外侧）布灯。在特别狭窄的地带，也可在建筑物的外墙布灯。

（2）安装高度及间距

为了减弱眩光，路灯需具有一定的安装高度和间距。对于马路弯灯安装高度一般为距地4m，其间距为30～40m。对于悬臂式高杆路灯，其安装高度一般在7m以上，若采用非截光型灯具，其安装高度宜大于道路计算宽度的1.2倍，灯柱的间隔不宜大于安装高度的4倍；如采用半截光型灯具，安装高度也需大于道路计算宽度的1.2倍，灯柱的间隔不宜大于安装高度的3.5倍；如采用截光型灯具时安装高度要大于道路计算宽度，灯柱的间隔不宜大于安装高度的3倍。路灯的安装高度与道路计算宽度如图9-13所示。

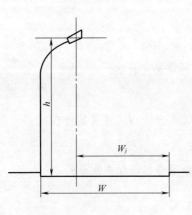

图9-13 路灯的安装高度与道路计算宽度示意图

9.6.3 特种照明

1. 障碍照明

高层建筑应根据建筑物的地理位置、建筑高度及当地航空部门的要求，考虑是否设置航空障碍灯。因此，航空障碍灯的设置成为高层建筑照明设计的一个组成部分。

障碍灯一般装设在建筑物的顶端。当最高点平面面积较大或是为成组建筑群时，除在最高点装设障碍灯外，还应在外侧转角的顶端分别装设障碍灯。障碍灯应为红色，有条件时宜用闪光灯照明，最高端的障碍灯的光源不宜少于2个。

对平面面积大的高层建筑，除在最高处设置障碍灯外，还要求在建筑物四周转角处各设一组灯，而且当建筑面宽度超过45m时，中间加装一组；建筑物的高度超过45m时，高度每增加45m，应再增设一层障碍灯。

航空障碍灯属一级负荷，应设置应急电源回路。为了有可靠的供电电源，市电与应急电源的切换最好在障碍灯控制盘处进行。每处装2个障碍灯，由双电源通过切换箱分别供电，并由光电控制器控制灯的启闭。障碍灯的位置选择，应考虑远处能看到闪光，而且在各个方向尽量不被其他物体遮挡，同时还应考虑维修方便。

2. 水下照明

高层建筑中的高级旅游宾馆、饭店、办公大厦的庭院或广场上，大多安装有灯光喷泉池或音乐灯光喷泉池。各种喷头在水底照明的配合下，喷出各种引人入胜的水柱花型，有的像花篮，有的像银色花朵从水中喷薄而出。灯光喷水系统由喷嘴、压力泵及水下照明灯组成。常用的水下照明灯每盏灯的功率为300W，根据使用喷池的规格，一般由2只至12只组成。灯具采用具有防水密封措施的投光灯，投光灯固定在专用的三角支架上，根据需要可以灵活移动。各个灯的引线由水下接线盒引出，用软电缆相连。

思考与练习题

1. 光的度量可采用哪些物理量？各物理量的定义是什么？
2. 照明的种类按用途可分为哪些类型？
3. 描述电光源性能与特点的参数有哪些？其各自的物理意义是什么？
4. 常用的电光源有哪些？如何选择电光源？
5. 灯具的种类有哪些？灯具的特性通常可以用哪些指标来衡量？

电梯与电机

本章要点及学习目标

　　掌握电梯的分类、电梯的结构、异步电动机的结构。熟悉异步电动机的启动与异步电动机的调速。了解异步电动机的选择。

10.1　垂直输送电梯

电梯是指用电力拖动的轿厢运行于铅垂的或与铅垂方向倾斜不大于15°的两列刚性导轨之间运送乘客或货物的固定设备。在现代社会里，电梯已被广泛地应用在住宅、办公楼、宾馆、商场、医院和工厂等建筑物中。随着高层建筑的发展，电梯的作用显得更为重要。

1.电梯的种类

电梯可从不同的角度进行分类，根据建筑物的高度、用途及客流量可选择不同类型的电梯。

（1）按驱动方式分类

常用的电梯有交流电梯、直流电梯、液压电梯、直线电机驱动电梯等。

（2）按用途分类

一般可分为客梯、货梯、病床梯（医梯）、杂物梯、观光梯、消防电梯、车辆电梯（车库）等。

（3）按速度分类

可分为低速梯（通常指速度低于1.0m/s的电梯）、中速梯（通常指速度为1.0～2.0m/s的电梯）、高速梯（通常指速度高于2.0m/s的电梯）、超高速电梯（通常指速度高于5.0m/s的电梯）。

2.电梯的操纵控制方式

（1）手柄开关操纵

由电梯司机在轿厢内控制操纵箱的手柄来实现电梯的不同运行状态。目前一般适用于货梯和部分住宅楼的客梯。

（2）按钮控制电梯

这是一种简单的自动控制电梯，具有自动平层功能，又分为两种控制方式：

①轿厢外按钮控制：电梯由安装在各楼层门口的按钮箱进行操纵。电梯接收某一层楼的操纵指令，在没有完成该指令前是不接收其他楼层的操纵指令的。杂物梯和层站少的货梯选用这种控制方式。

②轿厢内按钮控制：按钮箱设在轿厢内，由司机操作。电梯只接收轿厢内按钮指令，层站的召唤按钮只点亮轿内指示灯（或电铃），不能截停和操纵电梯。

（3）信号控制电梯

这也是一种自动控制程度较高的电梯。具有自动平层、自动开门、轿厢命令登记、层站召唤登记、自动停层、顺向截停和自动换向功能。司机只要将需要停站的按钮逐一按下，再按下启动按钮即可运行。在运行中，司机只操纵启动按钮，一直到预先登记的指令全部执行完毕，若有符合运行方向的层站召唤，电梯也能被截停。采用这种控制方式的一般为有司机客梯。

（4）集选控制电梯

这是在信号控制基础上发展起来的全自动控制的电梯。与信号控制的区别主要是无司机操纵。其特点是：可把轿厢内选层信号和各层外呼梯信号集合起来，自动地决定上、下运行方向，顺序应答。

集选控制又分双向（全向）集选控制和单向（上或下）集选控制。单向只能应答一个方向（上或下）的召唤。在住宅楼内一般选用下集选方向控制。

（5）并联控制电梯

在高层大楼内往往设有多台电梯，若把2～3台电梯控制线路并联起来进行逻辑控制，共用层站外的召唤按钮，就是并联控制电梯。并联控制电梯本身具有集选功能。

若是两台并联，基站设在大楼底层，当一台电梯执行指令完毕以后，自动返回基站；另一台电梯执行指令完毕以后，就停留在最后停靠的层楼作为备行梯。当重新有召唤指令时，备行梯首先应答；当备行梯运行后又出现召唤时，则基站梯启动应答。若是三台并联集选，有两台电梯作为基站梯，另一台作为备行梯。

（6）群控电梯

在超高层的办公楼和住宅内一般要选用群控电梯的控制方式。群控是由微机控制，统一调度多台集中并列的电梯。群控可以有：

1）梯群的程序控制电梯，控制系统按照预先编制好的交通模式程序作集中调度和控制。为此选用控制方式之前就要对大楼的交通流量先做好调查，分清流量的高峰、平衡状态、空闲、上行和下行的时段区分。电梯在工作中可按照实际流量情况自动与预先编制的交通流量模式进行比较，自动选择或人工变换控制程序。比如在上行高峰时期就可对下行电梯作下行直驶控制。

2）梯群智能控制电梯，是目前最先进的电梯控制系统。它属于大楼管理系统的一个组成部分，也即属于智能建筑中的电梯群控系统。

电梯智能控制具有对交通数据的采集、交换、贮存功能。系统可以显示出所有电梯正在运行的状态，计算机可根据当时的客流情况而自动地选择最佳的运行程序。

3.电梯的驱动

变频变压驱动电梯的电力驱动系统主要有：交流变极调速系统（双速）、交流变压调速系统（调速或ACVV）、变频变压调速系统（VVVF）、直流驱动系统以及最新推出的直接力矩控制变频变压调速系统（DTC）等。

目前国内电梯除部分货梯仍在采用双速驱动以外，其他大部分客梯或客货两用梯均已采用ACVV调压调速和VVVF变频变压驱动技术了。对于高层建筑的电梯驱动系统而言，最合适的还是选用VVVF变频变压方式。这种驱动系统的电梯额定速度越来越高，国外开发的矢量变换控制VVVF电梯额定速度已达12.5m/s，而且调速性能已达到直流电动机的水平。

（1）变频变压驱动电梯

一般交流异步电动机的转速是施加于定子绕组上的交流电源频率的函数，

均匀且连续地改变定子绕组的供电频率，即可平滑地改变电机的同步转速。但是按照电机和电梯对恒转矩负载的要求，在变频调速时需保持电机的最大转矩不变，维持磁通恒定，因此定子绕组供电电压也要作相应的调节。电动机的供电电源的驱动系统应能同时改变电压和频率，即对电动机供电的变频器要求有调压和调频两种功能。使用这种变频器的电梯就称为变频变压（VVVF）电梯。

（2）变频变压电梯的主要优点

1）优越的调速性能。变频变压电梯在启动和制动过程中，通过均匀地改变电机供电的频率和电压，达到平滑调节电梯速度的目的，能够获得良好的乘用舒适感。

2）显著的节能效果。相对于变压调速（ACVV）来讲，变频变压（VVVF）调速电梯具有明显的节能效果，一般可节能30%以上。作为高层大楼内垂直方向的交通工具，其社会效益和经济效益是很大的。

3）良好的性能价格比。变频变压电梯的技术水平、调速性能、运行效率、舒适感、平层精度均优于变压调速（ACVV）电梯，但成本并不太高，而且这部分费用可以从电梯运行节省的电费中收回。

4）可靠性高。变频变压电梯具有较高的系统可靠性，故障率明显低于同类的ACVV。系统中的PC机、变频器、调速器均是可靠性较高的单元，而触点开关更少。

4.电梯的结构

电梯结构包括机房、井道、厅门、轿厢、操纵等。图10-1为电梯的结构示意图。

（1）控制屏

在操纵装置的指令下，控制屏上的元件发挥预期的作用，使电动机运转或停止、正转或反转、快速或慢速，以及达到预期的自动性能和安全动作。控制屏安装在机房中，是电梯实行电气控制的集中部件。

（2）选层器

当大楼层站在7层以上时，电梯就要增设选层器。选层器能起到指示和反馈轿厢位置、决定运行方向、发出加减速信号等作用。它可由机械式、继电器或电子式组成。当层站在7层以下时，选层器一般并入控制屏而成为一体。

（3）曳引机组

电梯的曳引机组一般由电动机、制动器、减速箱及底座组成，如果拖动装置的动力不经中间减速

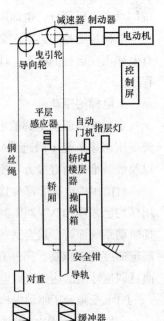

图10-1 电梯的结构简图

箱而直接传递到曳引轮上的曳引机可称为无齿轮曳引机。无齿轮曳引机的电动机电枢与制动轮和曳引轮同轴线直接相连。而拖动装置的动力通过中间减速箱传到曳引轮上的曳引机可称为有齿轮曳引机。目前在2.0m/s以上的高速电梯上多选用无齿轮曳引机。随着目前变频变压（VVVF）技术的发展，交流无齿轮曳引机已用于高速梯或超高速电梯上。减速箱一般采用蜗轮蜗杆传动，其特点是传动比大，结构紧凑，传动平稳。目前VVVF控制系统与斜齿轮曳引机相结合的高速电梯已可达到6m/s，一般都作为超高层大楼电梯曳引机组使用。

（4）终端保护装置

当由于某种事故，轿厢在最终层站越过平层位置，上行或下行终端电器限位开关也不起作用而越过平层位置300mm时，终端保护装置即动作，通过钢丝绳运动带动总电源开关切断电源，使曳引机失电制动。

（5）限速安全系统

电梯的限速安全系统是由限速器和安全钳两部分组成的。限速器是限制轿厢（或对重）速度的装置，通常安装在机房内或井道顶部。安全钳则是使轿厢（或对重）停止运动的装置。凡是由钢丝绳悬挂的轿厢均需设安全钳。安全钳设在轿厢下横梁上，并成对地同时在导轨上起作用。

限速器和安全钳必须联合动作才能发挥作用。当电梯出现故障而超速下行时，若下行速度达到限速器动作速度，则限速器工作。限速器的卡块卡住限速轮，连接限速器钢丝绳的杠杆向上提，连杆系统经安全钳块拉条带动钳块上提，楔入安全钳钳体与导轨之间，依靠摩擦力使轿厢急停下来，从而避免超速下行产生的危害。

（6）轿厢和轿架

轿厢一般由轿架、轿底、轿壁和轿顶组成。轿厢是金属构成的有一定容量的厢柜。在曳引钢丝绳的作用下，借助于上、下部四只导靴沿着导轨作上、下运动以完成载运工作。轿架由下梁、拉条、直梁、上梁等部件组成。

（7）自动门机构

电梯门按其开门方向可分为中分式、旁开式和直分式三种。在客梯中比较多选用中分式和旁开式。

电梯门的自动开关是通过开门机构来实现的，目前除了某些特殊场合，新安装的电梯基本上都采用自动门机构。门机构设在轿厢顶部，门电机的控制箱也设在轿厢顶部。按机构形式分为传统的曲柄式、滚珠螺杆式和单臂传动机。目前随着VVVF技术的发展，在一些高层建筑电梯中也用VVVF控制的直接皮带式门机构，使自动门机构的传动更加平稳可靠。

（8）导轨

导轨是电梯在工作时轿厢和对重借助于导靴在导轨面上上、下运动的部件。电梯中大量使用的是"T"形导轨，通用性强，具有良好的抗弯性能。

（9）导靴

导靴安装在轿厢上梁和轿底的安全钳座下，装在对重架上部和底部。一般每组四只导靴，分为滑动导靴和滚动导靴两种。

（10）曳引钢丝绳

曳引钢丝绳承受着电梯的全部悬挂重量，并在电梯运行中，绕着曳引轮、导向轮或反绳轮作单向或交变弯曲。由于钢丝绳的弯曲次数多，且电梯的制动及偶然急刹车等因素，使钢丝绳承受着不容忽视的动载荷，因此钢丝绳应具有较大的安全系数。

（11）对重

对重又称为平衡重。对重的作用是借助其自身的重量来平衡轿厢重量加上额定载重量的40%～50%，以改善曳引机的曳引性能。对重块可由铸铁制作或用钢筋混凝土来填充。

（12）缓冲器

缓冲器是电梯机械安全装置的最后一道措施。当电梯在井道下部运行时，由于断绳或其他故障，下部限位开关不起作用，轿厢就要向底坑掉落蹲底。这时设置在底坑的缓冲器可以减缓轿厢与底坑之间的冲击，使轿厢停止运动。缓冲器分为弹簧缓冲器和液压缓冲器。

（13）厅门

厅门也称为层门，层门设在层站入口处，根据需要，井道在每层楼设1个或2个出入口。而不设层站出入口的层楼在电梯工作中称之为盲层。层门数与层站出入口相对应。由于轿厢门是随着轿厢一起运动的，因此是主动门，而层门则是被动门。

（14）召唤按钮盒

召唤按钮盒一般安装在厅门（层门）外离地面1.3～1.5m右侧墙壁上，而集选、群控电梯是把按钮箱装在两台电梯的中间位置。当乘客按下召唤按钮时，按钮盒内信号灯亮，同时轿厢内操纵箱召唤灯也发亮或者蜂鸣器发声。当电梯到达乘客所在层站应召唤后，召唤灯便自动熄灭。

（15）层楼指示器

层楼指示器主要用以显示轿厢的运行方向和所处的层站，其规格一般是由生产厂家视需求而定。

10.2 自动扶梯

自动扶梯一般设置在人流集中的公共场所，比如高层大厦、商场、车站、码头、机场和地铁站等处。目前在高层建筑内设置自动扶梯的也越来越多，自动扶梯除了本身是一种运输机械外，其优美的造型和豪华的装饰也成了高层建筑大厅内的一道风景线。在超高层中数十层楼的区间换乘层内也常设置自动扶梯。

1．自动扶梯的构造

自动扶梯是由梯级、梯级链、导轨系统、驱动系统、张紧装置、扶手装置和金属桁架结构等组成的，如图10-2所示。

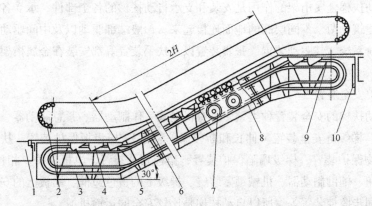

图10-2　自动扶梯的结构简图

1—建筑基础；2—转向滑轮群；3—曳引导轨；4—梯级；5—桁架；
6—扶手装置；7—驱动装置；8—曳引链；9—梳板前沿板；10—电气设备

（1）梯级

梯级也称梯级踏板，其表面有凹槽，作用是使梯级通过扶梯上下出口时能嵌在梳齿板中，以保证乘客安全上下。

（2）梯级链

梯级链是自动扶梯的牵引机构。一台自动扶梯一般有两根闭合环路的梯级链。使用梯级链的驱动装置一般设在上分支水平直级区段的末端，也就是所谓的端部驱动式。

（3）导轨系统

自动扶梯的梯级是沿着金属构架内按一定要求设置的多根导轨运行的，以形成阶梯。导轨系统的组成部分很多，有主轮和辅轮的全部导轨、反轨、反板、导轨支架以及转向壁等。导轨既要满足其在结构系统中的设计要求，还应光滑、平整、耐磨，并应具有一定的尺寸精度。

（4）驱动装置

自动扶梯的驱动装置是由电动机、减速器、制动器、传动链条以及驱动主轴组成的。作用是将动力传递给梯路系统以及扶手系统，按照驱动装置所在自动扶梯的位置又可分为端部驱动装置和中间驱动装置两种。

（5）张紧装置

张紧装置有弹簧式张紧装置和重锤式张紧装置等。张紧装置的作用是：保证牵引链条有必要的初张力；补偿牵引链条在运转过程中的伸长；牵引链条及梯级由一个分支过渡到另一个分支的改向功能；是梯路导向所必需的部件。

（6）扶手装置

扶手装置是供站立在自动扶梯梯路上的乘客作扶手使用。扶手装置由扶手驱动系统、扶手胶带、栏杆等组成。常用的扶手系统有两种结构形式,即传统使用的摩擦轮驱动形式以及压滚驱动形式。

（7）金属桁架

自动扶梯金属桁架的作用是安装和支承自动扶梯的各个部件、承受各种载荷以及将建筑物两个不同层高的地面连接起来。一般端部驱动以及中间驱动自动扶梯的导轨系统,其驱动装置、张紧装置以及扶手装置等都安装在金属桁架的里面和上面。

（8）安全装置

自动扶梯的安全装置种类繁多,有机电式工作制动器、紧急制动器、速度监控装置、梯级链安全装置（伸长和断裂保护装置）、梳齿板保护装置、扶手带入口防异物保护装置、梯级塌陷保护装置、裙板安全装置、电机保护、相位保护、急停按钮、辅助制动器、机械锁紧装置、梯级上的黄色边框、裙板上的安全刷和扶手带同步监控装置等。所以自动扶梯是比较安全的运输机械。

2. 自动扶梯的主要参数

当高层大楼的业主或承包商向自动扶梯生产厂家订购自动扶梯时,应提供一些必要的建筑物参数,同时也要对该厂家的自动扶梯规格参数有一些了解。自动扶梯的主要参数一般包括如下内容。

（1）提升高度H

提升高度是指建筑物上、下楼层之间或地下铁道地面与地下站厅之间的高度。我国目前生产的自动扶梯系列为:小提升高度H—3~10m;中提升高度H>10~45m;大提升高度H>45~65m。

（2）输送能力Q

自动扶梯的输送能力是每小时运载人员的数量。

（3）倾斜角α

一般自动扶梯的倾斜角α为30°,有时为了适应建筑物的特别需要,减少自动扶梯所占的空间,有些百货商场也可适用35°。国家标准规定:自动扶梯的倾角α应不超过30°,但如提升高度不超过6m,运行速度不超过0.5m/s时,倾斜角α最大可以增至35°。

（4）运行速度V

国家标准规定:当倾斜角小于30°（包括30°）时,运行速度不得超过0.75m/s,倾斜角大于30°但不大于35°时,不超过0.5m/s。

（5）梯级宽度B

目前我国所采用的梯级宽度B:小提升高度时单人的为0.6m,双人的为1.0m;中、大提升高度时,双人的为1.0m。国家标准除规定0.6m及1.0m两种规格外,还增加了0.8m规格。

10.3 异步电动机

异步电动机也称感应电动机。由于它具有结构简单、运行可靠、维护方便、价格低廉，并且可以直接使用交流电源等一系列优点，所以应用相当广泛。异步电动机有单相与三相之分，单相异步电动机一般是1kW以下的小型电动机，其性能较三相异步电动机差，用在只有单相电源的场合，例如家用电器等。实际工程中大部分生产机械，例如土建施工中经常使用的起重机、混凝土搅拌机都是由三相异步电动机拖动的。

1. 异步电动机的结构

异步电动机是利用电磁感应原理，并基于载流导体在磁场受力而将电能转换成机械能的旋转电机。它由定子（静止部分）和转子（旋转部分）组成。

三相异步电动机的定子由机座、定子铁心、定子绕组等组成。机座通常用铸铁或铸钢制成，机座内装有用互相绝缘的硅钢片叠成的圆筒形铁心，硅钢片的内圆周上冲有槽孔，定子铁心的内表面上均匀分布着与电动机转轴平行的线槽，用于安装定子绕组。定子绕组是用有绝缘层的导线（漆包线或纱包线）绕制而成，按一定规律嵌入铁心内表面的线槽内，并将其连接成三组，使之对称分布于铁心中。三相异步电动机的定子绕组中每一相都有两个出线端，在实际使用时，可以根据要求将三相绕组接成星形（Y形）或三角形（△形），具体接法如图10-3所示。

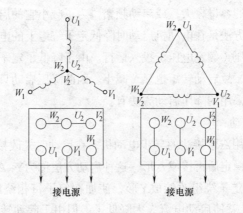

图10-3 三相异步电动机定子绕组的接法

异步电动机的转子由转轴、转子铁心、转子绕组以及风扇等组成。转子铁心是一个圆柱体，它由互相绝缘的硅钢片叠压而成，并固定在电动机的转轴上。转子铁心的外表面上有均匀分布的平行线槽，用于安置转子绕组。

转子绕组根据其结构可分为两种形式：鼠笼式和绕线式。

鼠笼式。这种绕组的结构是在转子铁心的槽内压入铜条，铜条的两端分别焊接在两个端环上，由于其形状如同鼠笼，故叫鼠笼式。

绕线式。这种绕组的结构是在转子铁心的槽内嵌置对称的三相绕组，并把它接成星形。其末端接在一起，首端分别接在转轴上的三个彼此绝缘的滑环上，每个环上用弹簧压着电刷，通过电刷使转子绕组与变阻器接通。

2. 异步电动机的启动

电动机从接通电源开始旋转，转速逐渐升高，一直达到稳定转速为止，这一过程称为启动。在实际生产过程中，启动性能的优劣（启动电流与启动转矩的大小）对生产工作有一定的影响。

当三相异步电动机接通电源后，电动机开始启动的初始瞬时，旋转磁场以最大的相对转速切割转子绕组，转子绕组的感应电动势及感应电流都很大。因此定子绕组在此时产生了较大的启动电流，其值约为额定电流的4~7倍。但定子绕组中通过较大的启动电流的时间很短，只要不是频繁启动，不会使电动机产生过热。然而较大的启动电流会使电源内部和供电线路上的压降增大，接在同一线路中的其他负载的端电压下降，从而影响其他负载的正常工作，例如使附近的照明灯泡变暗，使附近正在工作的异步电动机转矩减小等。

下面讨论几种三相异步电动机的常用启动方法：

（1）鼠笼式异步电动机的启动

1）直接启动

直接给电动机加上额定电压使之启动的方法称为直接启动，或称全压起动。这种方法简单经济，不需专门设备，但启动电流大，因此在供电变压器容量允许而且电动机的额定功率又不大时，方可采用直接启动。

2）降压启动

若异步电动机的容量较大，或启动频繁，为了减小它的启动电流，一般采用降压启动法。这种方法是在电动机启动时降低定子绕组上的电压，当电动机启动完毕后，再加上全压（额定电压）投入运行。由于降低了定子绕组上的电压，启动电流也就减小了，故启动转矩也显著减小。因此降压启动只能用于轻载或空载启动的场合。通常采用的降压启动方法有：

①Y-△换接启动

对正常运行采用△形接法的异步电动机，在启动时先改接成Y形，待启动完毕电动机转速接近稳定后再接成△形，这种启动方法称为Y-△换接启动。

由于启动时，定子绕组改接成Y形，使加在定子每相绕组上的电压只有△形接法的$1/\sqrt{3}$，这就使启动电流大大降低了。但由于起动转矩与定子绕组上所加电压的平方成正比，所以启动转矩也减小到直接启动的1/3了。

Y-△换接启动可用Y-△启动器来实现，如图10-4所示。在启动时将手柄向右扳，使右边一排动触点与静触点相连，电动机就连成星形。等电动机接近额定转速时，将手柄往左扳，则使左边一排动触点与静触点相连，电动机就换成三角形。

Y-△启动器的体积小，成本低，寿命长，动作可靠，目前4~100kW的异步电动机都已设计为380V的三角形连接，因此Y-△启动器得到了广泛的应用。

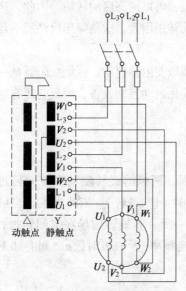

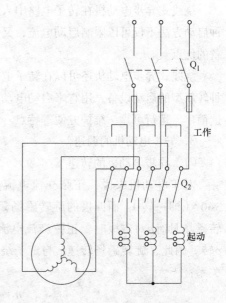

图10-4 Y-△启动器接线简图　　　　　　图10-5 自耦降压启动接线图

②利用自耦变压器降压启动

利用自耦变压器启动的电路如图10-5所示。启动时将Q_2置于"启动"位置，此时异步电动机的定子绕组接到自耦变压器的副绕组上，故加在电动机定子绕组上的电压小于电网电压，从而减小了启动电流。等到电动机转速接近稳定值时，再将Q_2扳向"运转"位置，这时异步电动机便脱离自耦变压器，直接与电网相接。用于自耦变压器降压启动的专用设备有QJ3系列手动自耦减压器。容量较大的鼠笼式异步电动机常采用自耦变压器降压启动的方法。

（2）绕线式异步电动机的启动

绕线式异步电动机可以通过滑环与电刷在转子电路接入附加电阻（启动电阻）来启动，电路如图10-6所示。启动时，首先将启动电阻调节到最大电阻值，合上电源开关，电动机开始转动，因转子电路串入电阻，转子电流得以减小，从而达到减小启动电流的目的。随着电动机转速的升高，变阻器电阻值逐步减小，当转速达到稳定值时，将电阻器短接，电动机投入正常运行。

图10-6 绕线式
异步电动机转子
电路串电阻启动

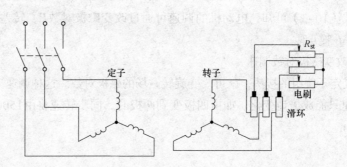

绕线式异步电动机在转子电路串入适当电阻，可以提高启动转矩。因此，这种启动方法不仅可以限制启动电流，又可使启动转矩增大，这是降压启动所不具备的优点。

绕线式异步电动机还可以在转子电路串接频敏变阻器启动。频敏变阻器是一种较新型的启动设备，用它来启动电动机可以简化启动控制设备，而且它还有制造简单、运行可靠、维护方便等特点。

3. 异步电动机的调速

（1）异步电动机的转速

对于电动机来说，正弦交流电流变化一周，两极的旋转磁场在空间转过360°（即一转），而四极的旋转磁场只转过180°（即1/2转）。依此类推，当旋转磁场具有p对磁极时，正弦交流电流每变化一周，其旋转磁场在空间转过1/p转。因此，旋转磁场转速n_1与定子绕组的电流频率f_1及磁极对数p之间有如下关系：

$$n_1 = 60 f_1 / p \qquad (10-1)$$

旋转磁场的转速n_1又称为同步转速。在我国，因工频为50Hz，所以两极旋转磁场的转速为3000r/min，四极旋转磁场的转速为1500r/min，六极旋转磁场的转速为1000r/min等。

对于异步电动机来说，转子靠电磁转矩旋转时，其转速n永远低于旋转磁场的转速n_1。这是因为如果转子加速到与旋转磁场转速相等，即$n=n_1$时，转子绕组与旋转磁场就没有了相对运动，转子绕组中不会产生感应电动势和感应电流，因此也不产生电磁转矩，转子就无法旋转。由此可见，转子总是以小于旋转磁场的转速转动，这就是异步电动机名称的由来。

通常，我们把旋转磁场的转速n_1和转子转速n的差值与旋转磁场转速n_1的比值称为异步电动机的转差率，用s表示，即

$$s = (n_1 - n)/n_1 \qquad (10-2)$$

（2）异步电动机的转速调节

人为地在同一负载下使电动机的转速从某一数值变为另一数值，以满足生产过程的需要，这一过程称为调速。由式（10-1）、（10-2）可知，异步电动机的转速为：

$$n = n_1(1-s) = 60 f_1(1-s)/p \qquad (10-3)$$

由式（10-3）可知，电动机的调速可通过改变磁极对数P、转差率s以及电源的频率f_1来实现。

1）改变磁极对数调速

改变定子绕组的接法，就可改变旋转磁场的磁极对数。这种调速方法是有级的，转速只能成倍地变化。如由四极变到两极时，同步转速将由1500r/min变到3000r/min。

一般异步电动机制造好后，其磁极对数是不能随意改变的，所以须事先制成有专门接线的"双速"、"三速"、"四速"电动机。变极调速只适用于鼠笼式异步电动机，它具有操作简便，机械特性好等优点。

2）改变转差率调速

在绕线式电动机的转子电路中接入一个连续可变的变阻器，改变电阻的大小，就可实现平滑地调速。当增大电阻时，转子电流随之减小，电磁转矩也减小，若负载转矩不变，则由于电动机的电磁转矩小于阻转矩，致使电动机转速n下降，继而使电磁转矩增加，直到电动机的电磁转矩与阻转矩相等。因此增加转子电路的调速电阻，可使转差率s上升，转速n下降，从而达到调速的目的。这种调速方法线路简单，调速电阻往往又兼作起动电阻，但缺点是损耗很大。

3）改变电源频率调速

当异步电动机的转差率变化不大时，转速与电源频率成正比。若能连续地改变电源频率，就可以达到平滑、无级调速的目的。变频调速有专门的变频器实现。

4．异步电动机的铭牌及性能参数

（1）异步电动机的铭牌

异步电动机的外壳上均有一耐久不易腐蚀的铭牌，上面标有电动机在额定运行时的主要技术数据，以便使用者按照这些数据正确地使用。图10-7是某三相异步电动机的铭牌。

图10-7 异步电动机的铭牌

三相异步电动机					
型号	Y160M-4	功率	11kW	频率	50Hz
电压	380V	电流	22.6A	接法	△
转速	1460rpm	温升	75℃	绝缘等级B	
防护等级	IP44	重量	120kg	工作方式S_1	

1）型号

异步电动机的型号按国家标准规定，由汉语拼音大写字母和阿拉伯数字组成。按书写次序包括名称代号、规格代号以及特殊环境代号，无特殊环境代号者则表示该电动机只适用于普通环境。

电动机型号中的规格代号主要用中心高（转轴中心至安装平台表面的高度）、机座长度代号、磁极数等表示。例如上述 Y160M-4型号含义为：

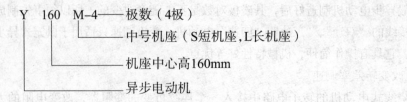

2）功率

它表示电动机在额定情况下运行时，其轴上输出的机械功率，即额定功率，单位为kW。

3）电压和接法

电动机的额定电压是指电动机正常运行时定子绕组应加的线电压，接法即表示该电动机定子绕组接成△形。目前我国生产的异步电动机额定电压均为380V。3kW以下为Y形连接，其余均为△形连接。

4）电流

电动机的额定电流是指在额定频率、额定电压和额定输出功率时，定子绕组的线电流。图10-7铭牌上所标的"22.6A"即为定子绕组接成△形，电源电压380V在额定运行时的定子绕组的线电流。

5）转速

电动机的额定转速是在额定电压、额定频率和额定负载下每分钟的转数。由于电动机的额定转速比同步转速稍低，由图10-7所示铭牌上的"转速1460rpm"，可以推知其同步转速为1500rpm。

6）工作方式

异步电动机的工作方式主要分为连续（代号为S_1）、短时（代号为S_2）、断续（代号为S_3）三种。

7）温升

电动机在运行过程中会产生各种损耗，这些损耗转化成热量，致使电动机绕组温度升高。铭牌中的温升是指电动机运行时，其温度高出环境温度的允许值。环境温度规定为+40℃。温升用℃表示。

8）防护等级

指电动机外壳防护形式的分级，例如图10-7所示铭牌中"IP44"就是国家标准所规定的防护级别标志。其中"IP"是外壳防护符号（IP是"国际防护"的英文缩写），第一个4表示防止直径大于1mm的固体异物进入，第二个4表示防止水滴溅入。

（2）异步电动机的技术数据

除上述铭牌所标的额定数据以外，还有一些说明电动机性能的技术数据，列于产品目录或手册中。

1）效率

效率指电动机在额定运行时电动机轴上输出的机械功率与定子输入电功率之

比，用百分数表示。

2）堵转电流

堵转电流是指电动机在额定频率、额定电压下，将转子卡住使之不动的情况下的定子电流，它与电动机在启动的初始瞬时的启动电流相同，也称为启动电流。

3）堵转转矩

堵转转矩是指电动机在额定频率、额定电压下，将转子卡住使之不动所需要的转矩，也称为启动转矩。

4）最大转矩/额定转矩

最大转矩是电动机启动过程中产生的最大转矩。最大转矩对额定转矩的倍数就是过载能力。

5. 异步电动机的选择

（1）类型的选择

异步电动机有鼠笼式和绕线式两种。前者具有结构简单，维护方便，价格低廉等优点，但其主要缺点是启动性能较差，调速困难，因此适用于空载或轻载启动、无调速要求的场合，例如运输机、搅拌机和功率不大的水泵、风机等多用鼠笼式异步电动机；后者启动性能较好，可在不太大的范围内调速，但其结构复杂，维护不便，故适用于要求启动转矩大和能在一定范围内调速的场合，如起重机、卷扬机等多用绕线式异步电动机。

异步电动机具有不同的结构形式和防护等级，应根据电动机的工作环境来选用。

（2）转速的选择

电动机的转速应视被动机械的要求而定。但是，通常异步电动机的同步转速不低于500rpm，因此要求转速低的被动机械需配减速装置。

异步电动机的同步转速越低，在相同功率下的体积就越大，重量越重，价格也越高，所以一般情况下通常采用$P=1$或$P=2$的异步电动机。

（3）额定功率的选择

电动机的功率是由被动机械的需要而定的。合理选择电动机的功率有很大的经济意义，认为选择功率越大的电动机越保险的想法是不对的。这样做，不仅增大了投资费用，而且使异步电动机在低于额定负载的情况下运用，导致其功率因数和效率都较低，运行费用增加。当然，如果电动机功率选得过小，则会使电动机在运行时电流较长时间超过额定值，结果会由于过热致使电动机寿命降低甚至损坏。因此，根据被动机械的需要，来选择电动机的功率才是正确的途径。

思考与练习题

1. 电梯如何进行分类？

2. 电梯的结构包括哪些部分？

3. 什么是自动扶梯？其结构包括哪些部分？

4. 什么是异步电动机？其结构包括哪些部分？

5. 异步电动机如何进行调速？

11

电气设备接地
与建筑防雷

本章要点及学习目标

掌握民用建筑低压配电系统接地形式。熟悉建筑防雷设计标准。了解建筑防雷设计方法。

11.1 电气设备的接地

为了保护人身和设备的安全，电气设备应可靠接地。电气设备的接地一般可分为保护性接地和功能性接地。保护性接地又可分为接地和接零两种形式。民用建筑低压配电系统接地形式有以下三种：

1. TN系统

电力系统有一点直接接地，受电设备的外露可导电部分通过保护线与接地点连接。按照中性线与保护线组合情况，其又可分为三种形式：

（1）TN–S系统。整个系统的中性线（N）与保护线（PE）是分开的，如图11-1（a）所示。

（2）TN–C系统。整个系统的中性线（N）与保护线（PE）是合一的，如图11-1（b）所示。

（3）TN–C–S系统。系统中前一部分线路的中性线与保护线是合一的，如图11-1（c）所示。在TN系统的接地形式中，所有受电设备的外露可导电部分必须用保护线（或共用中性线即PEN线）与电力系统的接地点相连，并且须将能同时触及的外露可导电部分接至同一接地装置上。当采用TN–C–S系统时，保护线与中性线从某点（一般为进户线）分开后就不能再合并，且中性线绝缘水平应与相线相同。

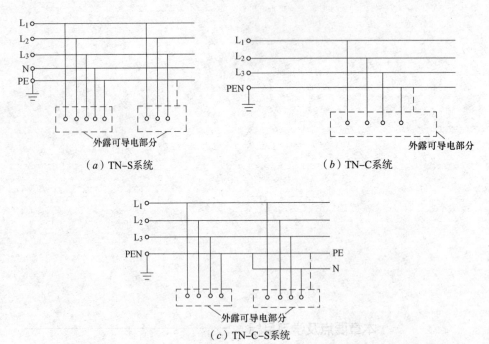

（a）TN–S系统　　　　　（b）TN–C系统

（c）TN–C–S系统

图11-1　TN系统

2. TT系统

电力系统有一点直接接地，受电设备的外露可导电部分通过保护线接至与电力系统接地点无直接关联的接地极，如图11-2所示。

在TT系统中，共用同一接地保护装置的所有外露可导电部分，必须用保护线与这些部分共用的接地极连在一起（或与保护接地母线、总接地端子相连）。

3. IT系统

电力系统的带电部分与大地间无直接连接（或有一点经足够大的阻抗接地），受电设备的外露可导电部分通过保护线接至接地极，如图11-3所示。

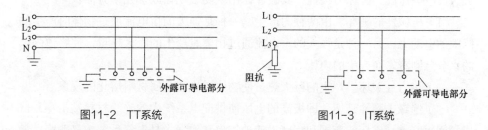

图11-2 TT系统　　　　　　　　　图11-3 IT系统

IT系统中的任何带电部分（包括中性线）严禁直接接地。IT系统中的电源系统对地应保持良好的绝缘状态。在正常情况下，从各项测得的对地短路电流值均不得超过70mA（交流有效值）。所有设备的外露可导电部分均应通过保护线与接地线连接。

IT系统必须装设绝缘监视及接地故障报警或显示装置。在无特殊要求的情况下，IT系统不宜引出中性线。

在选择系统所采用的形式时，应根据系统安全保护所具备的条件，并结合工程的实际情况，确定其中的一种。由同一台发电机、配电变压器或同一段母线供电的低压电力网，不宜同时采用两种系统接地形式。在同一低压配电系统中，当全部采用TN系统确有困难时，也可部分采用TT系统接地形式。但采用TT系统供电部分均应装设自动切除接地故障的装置（包括漏电电流动作保护装置）或经由隔离变压器供电。

11.2 建筑防雷

1. 雷电的形成及危害

雷电是一种常见的自然现象。每年从春季开始活动，到夏季最为频繁剧烈，到秋季就逐渐减少、削弱以至消失。

近年来的实验研究认为，雷电的形成包括多种原因，是在特定的场合和条件下，以某种原因为主导因素而形成的一种自然现象。雷电环境是由于天空中聚集有大量带电的雷云而造成的。所谓雷电现象，就是雷云与雷云之间，雷云与大地之间的一种放电现象。闪电就是放电时产生的强烈的光和热，雷声就是巨大的热量使空气在极短时间内急剧膨胀而产生的爆炸声响。

根据雷电现象形成和活动的形式与过程，一般可分为直接雷、间接（感应）雷两大类。直接雷是雷云对地面的直接放电。间接雷是雷云的二次作用（主要是静电感应效应和电磁效应等）造成的危害现象。无论是直接雷还是间接雷，都有可能演变成雷电的第三种作用形式——高电位侵入，即诱发很高的电压（可达数十万伏）沿着供电线路或金属管道，高速涌入配电室、用电户等建筑物的内部，引起故障。

不管是哪一种雷电作用形式，都具有共同的特点：放电时间短、放电电流大、放电电压高、破坏力极强。其破坏作用主要表现在以下几个方面：

（1）机械性的破坏。由两种力产生，一种是强大的雷电流通过物体时产生的巨大的电动力，另一种是强大的雷电流通过物体时产生的巨大热量，使物体内部的水分急剧蒸发而产生的内压力。

（2）热力性破坏。产生的巨大热量使物体燃烧和金属材料熔化的现象。

（3）绝缘击穿性破坏。即极高的电压使供配电系统中的绝缘材料被击穿，造成相间短路，使破坏的范围和程度迅速地扩大和增强，是电气系统中最普遍、最危险的一种雷电破坏形式。

（4）无线干扰性破坏。由于雷电波中夹杂有大量高频杂波，对通信、广播、电视等电子设备和系统的正常工作有强烈的干扰破坏作用。

为了防止雷电对建筑物和建筑物内电气设备的破坏，必须对容易受到雷电袭击的建筑物提供防雷保护。建筑物防雷设计的主要目的就是要做到：①保护建筑物内部的人身安全；②保护建筑物不遭受破坏和烧毁；③保护建筑物内部存放的危险物品不会损坏、燃烧和爆炸；④保护建筑物内部的电气设备和系统不受破坏。

2. 建筑防雷设计标准

建筑物的防雷设计应根据建筑物本身的重要性、使用性质、发生雷电事故的可能性和后果，结合当地的雷电活动情况和周围环境特点，综合考虑确定是否安装防雷装置及安装何种类型的防雷装置。按照我国《建筑物防雷设计规范》GB 50057—2010的要求，我国建筑物防雷共分三类。

第一类防雷建筑物包括：

（1）凡制造、使用或贮存火炸药及其制品的危险建筑物，因电火花而引起爆炸、爆轰，会造成巨大破坏和人身伤亡者。

（2）具有0区或20区爆炸危险环境的建筑物。

（3）具有1区或21区爆炸危险环境的建筑物。因电火花而引起爆炸，会造成巨大破坏和人身伤亡。

第二类防雷建筑物包括：

（1）国家级重点文物保护的建筑物。

（2）国家级的会堂、办公建筑物、大型展览和博览建筑物、大型火车站和飞机场、国宾馆、国家级档案馆、大型城市的重要给水泵房等特别重要的建筑物。

注：飞机场不含停放飞机的露天场所和跑道。

（3）国家级计算中心、国际通信枢纽等对国民经济有重要意义的建筑物。

（4）国家特级和甲级大型体育馆。

（5）制造、使用或贮存火炸药及其制品的危险建筑物，且电火花不易引起爆炸或不造成巨大破坏和人身伤亡者。

（6）具有1区或21区爆炸危险环境的建筑物。且电火花不易引起爆炸或不造成巨大破坏和人身伤亡者。

（7）具有2区或22区爆炸危险场所的建筑物。

（8）有爆炸危险的露天钢质封闭气罐。

（9）年预计雷击次数 $N>0.05$ 次/a的部、省级办公建筑物和其他重要或人员密集的公共建筑物以及火灾危险场所。

（10）年预计雷击次数 $N>0.25$ 次/a的住宅、办公楼等一般性民用建筑物。

第三类防雷建筑物包括：

（1）省级重点文物保护的建筑物及省级档案馆。

（2）建筑物年预计雷击次数 0.01 次/a$\leqslant N\leqslant 0.05$ 次/a 的部、省级办公建筑物和其他重要或人员密集的公共建筑物，以及火灾危险场所。

（3）建筑物年预计雷击次数 0.05 次/a$\leqslant N\leqslant 0.25$ 次/a 的住宅、办公楼等一般性民用建筑物或一般性工业建筑物。

（4）在年平均雷暴日大于15d/a的地区，高度在15m及以上的烟囱、水塔等孤立的高耸建筑物；在年平均雷暴日不超过15d/a的地区，高度在20m及以上的烟囱、水塔等孤立的高耸建筑物。

爆炸性粉尘环境区域的划分和代号采用现行国家标准《可燃性粉尘环境用电气设备 第3部分：存在或可能存在可燃性粉尘的场所分类》GB 12476.3—2007/IEC 61241—10：2004中的规定。

0区：连续出现或长期出现或频繁出现爆炸性气体混合物的场所。

1区：在正常运行时可能偶然出现爆炸性气体混合物的场所。

2区：在正常运行时不可能出现爆炸性气体混合物的场所，或即使出现也仅是短时存在的爆炸性气体混合物的场所。

20区：以空气中可燃性粉尘云持续地或长期地或频繁地短时存在于爆炸性环境中的场所。

21区：正常运行时，很可能偶然地以空气中可燃性粉尘云形式存在于爆炸性环境中的场所。

22区：正常运行时，不太可能以空气中可燃性粉尘云形式存在于爆炸性环境中的场所，如果存在仅是短暂的。

3. 防雷技术措施与防雷装置

（1）防雷技术措施

建筑物遭受雷电袭击与许多因素有关。如建筑物所在地区的地质条件，这是影响落雷的主要因素，即土壤电阻率小的地方易落雷；土壤电阻率突变的地区，在电阻率较小处易落雷；在山坡与稻田的交界处、岩石与土壤的交界处，多在稻田与土壤中产生雷击；地下水面积大和地下金属管道多的地点，也易遭受雷击。

其次，地形和地物条件也是影响落雷的重要因素，即建筑群中的高耸建筑和空旷的孤立建筑易受雷击；山口或风口等雷暴走廊处、铁路枢纽和架空线路转角处也易遭受雷击。第三，建筑物的构造及其附属构造条件也是影响落雷的因素，即建筑物本身所能积蓄的电荷越多，越容易接闪雷电；建筑构件（梁、板、柱、基础等）内的钢筋、金属屋顶、电梯间、水箱间、楼顶突出部位（天线、旗杆、烟道、通气管等）均容易接闪雷电。第四，建筑物内外设备条件也是影响落雷的因素，即金属管道设备越多，越易遭受雷击。

因此，对建筑物防雷措施的设计，应认真调查地质、地貌、气象、环境等条件和雷电活动规律以及被保护建筑物的特点等，因地制宜地采取防雷措施，做到安全可靠、技术先进、经济合理。总的来说，各类防雷建筑物应设防直击雷的外部防雷装置，并应采取防闪电电涌侵入的措施，同时应采取防雷击电磁脉冲的措施。需特别指出的是，任何一种防雷措施均需做到可靠接地，并保证规定的每一根引下线的冲击接地电阻值应满足相应的设计规范的要求。

防直击雷主要采用接闪器系统。防闪电感应雷主要采用将所有设备的金属外壳可靠接地，以消除感应或电磁火花。防雷电波侵入多用电涌保护器。

（2）接闪器系统

接闪器系统是建筑物防雷系统中最常用的一种系统。它有三个基本组成部分：接闪器、引下线和接地体。下面将对三个组成部分分别作介绍。

1）接闪器

建筑物防雷采用的接闪器是在建筑物顶部人为设计的最突出的金属导体。在天空雷云的感应下，接闪器处形成的电场强度最大，所以最容易与雷云间形成导电通路，使巨大的雷电流由接闪器经引下线、接地装置，疏导至大地中，从而保护了建筑物及建筑物中的人员和设备财产的安全。建筑物常采用的防雷接闪器有三种形式：接闪杆、接闪线（带）和接闪网。下面就这三种形式的接闪器分别作介绍。

a. 接闪杆

在防雷接闪器的各种形式中，接闪杆是最简单的。它一般设于屋顶有高耸或孤立部分。对于砖木结构的房屋，可把接闪杆立于房屋顶部或屋脊上。接闪杆的接闪端宜做成半球状。

接闪杆一般采用热镀锌圆钢或钢管制成。接闪杆的直径：当杆长1m以下，若为圆钢不应小于12mm，钢管不应小于20mm；当杆长1～2m，若为圆钢不应小于16mm，钢管不应小于25mm；对于设在独立烟囱顶上的接闪杆若为圆钢不应小于20mm，钢管不应小于40mm。

接闪杆应考虑防腐，除应热镀锌或涂刷防锈漆外，在腐蚀性较强的场所，还应适当加大截面或其他防腐措施。

对于接闪杆的保护范围，应使用滚球法通过计算来确定，具体内容详见相关规范要求。

b. 接闪线（带）和接闪网

接闪线（带）和接闪网一般采用圆钢或扁钢，圆钢直径不应小于8mm，扁钢截面不应小于48mm²且厚度不小于4mm。

明装时为避免接闪部位的振动，宜将接闪线（带）和接闪网用固定支架支撑，固定支架的间距取0.5～1m，固定支架的高度不宜小于150mm。同时，明装接闪器应热镀锌，焊接点应涂漆。在腐蚀性较强的场所，还应加大其截面或采取其他防腐措施。

暗装时可利用建筑构件中的钢筋或圆钢作为接闪器，用来作接闪线（带）（接闪网）的钢筋应可靠地连成一体。

接闪线（带）适用于重点保护方式，它主要安装在建筑物雷击概率高的部位进行重点保护。

接闪网适用于屋顶面积较大、坡度不大，又没有高耸的突出部位的高层建筑的屋面保护。若采用明装方式，则屋顶不便开辟其他活动场所。

2）引下线

引下线的作用是将接闪器承受的雷电流顺利引到接地装置。一般采用圆钢或扁钢，宜优先选用圆钢。安装方式有明敷和暗敷两种。

明敷引下线一般采用直径不小于8mm的圆钢或截面不小于50mm²且厚度不小于4mm的扁钢制作。在易受腐蚀的部位，截面应适当加大。每幢建筑物至少应有两根引下线，最好采用对称布置，引下线应沿建筑物外墙外表面敷设。采用多根专设引下线时，应在各引下线上距离地面0.3～1.8m之间设置断接卡。从地面下0.3m到地面上1.7m的一段引下线应采取保护措施，以防止机械损坏。引下线的敷设应尽量短而直，若必须弯曲时，弯角应大于90°。敷设时应保持一定的松紧度，也可利用建筑物的金属构件，如消防梯、钢梁、钢柱等为引下线，但应将各部分连成可靠的电气通路。

暗敷引下线时可利用钢筋混凝土柱中直径不小于10mm的主筋作为引下线，作为引下线的主筋应从上到下焊接成一个电气通路。暗敷时引下线的截面一般应比明敷时加大一级。

3）接地装置

接地装置是将雷电流或雷电感应电流迅速疏散到大地中的导体。接地体类型有三类：

a. 自然接地体

利用地下的已有其他功能的金属物体作为防雷接地装置，如直埋铠装电缆金属外皮、直埋金属管（如水管）、钢筋混凝土电杆等。利用自然接地体无需另增设备，造价较低。

b. 基础接地体

当混凝土是采用以硅酸盐为基料的水泥（如矿渣水泥、波特水泥等），且基础周围的土壤含水量不低于4%时，应尽量利用基础中的钢筋作为接地装置，以降低造价。引下线应与基础内钢筋焊在一起。

c. 人工接地体

当采用自然接地体和基础接地体不能满足防雷设计要求时，应采用人工接地体。它有垂直接地体和水平接地体两种形式。

埋于土壤中的人工垂直接地体可利用热镀锌角钢、钢管和圆钢。埋于土壤中的人工水平接地体可利用热镀锌扁管和圆钢。圆钢直径不应小于14mm，扁钢截面不应小于90mm²，且其厚度不应小于3mm，角钢厚度不应小于3mm，钢管的壁厚不应小于2mm。人工垂直接地体的长度一般为2.5m，垂直接地体和水平接地体间距均为5m，当地方受到限制时可适当减少。人工接地体在土壤中的埋深一般不小于0.5m。

接地体一般采用热镀锌钢材。当土壤有腐蚀性时，应采用热镀锌等防腐措施或加大截面。埋在土壤中的接地装置的连接应采用放热焊接，各焊点应作防腐处理。人工接地体安装完成后应将周围埋土夯实，不得回填砖石、灰渣之类杂土。为确保接地电阻满足规范要求，有时需采用降低土壤电阻率的相应技术措施。

防雷装置施工完成后，应摇表测定其接地电阻值，接地电阻值应符合规范的要求。

4. 防雷、接地设计图

防雷、接地应专门绘制施工图。其主要要求包括：

（1）绘制建筑物顶层平面，应有主要轴线号、尺寸、标高、标注避雷针、避雷带、引下线位置。注明材料型号规格、所涉及的标准图编号、页次，图纸应标注比例。

（2）绘制接地平面图，绘制接地线、接地极、测试点、断接卡等的平面位置，标明材料型号、规格、相对尺寸等及涉及的标准图编号、页次，（当利用自然接地装置时，可不出此图），图纸应标注比例。

（3）当利用建筑物（或构筑物）钢筋混凝土内的钢筋作为防雷接闪器、引下线、接地装置时，应标注连接点、接地电阻测试点、预埋件位置及敷设方式，注明所涉及的标准图编号、页次。

（4）随图说明包括：防雷类别和采取的防雷措施（包括防侧击雷、防击电磁脉冲、防高电位引入）；接地装置形式，接地极材料要求、敷设要求、接地电阻值要求；当利用桩基、基础内钢筋作接地极时，应采取的措施。

（5）除防雷接地外的其他电气系统的工作或安全接地的要求（如：电源接地形式，直流接地，局部等电位、总等电位接地等），如果采用共用接地装置，应在接地平面图中叙述清楚，叙述不清楚的应绘制相应图纸（如：局部等电位平面图等）。

图11-4是防雷系统平面图。

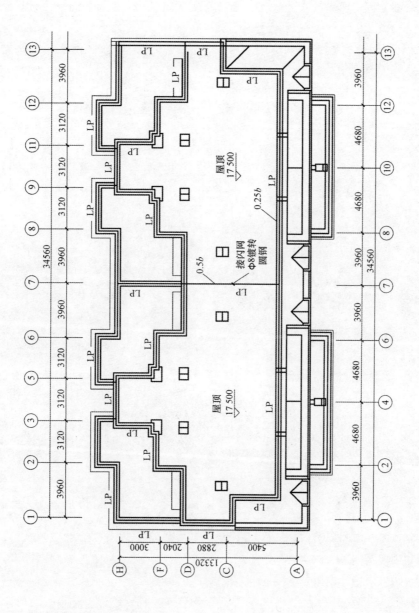

屋顶防雷接地平面图1:200

图11-4 防雷平面图

思考与练习题

1. 民用建筑低压配电系统接地形式可以分为哪三种？试绘制各种系统的简图。

2. 雷电的破坏作用主要表现在哪些方面？

3. 我国建筑物防雷分为哪三类？

4. 接闪器系统包括哪几种？

建筑自动化系统

本章要点及学习目标

　　掌握火灾自动报警系统的基本组成和常用设备，消防控制室的组成及设备，建筑保安系统的组成。熟悉消防联动设备的工作原理，室内通信、广播及有线电视系统的构成。了解建筑智能化系统的构成及各子系统的作用。

12.1 室内火灾报警系统

火灾自动报警系统是人们为了及早发现和通报火灾,并及时采取有效措施控制和扑灭火灾而设在建筑物中或其他场所的一种自动消防设施。设置火灾自动报警系统的目的是能早期发现和通报火灾,以便及时采取有效措施,防止和减少火灾造成的损失,保护人们的生命和财产安全。

12.1.1 火灾自动报警系统的基本组成

火灾自动报警系统一般由触发器件、火灾报警装置、火灾警报装置以及具有其他辅助功能的装置组成。

(1)触发器件

在火灾自动报警系统中,自动或手动产生火灾报警信号的器件称为触发器件,主要包括火灾探测器和手动火灾报警按钮。

(2)火灾报警装置

在火灾自动报警系统中,用于接收、显示和传递火灾报警信号,并能发出控制信号和具有其他辅助功能的控制指示设备称为火灾报警装置。

(3)火灾警报装置

在火灾自动报警系统中,用于发出区别于环境声、光信号的装置称为火灾警报装置。

(4)消防控制设备

在火灾自动报警系统中,当接收到来自触发器件的火灾报警信号并经确认后,能自动或手动启动相关的消防设备并显示其状态的设备,称为消防控制设备。

(5)电源

火灾自动报警系统属于消防用电设备,其主电源应当采用消防电源,备用电源采用专用蓄电池电源或消防设备应急电源,并应保证在消防系统处于最大负载状态下,不影响火灾报警控制器和消防联动控制器的正常工作。

12.1.2 火灾自动报警系统常用设备

1. 触发器件

火灾自动报警系统应设有自动和手动两种触发器件。

(1)火灾探测器

根据对火灾参数(如烟、温、光、火焰辐射、气体浓度)响应不同,火灾探测器分为感温火灾探测器、感烟火灾探测器、感光火灾探测器(火焰)、气体火灾探测器(CO,可燃气体)和复合火灾探测器五种基本类型。

1)感烟火灾探测器

感烟火灾探测器是一种感知燃烧或热分解产生的固体或液体微粒,用于探测火灾初期的烟雾并发出火灾报警信号的火灾探测器。具有发现火情早、灵敏度高、响应速度快和使用面广等特点。其类型主要有离子感烟火灾探测器、光电式感烟火灾探测器、线型光束火灾探测器、吸气式感烟火灾探测器等。

2）感温火灾探测器

感温火灾探测器是一种对警戒范围内的温度进行监测的探测器。感温火灾探测器的种类很多，根据其感温效果和结构形式可分为定温式、差温式和差定温组合式三类。常用的有双金属定温火灾探测器、热敏电阻定温火灾探测器等。

3）感光（火焰）火灾探测器

火灾发生时，除了产生大量的热和烟雾外，火焰会辐射出大量的辐射光，如红外线光、紫外线光等。感光火灾探测器就是通过检测火焰中的红外光、紫外光来探测火灾发生的探测器。

感光火灾探测器比感温、感烟火灾探测器的响应速度快，其传感器在接收到光辐射后的极短时间里就可发出火灾报警信号，特别适合对突然起火而无烟雾产生的易燃易爆场所火灾的监测。此外，感光火灾探测器不受气流扰动的影响，是一种可以在室外使用的火灾探测器。

火灾探测器的选择要根据探测区域内可能发生的早期火灾的形成和发展特点、房间高度、环境条件以及可能产生误报的因素等条件综合确定。如在火灾初期有阴燃阶段，产生大量的烟和少量的热，很少或没有火焰辐射的场所，应选用感烟火灾探测器；对火灾发展迅速，产生大量的烟、热和火焰辐射的场所，可选用感烟火灾探测器、感温火灾探测器、火焰火灾探测器或其组合；对火灾发展迅速，有强烈的火焰辐射和少量的烟、热的场所，应选用火焰火灾探测器；对使用、生产或聚集可燃气体或可燃液体蒸气的场所，应选用可燃气体火灾探测器。

（2）手动火灾报警按钮

手动火灾报警按钮是另一类触发器件。它是用手动方式产生火灾报警信号，启动火灾自动报警系统的器件。为了提高火灾报警系统的可靠性，在火灾自动报警系统中，除了设置自动触发器件（火灾探测器）外，还应设置手动触发装置。每个防火分区至少设置一只手动火灾报警按钮。从一个防火分区内的任何位置到最邻近的手动火灾报警按钮的距离不应大于30m。手动火灾报警按钮应设置在明显和便于操作的部位，宜设置在疏散通道或公共活动场所的出入口处。有消火栓的，应尽量设置在消火栓的位置。手动火灾报警按钮可兼容有消火栓泵启动按钮的功能。

手动火灾报警按钮应安装在墙壁上，安装要牢固，不得倾斜，其底边距地面的高度宜为1.3~1.5m，且应有明显的标志。手动火灾报警按钮的外接导线，应留有不少于150mm的余量，其端部应有明显的标志。在同一火灾报警系统中，应采用型号、规格、操作方法相同的同一种类型的手动火灾报警按钮。

2. 火灾自动报警装置

火灾自动报警装置主要指火灾报警控制器。

火灾报警控制器是一种具有对火灾探测器供电，接收、显示和传输火灾报警等信号，并能对消防设备发出控制指令的自动报警装置。它可单独作火灾自动报警用，也可与消防灭火系统联动，组成自动报警联动控制系统。

火灾报警控制器按其用途不同可分为区域火灾报警控制器和集中火灾报警控制器。

（1）区域火灾报警控制器

区域火灾报警控制器是直接接收火灾探测器（或中继器）发来的报警信号的多路火灾报警控制器，其接线如图12-1所示。区域火灾报警控制器接收火灾探测器发来的电信号，然后以声、光及数字方式显示出火灾发生的区域或房间号码，并把火灾信号传递给集中火灾报警控制器。区域火灾报警控制器内设有控制各种消防设备的输出电接点，可以与其他消防设施联动以达到自动报警和灭火的功能。区域火灾报警控制器设有镉镍蓄电池组，为火灾探测器提供需要的直流电源，平时由充电设备向电池组充电。

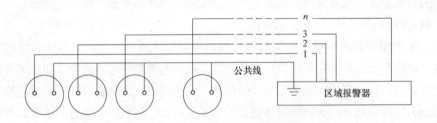

图12-1 火灾探测器与区域火灾报警控制器接线示意图

（2）集中火灾报警控制器

集中火灾报警控制器的原理与区域火灾报警控制器基本相同。它能接收区域火灾报警控制器或火灾探测器发来的火灾报警信号，用声、光及数字形式显示出火灾发生的区域和部位。集中火灾报警控制器的作用是把若干个区域火灾报警控制器连成一体，组成一个扩大了的自动报警系统，以便集中监测、管理，其功能如图12-2所示。

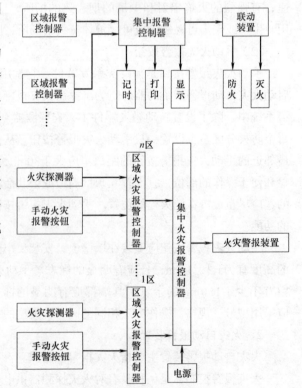

图12-2 集中火灾报警控制器功能框图

12.1.3 火灾自动报警系统

1. 火灾自动报警系统的分类

火灾自动报警系统分为区域报警系统、集中报警系统和控制中心报警系统三种基本形式。仅需要报警，不需要联动自动消防设备的保护对象宜采用区域报警系统。不仅需要报警，同时需要联动自动消防设备，且只设置一台具有集中控制功能的火灾报警控制器和消防联动控制器的保护对象，应采用集中报警系统，并应设置一个消防控制室。设置两个及以上消防控制室的保护对象，或已设置两个及以上集中报警系统的保护对象，应采用控制中心报警系统。

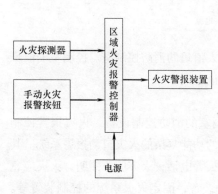

图12-3　区域报警系统

（1）区域报警系统

区域报警系统是由火灾报警控制器、火灾探测器、手动火灾报警按钮、火灾声光警报器等组成的火灾自动报警系统，其功能如图12-3所示。

区域报警系统较简单，使用很广泛。它可单独用于工矿企业的要害部位（如计算机房）和民用建筑的塔式公寓、办公楼等场所。此外，在集中报警系统和控制中心报警系统中，区域火灾报警控制器也是必不可少的设备。采用区域报警系统应注意的问题是：

1）单独使用的区域报警系统，一个报警区域宜设置一台火灾报警控制器，必要时可使用两台。如果需要设置的火灾报警控制器超过两台，就应当考虑采用集中报警控制系统。

2）当用一台火灾报警控制器警戒多个楼层时，为了在火灾探测器报警后，管理人员能及时、准确地到达报警地点，迅速采取扑救措施，应在每个楼层的楼梯口处或消防电梯前室等明显的地方设置识别着火楼层的灯光显示装置（区域显示器）。

3）火灾报警控制器应设置在有人值班的房间或场所。

（2）集中报警系统

集中报警系统是由火灾报警控制器、火灾探测器、手动火灾报警按钮、火灾声光警报器、消防应急广播、消防专用电话、消防控制室图形显示装置、消防联动控制器等组成的功能较复杂的火灾自动报警系统，其功能如图12-4所示。

集中报警系统通常用于功能较多的建筑物，如高层宾馆、饭店等场合。系统设备的布置应注意以下问题：

1）集中火灾报警控制器的输入、输出信号线，要通过控制器上的接线端子连接，不得将导线直接接到控制器上。输入、输出信号线的接线端子上应有明显的标记和编号，以便于线路的检查、维修和更换。

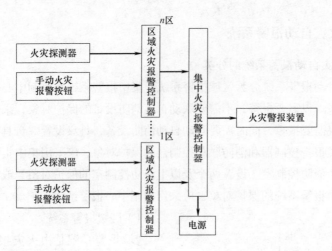

图12-4　集中报警系统

2）集中火灾报警控制器应设置在有专人值班的消防控制室。控制室的值班人员应当经过当地公安消防机构培训后，持证上岗。

（3）控制中心报警系统

控制中心报警系统是由设置在消防控制室的消防控制设备、火灾报警控制器、火灾探测器、手动火灾报警按钮等组成的功能复杂的火灾自动报警系统。其中消防控制设备主要包括：火灾警报装置，火警电话，火灾应急照明，火灾应急广播，防排烟、通风空调、消防电梯等联动装置，固定灭火系统的控制装置等。控制中心报警系统的功能如图12-5所示。

控制中心报警系统的设计应符合下列要求：

1）消防控制设备和火灾报警控制器都应设在消防中心控制室。

2）系统应能集中显示火灾报警部位信号和联动控制状态信号。设在消防中心控制室以外的各台火灾报警控制器的火灾报警信号和消防设备的联动控制信号均应按规定接到中心控制室的集中火灾报警控制器和联动控制盘上，显示其部位

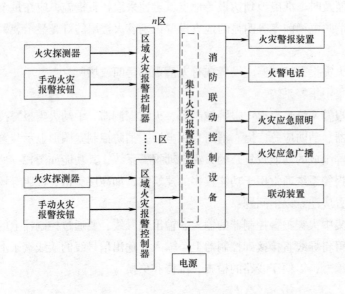

图12-5　控制中心报警系统

和设备号。

2．消防联动设备

（1）消防联动控制的基本要求

1）消防联动控制器应能按设定的控制逻辑向各相关的受控设备发出联动控制信号，并接受相关设备的联动反馈信号。

2）消防联动控制器的电压控制输出应采用直流24V，其电源容量应满足受控消防设备同时启动且维持工作的控制容量要求。

3）各受控设备接口的特性参数应与消防联动控制器发出的联动控制信号相匹配。

4）消防水泵、防烟和排烟风机的控制设备，除应采用联动控制方式外，还应在消防控制室设置手动直接控制装置。

5）启动电流较大的消防设备宜分时启动。

6）需要火灾自动报警系统联动控制的消防设备，其联动触发信号应采用两个独立的报警触发装置报警信号的"与"逻辑组合。

（2）消防联动控制设备的功能

1）消防控制设备对室内消火栓系统应有下列控制、显示功能：控制系统的启、停；显示消火栓按钮启动的位置；显示消防水泵的工作与故障状态。消火栓泵的动作信号应反馈至消防联动控制器。

2）消防控制设备对自动喷水灭火系统应有下列控制、显示功能：控制系统的启、停；显示报警阀、闸阀及水流指示器的工作状态；显示消防水泵的工作、故障状态。

3）消防控制设备对泡沫、干粉灭火系统应有下列控制、显示功能：控制系统的启、停；显示系统的工作状态。

4）消防控制设备对有管网的卤代烷、二氧化碳等灭火系统应有下列控制、显示功能：控制系统的紧急启动和切断装置；由火灾探测器联动的控制设备具有延迟时间为可调的延时机构；显示手动、自动工作状态；在报警、喷淋各阶段，控制室应有相应的声、光报警信号，并能手动切除声响信号；在延时阶段，应能自动关闭防火门、窗，停止通风、空气调节系统。

5）火灾报警后，消防控制设备对联动控制对象应有下列功能：停止有关部位的风机，关闭防火阀，并接受其反馈信号；启动有关的防排烟风机（包括正压送风机）、排烟阀，并接受其反馈信号。

6）火灾确认后，消防控制设备对联动控制对象应有下列功能：关闭有关部位的防火门、防火卷帘，并接受其反馈信号；发出控制信号，强制电梯全部停位于首层或电梯转换层，并接受其反馈信号。当确认火灾后，由发生火灾的报警区域开始，顺序启动全楼疏散通道的消防应急照明和疏散指示系统，系统全部投入应急状态的启动时间不应大于5s。消防联动控制器应具有切断火灾区域及相关区域的非消防电源的功能，当需要切断正常照明时，宜在自动喷淋系统、消火栓系统动作前切断。

7）火灾自动报警系统应设置火灾声光警报器，并应在确认火灾后启动建筑内的所有火灾声光警报器。

8）消防专用电话网络应为独立的消防通信系统。消防控制室应设置消防专用电话总机。

多线制消防专用电话系统中的每个电话分机应与总机单独连接。

电话分机或电话插孔的设置，应符合下列规定：

1）消防水泵房、发电机房、变配电室、计算机网络机房、主要通风和空调机房、防排烟机房、灭火控制系统操作装置处或控制室、企业消防站、消防值班室、总调度室、消防电梯机房及其他与消防联动控制有关的且经常有人值班的机房应设置消防专用电话分机。消防专用电话分机，应固定安装在明显且便于使用的部位，并应有区别于普通电话的标识。

2）设有手动火灾报警按钮或消火枪按钮等处，宜设置电话插孔，并宜选择带有电话插孔的手动火灾报警按钮。

3）各避难层应每隔20m设置一个消防专用电话分机或电话插孔。

4）电话插孔在安装墙上时，其底边距地面高度宜为1.3～1.5m。

消防控制室、消防值班室或企业消防站等处，应设置可直接报警的外线电话。

3. 火灾自动报警系统的电源

火灾自动报警系统应设置交流电源和蓄电池备用电源。

火灾自动报警系统的交流电源应采用消防电源，备用电源可采用火灾报警控制器和消防联动控制器自带的蓄电池电源或消防设备应急电源。当备用电源采用消防设备应急电源时，火灾报警控制器和消防联动控制器应采用单独的供电回路，并应保证在系统处于最大负载状态下不影响火灾报警控制器和消防联动控制器的正常工作。

消防控制室图形显示装置、消防通信设备等的电源，宜由UPS电源装置或消防设备应急电源供电。

火灾自动报警系统主电源不应设置剩余电流动作保护和过负荷保护装置。

消防设备应急电源输出功率应大于火灾自动报警及联动控制系统全负荷功率的120%，蓄电池组的容量应保证火灾自动报警及联动控制系统在火灾状态同时工作负荷条件下连续工作3h以上。

消防用电设备应采用专用的供电回路，其配电设备应设有明显标志。其配电线路和控制回路宜按防火分区划分。

4. 火灾自动报警系统的接地

火灾自动报警系统接地装置的接地电阻值应符合下列规定：

1）采用共用接地装置时，接地电阻值不应大于1Ω。

2）采用专用接地装置时，接地电阻值不应大于4Ω。

消防控制室内的电气和电子设备的金属外壳、机柜、机架和金属管、槽等，应采用等电位连接。

由消防控制室接地板引至各消防电子设备的专用接地线应选用铜芯绝缘导线，其线芯截面面积不应小于4mm²。

消防控制室接地板与建筑接地体之间，应采用线芯截面面积不小于25mm²的铜芯绝缘导线连接。

12.1.4　消防控制室

消防控制室是设置火灾报警控制设备和消防控制设备的专门房间，用于接收、显示、处理火灾报警信号，控制有关的消防设施。它既是火灾自动报警系统的控制和信息中心，又是火灾时灭火作战的指挥和信息中心，具有十分重要的地位和作用。

具有消防联动功能的火灾自动报警系统的保护对象中应设置消防控制室。

消防控制室内设置的消防设备应包括火灾报警控制器、消防联动控制器、消防控制室图形显示装置、消防专用电话总机、消防应急广播控制装置、消防应急照明和疏散指示系统控制装置、消防电源监控器等设备或具有相应功能的组合设备。消防控制室内设置的消防控制室图形显示装置应能显示《火灾自动报警系统设计规范》GB 50116—2013附录A 规定的建筑物内设置的全部消防系统及相关设备的动态信息和附录B 规定的消防安全管理信息，并应为远程监控系统预留接口，同时应具有向远程监控系统传输《火灾自动报警系统设计规范》GB 50116—2013附录A 和附录B 规定的有关信息的功能。

消防控制室应设有用于火灾报警的外线电话。

消防控制室应有相应的竣工图纸、各分系统控制逻辑关系说明、设备使用说明书、系统操作规程、应急预案、值班制度、维护保养制度及值班记录等文件资料。

消防控制室送、回风管的穿墙处应设防火阀。

消防控制室内严禁穿过与消防设施无关的电气线路及管路。

消防控制室不应设置在电磁场干扰较强及其他影响消防控制室设备工作的设备用房附近。

消防控制室内设备的布置应符合下列规定：

1）设备面盘前的操作距离，单列布置时不应小于1.5m，双列布置时不应小于2m。

2）在值班人员经常工作的一面，设备面盘至墙的距离不应小于3m。

3）设备面盘后的维修距离不宜小于1m。

4）设备面盘的排列长度大于4m时，其两端应设置宽度不小于lm的通道。

5）与建筑其他弱电系统合用的消防控制室内，消防设备应集中设置，并应与其他设备间有明显间隔。

消防控制室的显示与控制，应符合现行国家标准《消防控制室通用技术要求》GB 25506—2010的有关规定。消防控制室的信息记录、信息传输，也应符合现行国家标准《消防控制室通用技术要求》的有关规定。

1．消防控制室设置的一般规定

《火灾自动报警系统设计规范》规定，消防控制室的设置应当符合国家现行有关建筑设计防火规范的规定，这些建筑设计防火规范主要有：《建筑设计防火规范》、《高层民用建筑设计防火规范》、《人民防空工程设计防火规范》、《汽车库、修车库、停车场设计防火规范》等。

上述规范对各种类型建筑物内消防控制室的设置范围、位置、建筑耐火性能、通风、电气线路等都做了明确规定，目的是在发生火灾的一定时间内，保证控制室工作人员的生命安全和消防控制室内设备的正常运转。

根据消防控制室的功能要求，火灾自动报警系统、自动灭火装置、电动防火门、防火卷帘、消防电话以及火灾应急照明、火灾应急广播等系统的信号线和控制线路均要送入消防控制室。因此，为了保证消防控制设备的安全运行，便于检查维修，与消防控制室无关的电气线路和管路均不得穿过消防控制室，以免相互干扰，造成混乱。对于进入消防控制室的送、回风管，在其穿墙处应设防火阀。

2．消防控制室设备的组成

消防控制室的设备由火灾报警控制器、消防设备联动控制装置以及消防通信设备等组成。由这些设备组成的消防报警控制系统如图12-6所示。

3．消防控制室的消防通信设备

为了在发生火情时，及时报警和扑救，以减小火灾造成的损失，消防控制室应设置必要的消防通信设备。消防控制室的消防通信设备应符合下列要求：

（1）消防控制室与值班室、消防水泵房、备用发电机房、变配电室、通风空调机房、排烟机房、消防电梯机房以及其他与消防联动控制有关的且经常有人值班的机房和灭火控制系统的操作装置处或控制室，应设置固定的对讲电话或专用电话分机。

（2）手动报警按钮处宜设置对讲电话插孔。

（3）消防控制室内应设置可向当地公安消防部门直接报警的外线电话。

12.2 室内通信、广播及有线电视系统

12.2.1 通信系统

电话通信系统是各类建筑物必须设置的系统，它为建筑物内部各类人员提供快捷便利的通信服务。电话通信系统主要包括用户交换设备、通信线路网络及用户终端设备三大部分。

1．电话设备及线路器材

（1）程控电话交换机

电话交换技术可分为两类：布控式（用布置好的线路进行通信交换）和程控

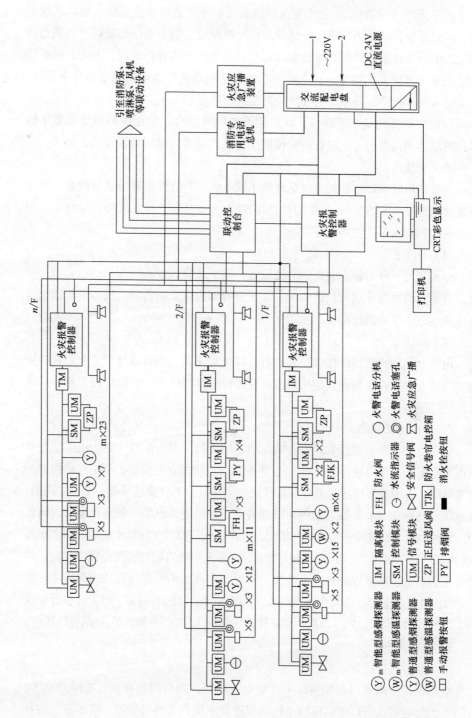

图12-6 消防报警控制系统示意图

式（按软件的程序进行通信交换）。

程控交换机全称为"存贮程序控制脉码调制（PCM）时分多路（DTM）全电子数字式电话交换机"。它主要由话路系统、中央处理系统和输入输出系统组成。话路系统包括通话网络、中继器和话路控制等，负责主叫与被叫之间的通话联络；中央处理系统的核心是微型计算机，负责信息的分析处理，并向话路系统和输入输出系统发出指令；输入输出系统包括磁盘机、读带机和电传打字机等，负责输入程序指令，并根据需要将处理结果打印显示出来。

程控交换机的基本原理是：将声频模拟信号经取样量化编码后变成数字信号，再以脉冲再生的方式进行信号传输。电路的接续为时间分隔方式。

（2）交接箱

交接箱用以承接市话局或电话站的干线电缆，并分配给各电话分线盒。常用的交接箱型号为XFS系列，以300对或400对为递增基数，接头采用压接技术，绝缘、密闭和防腐等性能均较好。

（3）分线盒

分线盘是一种有保安装置的分线设备，用于从分线设备到用户话机有架空明线，或虽无明线但导线较长的情况。保护装置即为保安避雷器，用以吸收雷电过电压或电力线引入的过电压。

（4）出线盒

出线盒是用户话机的接续设备，有接线板终接式、插口式终接式和瓷接头终接式三种，以瓷接头终接式应用最多。在程控电话网络中，宜推广使用组合式话机出线插座。

2. 室内电话线路

室内电话线路的敷设方式有：明配线、暗配线、混合配线（主干电缆或分支电缆为暗配线，用户线为明配线）。室内配线可采用塑料电缆线、裸铅包电缆和一般塑料线。室内配线应尽量避免穿越楼层的沉降缝，不宜穿越易燃、易爆、高温、高电压、高潮湿及有较强震动的地段或房间。室内电话电缆一般采用钢管内暗敷设。室内电话支线线路分为明配和暗配，敷设方式与照明支线基本相同。引出建筑物的用户线在两对以下，距离不超过10m时，多采用铁管埋地引至电话出线盒，或者采用直埋电缆或直埋塑料护套电缆。穿管暗配线的电线配管管径的利用率一般为40%，电缆配管管径的利用率为50%～60%。管子截面利用率一般为：绞合导线20%～25%，平行导线25%～30%。穿线管的弯曲半径为10倍电缆外径及6倍导线外径。

3. 电话机房

（1）电话机房位置要求

电话机房一般宜设在四层以下首层以上房间，朝南向并有窗。在潮湿地区，首层不宜设电话机房。电话机房应包括程控数字用户交换机机房、维护室、话务室、配线室及电池室等。话务室要求安静，墙壁和顶棚宜设有吸音材料；注意防火，机房内应设有火灾自动报警系统和二氧化碳灭火器。

（2）电话机房空间平面要求

电话机房应根据系统的容量及终期容量需要来考虑面积，200门及以下电话机房宜设有程控数字用户交换机机房、话务室及维修室等；容量为1000门及以上的电话机房应设有电缆进线室、配线室、交换机室、话务室、电池室、电力室以及维修器材备件用房、办公用房等。

凡采用地板的机房，其空调宜采用下送上回的方式，进风口在活动地板底电话机房的技术用房，室内最低高度一般应为梁下3m，如有困难亦应保证梁的最低处距机架顶部电缆走架应有0.2m的距离。

防静电活动地板距地面一般为160~300mm，倾斜度小于±3mm/m，同时要有良好可靠的接地。程控数字用户交换机机房的位置宜离开电磁场强度大于300mV/m的电磁干扰源。

（3）程控数字用户交换机机房

1）温湿度。数字程控交换机一般采用民用型电子元器件，机房温湿度应能满足电子元器件正常工作的要求。用于程控交换机机房的空调设备宜选择焓差低，风量大，送、回风焓差小的空调设备和处理方式。

2）防尘要求。由于程控数字用户交换机内部采用模块式结构，其插件板布满集成电路和电子元器件，因此对防尘要求较高，每年积尘应小于10g/m²，且不应含有导电、铁磁性或腐蚀性灰尘。此外，机房还应防止有害气体的侵入，如SO_2、H_2S、NH_4、NO_2等。

3）照明要求。程控数字用户交换机的工作照明，除电池间外一般采用荧光灯，布置灯位时应使机架（柜）、机台或需照明的架面、台面达到一定照度标准。

4）电源要求。程控数字用户交换机系统供电电源的负荷等级，应与建筑工程中的电器设备的最高负荷分类等级相同。程控数字用户交换机系统整流电源采用的交流电一般为单相220V（或三相380V），频率为50Hz。交换机机体允许的电源电压应平稳，应在AC220V/380V±10%的范围内，频率50Hz±5%，线电压变形畸变率小于5%。为保证程控数字用户交换机不间断工作，其电源必须要有较高的可靠性。一般采用整流器和蓄电池并用的浮充供电方式，以及采用双套整流器和蓄电池的双套冗余浮充供电方式。供电系统由交流配电屏、整流器、直流配电屏、电池组组成，机内电源系统包括AC-DC变换器和DCX-AC逆变器。

（4）电话机房的电源

电话机房的交流电源可由低压配电室或邻近的交流配电箱，从不同点引入两路独立电源，一用一备，末端可自动切换。当有困难时，也可引入一路交流电源。交流电源引入方式宜采用暗管配线TN系统。引入交流电源为TN系统时，宜采用TN-C-S供电方式。

（5）电话机房接地要求

机房内宜设置地线，其工作地和保护地联合设置，采用单点接地方式，接地电阻一般不应大于5Ω，以保证工作接地线上无电流。当机房与建筑采用联合接地方式时，其接地电阻不应大于1Ω，其地线可接至机房所在楼层的接地总汇集线上，如达不到要求，应增加接地体数量或采取人工降阻措施。当机房接地与建筑接地采用分散接地方式时，系统应单独接地，其工作地和保护地距建筑物的防雷接地应大于3m。

机房通信接地（包括直流电源接地、电信设备机壳或优架和屏蔽接地、入站通信电缆的金属护套线屏蔽层的接地、明线或电缆入站避雷器接地等）不应与工频交流接地互通。应用电缆将直流配电屏"正"汇流条与接地体连接，使蓄电池的正极接地。交换机的电气接地与安全接地应接至配电系统的"正"汇流条上。

12.2.2 广播音响系统

广播音响系统是指建筑物（群）自成体系的独立有线广播系统，是一种宣传和通信工具。由于该系统的设备简单、维护和使用方便、听众多、影响面大、工程造价低、易普及，所以在工程中被普遍采用。通过广播音响系统可以播送报告、通知、背景音乐、文娱节目等。

建筑物的广播音响系统主要内容有：有线广播、背景音乐、客房音乐、消防广播、舞台音乐、厅堂的扩声和同声传译等，下面主要介绍公共建筑物内的公众广播、客房音乐和火灾事故广播系统。

1. 系统的设置

公共建筑物一般均有广播音响系统，系统的类别应根据建筑规模、使用性质和功能要求确定。广播音响系统一般可分为三大类，即业务性广播系统、服务性广播系统、火灾事故广播系统。

办公楼、商业楼、院校、车站、客运码头及航空港等建筑物应设业务性广播，满足以业务及行政管理为主的语言广播要求。业务广播宜由主管部门管理。

旅（宾）馆、大型公共活动场所应设置服务性广播，满足以欣赏性音乐类广播为主的要求。旅（宾）馆的客房宜设多套可供选择的节目于床头控制柜上，节目套数一般不超过五套。

火灾事故广播一般与火灾自动报警及联动控制系统配套设置，用于火灾时引导人员疏散。现在通常的做法是将火灾事故广播与公众广播合设为一套系统，平时放送公众广播，当有火灾或事故时，转入火灾事故广播。火灾事故广播有其自身的特殊性，扬声器应根据防火分区分路控制。

2. 系统的构成

广播音响系统一般可分为四大部分，即音源、功率放大、扬声装置和传输线路。

（1）音源

1）传声器。按照结构的不同，传声器可分为动圈式、晶体式、炭粒式、铝带式和电容式等。其中最常用的是动圈式传声器和电容式传声器，前者耐用、便宜，后者易损价高，但特性优良。

2）声音再生装置。声音再生装置的用途是将以各种方式录制好的语言和音乐节目重新转变成电信号进行放送。常用于建筑物广播音响系统的声音再生装置有录放音机、电唱机、CD机（激光唱机）等。

3）转播接收机。转播接收机是用来转播广播电台节目的，分为调频（FM）和调幅（AM）两类。

（2）功率放大

功率放大部分的主要设备是功率放大器。功率放大器又称为扩音机，它是将各种方式产生的弱音频输入信号加以放大，然后送至各用户设备（扬声器等）。

（3）扬声装置

根据不同的使用场合，扬声装置可分为纸盆式扬声器、号筒式扬声器和声柱等。办公室、走廊、公共活动场所一般采用纸盆式扬声器箱。在建筑装饰和室内净高允许的情况下，对于大空间的场所宜采用声柱（或组合音箱）；在噪声高、潮湿的场所，应首先考虑采用号筒式扬声器。

（4）传输线路

旅（宾）馆的客房广播音响线路宜采用线对为绞型的电缆，其他广播音响线路宜采用钢芯塑料绞合线，广播线路需穿管或线槽敷设。当广播音响系统兼作事故广播时，其线路应按疏散楼层或划分的报警区域分路配线，各输出分路应设有输出显示信号和保护控制装置。

3. 公众广播音响系统

公众广播音响的服务对象为公共场所，平时播放背景音乐，发生火灾时兼作事故广播用，故应与火灾自动报警及联动控制系统的设计相结合。这种兼用的广播系统既要满足背景音乐的欣赏性要求，又要满足火灾时能按顺序指导人员疏散的要求。

对于火灾事故广播有如下几点要求：

1）扬声器的设置数量应能保证从本层任何部位到最近一个扬声器的步行距离不超过15m。扬声器的实配功率不小于2W（客房不小于1W）。

2）火灾时应能在消防控制室将火灾疏散层的扬声器及对应扩音机强制转入火灾事故广播状态。

3）火灾事故广播输出分路应按疏散顺序控制，播放疏散指令的楼层控制程序与接通火灾报警装置同步。

4）火灾事故广播线路及扬声器不得加开关或音量调节。

4. 客房广播音响系统

客房广播音响系统的设置是为了向客人提供高级音乐欣赏，建立舒适的休息环境。为了适应人们的不同爱好，在设计客房广播音响系统时，床头控制柜上一般装设能收听2~4套广播节目的接收设备。同时客房床头控制柜内设置的扬声器宜有火灾事故广播。

客房音响系统的信号传输方式通常有三种：

（1）有线PA方式高电平信号传输系统

这种系统的FM/AM收音设备和声音再生设备的功率放大器等都集中放置在中央广播控制室内。由控制室送出的多套节目信号的输出线为每套节目一对线，输出电压为70或100V（定电压），可以直接驱动床头控制柜内的扬声器。配至客房的输出线路为了防止电能损耗，一般采用1.2mm以上的铜芯多股扭绞电缆。这种系统费用低，床头控制柜内设备少，因而故障少，维护方便。但音质会由于电平高、损失大、有互扰而受到影响。

（2）有线PA方式低电平信号传输系统

这种系统是将功率放大器输出设备放置在用户群最终端，而使用的放大器为低功率放大器，由中央广播控制室输出的信号为低电平，向客房传送的多套节目是一套节目对应一对传输线。由于系统中传输的是低电平信号，不能直接驱动扬声器。因此在每个床头控制柜内装有放大器，其功率放大容量的允许值为1~3W，能收到良好的响度水平。因为是低电平信号传输，线路损失小，因此很难产生线路上的串音。

（3）CAFM调频传输系统

这种系统是将声音再生装置（录放音机，CD机等）、FM/AM接收机的输出信号，利用各自的调制器使音频调制到射频，再将调频频率（88~108MHZ）信号与电视频道信号混合后接到共用天线电视系统的电缆线路中。每个床头控制柜内安装一台FM调频收音设备，将FM收音设备的天线插头插入客房电视插座的FM插孔内，即可收听到广播节目。这种系统由于与共用天线电视系统合用传输线路，因而节省了线路费用，施工简单。但在每个床头控制柜中安装了一台FM调频收音设备，会使最初的工程造价较高，技术要求也高。

12.2.3 有线电视系统

所谓共用天线电视系统（CATV）是指在一座建筑物或建筑群中，采用一组共用的接收天线，将接收到的电视信号进行混合、放大（有时需进行变频等处理），并通过传输和分配网络送至各个用户电视接收机。在其前端再配以一定的设备，就可同时传送自办录像节目、卫星电视节目以及调频广播等。这种系统既省事又美观，并能保证各个用户都有比较良好和均等的接收效果。基于此，目前各种住宅、宾馆等建筑物大都选择安装共用天线电视系统。

共用天线电视系统的组成一般可分为天线及前端设备、传输分配网以及用户终端，如图12-7所示。

图12-7 CATV系统组成的方框图

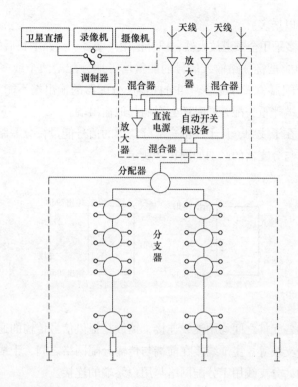

图12-8 大型
CATV系统的组成

1. 天线及前端设备

天线是接收空间电视信号的元件。只接收单一频道的称为某外频道的专用接收天线；能接收1～5频道的称为VHF低频段接收天线；能接收6～12频道的称为VHF高频段接收天线；1～12频道都能接收的称为VHF全频道接收天线。能接收13～30频道或31～44频道的称为UHF低频段接收天线；能接收45～68频道的称为UHF高频段接收天线；13～68频道都能接收的称为UHF全频道天线。

前端设备主要包括频道放大器、频率变换器、自播节目设备、卫星电视接收设备、导频信号发生器、调制器、混合器以及连接线缆等部件。CATV系统（图12-8）的前端主要作用有如下几个方面：

1）将天线接收的各频道电视信号分别调整到一定电平值，然后经混合器混合后送入干线。

2）必要时将电视信号变换成另一频道的信号，然后按这一频道信号进行处理。

3）向干线放大器提供用于自动增益控制和自动斜率控制的导频信号。

4）自播节目通过调制器后成为某一频道的电视信号而进入混合器。

5）卫星电视接收设备输出的视频信号通过调制器成为某一频道的电视信号进入混合器。

2. 信号传输分配网络

分配网络分为有源和无源两类。无源分配网络只有分配器、分支器和传输电缆等无源器件，其可连接的用户较少。有源分配网络增加了线路放大器，因此其所接的用户数可以增多。

线路放大器多采用全频道放大器，以补偿用户增多、线路增长后的信号损失。

分配器的功能是将一路输入信号的能量均等地分配给两个或多个输出的器件，一般有二分配器、三分配器、四分配器。分配器的输出端不能开路或短路，否则会造成输入端严重失配，同时还会影响其他输出端。

分支器是串在干线中，从干线耦合部分获得的信号能量，分一路或多路输出的器件。分配器与分支器的区别如图12-9所示。

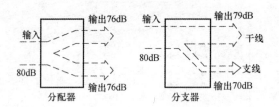

图12-9　分配器
与分支器的区别

分配系统中各元件之间均用馈线连接，馈线是提供信号传输的通路，分为主干线、干线、分支线等。主干线接在前端与传输分配网络之间，干线用于分配网络中信号的传输，分支线用于分配网络与用户终端的连接。

馈线一般有两种类型：平行馈线和同轴电缆。平行馈线由两根平行的导线组成，用聚氯乙烯或聚乙烯等绝缘材料固定两导线之间的距离。同轴电缆的两根导体为芯线和屏蔽铜网，因铜网接地，两根导体对地不对称，故为不对称或不平衡式馈线。同轴电缆的工作频率范围宽、损耗小、对静电耦合有一定的屏蔽作用，因此在共用天线电视系统中，不论是干线还是支线均采用其传输和连接各部件。但是电缆的屏蔽层对不同频率的屏蔽效果不同，频率越低屏蔽作用越差，所以敷设时应避免与强电流线路并行及靠近低频信号线（加载波电话线等）。

3．用户终端

共用天线电视系统的用户终端为供给电视机电视信号的接线器，又称为用户接线盒。用户接线盒分为暗盒与明盒两种。

12.3　建筑物安保监视系统

12.3.1　保安系统组成

目前，随着建筑物的级别越来越高，其保安系统往往具有很高的自动化程度，而且一些保安系统已具有智能化的功能。

1．建筑物对保安系统的要求

为了防止各种偷盗和暴力事件，在楼宇中设立保安系统是非常重要的。从防止罪犯入侵的过程讲，保安系统要提供以下三个层次的保护。

（1）外部侵入保护

外部侵入保护是为了防止无关人员从外部侵入楼内。譬如说防止罪犯从窗户、门、天窗、通风管道等侵入楼内。因此，这一道防线的目的是把罪犯排除在所防卫区域之外。

（2）区域保护

如果罪犯突破了第一道防线进入楼内，保安系统则需提供第二个层次的保护——区域保护。这个层次保护的目的是探测是否有人非法进入某些区域，如果有，则向控制中心发出报警信息，控制中心再根据情况做出相应处理。

（3）目标保护

第三道防线是对特定目标的保护。如保险柜、重要文物等均列为这一层次的保护对象。这是在前两道防卫措施都失效后的又一项防护措施。

2. 保安系统的组成

根据防卫工作的性质，智能建筑的保安系统可以分为如下三个部分：

（1）防盗报警系统

防盗报警系统就是用探测装置对建筑内外重要地点和区域进行布防。它可以探测非法侵入，并且在探测到有非法侵入时，及时向有关人员示警。另外，人为的报警装置，如电梯内的报警按钮、人员受到威胁时使用的紧急按钮、脚跳开关等也属于此系统。

（2）出入口控制系统

出入口控制就是对建筑物内外正常的出入通道进行管理。该系统既可以控制人员的出入，也可以控制人员在楼内及其相关区域的行动。在大楼的入口处、金库门、档案室门、电梯等处可以安装出入口控制装置，比如磁卡识别器或者密码键盘等。用户要想进入，必须拿出有效的磁卡或输入正确的密码，或两者兼备。只有持有有效卡片或密码的人才允许通过。

（3）闭路电视监视系统

闭路电视监视系统在重要的场所安装摄像机，为保安人员提供利用眼睛直接监视建筑物内外情况的手段，使保安人员在控制中心便可以监视整个大楼内外的情况，从而大大地加强了保安的效果。监视系统除起到正常的监视作用外，在接到报警系统和出入口控制系统的示警信号后，还可以进行实时录像，录下报警时的现场情况，以供事后重放分析。目前，先进的视频报警系统还可以直接完成探测任务。

出入口控制系统、防盗报警系统和电视监视系统由计算机协调起来工作，共同组成了大厦的保安系统，完成大厦的各项保安任务。

12.3.2 防盗报警系统

1. 防盗报警系统的结构

防盗报警系统负责建筑物内外各个点、线、面和区域的侦测任务，由探测器、区域控制器和报警控制中心三个部分组成，其结构如图12-10所示。

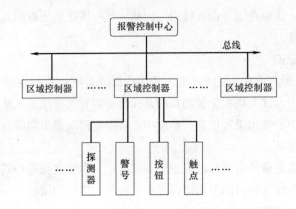

图12-10 防盗报
警系统的结构图

防盗报警系统分三个层次。最底层是探测和执行设备，负责探测人员的非法入侵，有异常情况时发出声光报警，同时向区域控制器发送信息。区域控制器负责下层设备的管理，同时向控制中心传送自己所负责区域内的报警情况。一个区域控制器和一些探测器、声光报警设备等就可以组成一个简单的报警系统。一般的报警控制器具有以下几方面的功能：

（1）布防与撤防

正常工作时，工作人员频繁出入探测器所在区域，报警控制器即使接到探测器发来的报警信号也不能发出报警，这时就需要撤防。下班后则需要布防，如果再有探测器的报警信号进来，就要报警了。

（2）布防后的延时

如果布防时，操作人员正好在探测区域之内，那么布防就不能马上生效，则需要报警控制器能够延时一段时间，等操作人员离开后再生效。这就是报警控制器的延时功能。

（3）防破坏

如果有人对线路和设备进行破坏，报警控制器也应当发出报警。常见的破坏是线路短路或断路。报警控制器在连接探测器的线路中会加上一定的电流，如果断线，则线路上的电流为零；如果短路，则电流值会大大超过正常值。这两种情况中任何一种的发生，都会引起控制器报警，从而达到防止破坏的目的。

2. **防盗系统中使用的探测器**

随着科技的发展，安全系统所用的探测器不断地推陈出新，可靠性与灵敏度也不断提高。一套优秀的安全系统，需要各种探测器配合使用才能取长补短，过滤错误的警报，完成周密而安全的防护。

（1）开关

开关是防盗系统中最基本、简单而经济有效的探测器。最常用的开关包括微动开关和磁簧开关两种。开关一般装在门窗上，线路的连接方式分常开和常闭两种。常开式平常处于开路状态，当有情况时（如门、窗被推开）开关就闭合，使电路导通启动警报。这种方式的优点是平常开关不耗电，即使再增加无数个开关也不会消耗电力，因此可以使用电池作为电源。其缺点是，如果电线被剪断或接触不良，将使其失效。常闭式则相反。

机械式开关接点容易锈蚀，导致接触不良，所以现在多数场合都改用磁簧开关。磁簧开关是利用磁性簧片和惰性气体一起封入玻璃内形成的磁力驱动开关。当接近磁场时，磁力使其吸合或断开，磁力消失时，又恢复原来的状态。由于接点和惰性气体一起被密封，所以不受开关切换时所产生的火花和大气中的潮湿、尘埃的影响，寿命较长，可靠性也大大提高。磁簧开关目前被普遍采用，在大型安全系统中，常用作第一个层次的防护，与其他类型的探测器配合使用，形成较为严密的防盗网。

（2）光束遮断式探测器

这是一种能够探测光束是否被遮断的探测器，目前应用得最多的是红外线对射式。它由一个红外线发射器和一个接收器，以相对方式布置组成。当罪犯横跨门窗或其他防护区域时，挡住了不可见的红外光束，从而引发报警。为了防止罪犯可能利用另一个红外光束来瞒过探测器，探测用的红外线必须先调制到特定的频率后再发送出去，而接收器也必须配有鉴别频率与相位的电路来判别光束的真伪或防止日光等光源的干扰。

（3）热感式红外线探测器

热感式红外线探测器由于不需另配发射器，且可探测立体的空间，所以又称为被动式立体的红外线探测器。它是利用人体的温度来进行探测的，有时也称为人体探测器。任何物体，包括生物和矿物，因表面温度不同，都会发出强弱不等的红外线。因物体的不同，其所辐射的红外线波长也不同。人体所辐射的红外线波长在10μm左右，热感式红外线探测器就是利用这种特点来探测人体的。

（4）微波物体移动探测器

微波物体移动探测器，是利用超高频的无线电波来进行探测的。探测器发出无线电波的同时接收反射波，当有物体在探测区域内移动时，反射波的频率与发射波的频率有差异，两者的频率差称为多普勒频率。探测器就是根据多普勒频率来判定探测区域中是否有物体移动的。由于微波的辐射可以穿透水泥墙和玻璃，在使用时需考虑安放的位置与方向，通常适合于开放的空间或广场。

（5）超声波物体移动探测器

超声波物体移动探测器与微波物体移动探测器一样，都是利用多普勒效应的原理实现的，不同的是它们所采用的波长不一样。通常将20kHz以上频率的声波称为超声波。超声波物体移动探测器由于采用频率的特点，容易受到震动和气流的影响，因此在使用时，不能放在松动的物体上，同时也要注意是否有其他超声波源存在，防止干扰。

（6）玻璃破碎探测器

玻璃破碎探测器利用压电式拾音器，装在面对玻璃面的位置。它只对高频的玻璃破碎声音进行有效的检测，所以不会受到玻璃本身振动引起的反应的影响。玻璃破碎探测器已普遍应用在了玻璃门、窗的防护上。

（7）振动探测器

振动探测器用于铁门、窗户等通道，防止重要物品被人移动。其类型以机械惯性式和压电效应式两种为主。机械惯性式的原理是软簧片终端的重锤受到振动产生惯性摆动，振幅足够大时，碰到旁边的另一金属片而引起报警。压电效应式则是利用压电材料，因振动产生机械变形而产生电特性的变化检测电路，根据其特性的变化来判断振动的大小。由于机械式容易锈蚀，且体积较大，已逐渐由压电式代替。

探测器选择是否适当，布置是否合理将直接影响保安的效果。所以在防盗系统设计时，要对现场进行仔细观察，整体规划。

3．大厦的巡更系统

巡更系统是指保安人员按照规定的巡逻路线，在指定的时间和地点向中央监控站发回信号以表示正常。如果在指定的时间内，信号没有发到中央控制站，或不按规定的次序出现信号，系统将认为异常。有了巡更系统后，如果巡逻人员出现问题，如被困或被杀，会很快被发觉，从而增加了大厦的安全性。

在指定的路线上安装按钮或读卡机，保安人员会在巡逻时依次输入信息。控制中心的计算机上有巡更系统的管理程序，可以设定巡更路线和方式。这样即可实现上文所述的巡更系统。

4．防盗报警控制系统的计算机管理

建筑内的防盗报警系统需要计算机来管理以提高其自动化程度，增强其智能性报警系统的计算机管理主要有以下内容：

（1）系统管理

计算机将对系统中所有的设备进行管理。在增加或减少区域控制器和探测器时，要注册或注销。系统运行时，要对控制器和探测器进行定时自检，以便及时发现系统中的问题。在计算机上可以对探测区域进行布防和撤防，可以对系统数据进行维护，可以通过密码方式设定操作人员的级别以保护系统自身的安全。

（2）报警后的自动处理

采用计算机后，可以设定自动处理程序，当报警时，系统可以按照预先设定的程序进行处理。比如可以自动拨通公安部门的电话，自动启动保安设备，自动录音录像等。报警的时间地点也自动存储在计算机的数据库中。

12.3.3 出入口控制系统

1．出入口控制系统的基本结构

出入口控制系统也叫门禁管制系统，一般具有如图12-11所示的结构。它包

括3个层次的设备。底层是直接与人员交流的设备，有读卡机、电子门锁、出口按钮、报警传感器和报警喇叭等。它们用来接受人员输入的信息，再转换成电信号送到控制器中，同时根据来自控制器的信号，完成开锁、闭锁等工作。控制器接收底层设备发来的有关人员的信息，同自己存储的信息相比较以做出判断，然后再发出处理的信息。单个控制器就可以组成一个简单的门禁系统，用来管理一个或几个门。多个控制器通过通信网络同计算机连接起来就组成了整个建筑物的门禁系统。计算机装有门禁系统的管理软件，它管理着系统中所有的控制器，向它们发送控制命令，对它们进行设置，接受其发来的信息，完成系统中所有信息的分析与处理。

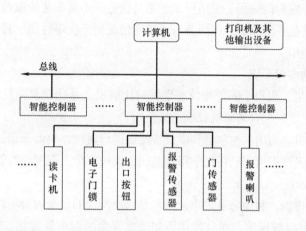

图12-11 出入口控制系统的基本结构

2. 读卡机的种类

卡片由于轻便、易于携带且不易被复制，使用起来安全方便，是传统钥匙理想的替代品。读卡机的原理是利用卡片在读卡器中的移动，由读卡机阅读卡片上的密码，经解码后送到控制器进行判断。读卡机到控制器的连接，近距离一般用RS-232通信，远距离（1000m以上）用RS-422或RS-485等方式。卡片的技术目前已发展到免刷卡接近式感应型读卡技术，还可以结合指纹辨识机来进行更安全的管制。

（1）磁码卡

磁码卡即常说的磁卡，它是把磁性物质贴在塑料卡片上制成的。磁卡可以很容易地进行改写，使用户随时可更改密码，应用方便。其缺点是易被消磁、磨损。磁卡价格便宜，是目前使用最普遍的产品。

（2）铁码卡

这种卡片中间用特殊的细金属线排列编码，利用金属磁扰的原理制成。卡片如果遭到破坏，卡内的金属线排列就遭到破坏，所以很难复制。因读卡机不是使用磁的方式阅读卡片，卡片内的特殊金属丝也不会被磁化，所以它可以有效地防磁、防水、防尘，并可以长期使用在恶劣环境中，是目前安全性较高的一种卡片。

（3）感应式卡

卡片采用电子回路及感应线圈，当卡片进入读卡机能量范围时，利用读卡机本身产生的特殊振荡频率产生共振，感应电流使电子回路发射信号到读卡机，经读卡机将接收的信号转换成卡片资料，送到控制器对比。接近式感应卡不用在刷卡槽上刷卡，速度快而方便。由于卡是由感应式电子电路做成，所以不易被仿制。同时还具有防水功能且不用换电池，是一种非常理想的卡片。

（4）智能卡

智能卡大小像信用卡，嵌有一块集成电路芯片。它包括一个受保护的存储器和微处理机，由微处理机控制访问。它具有保密性强、不受干扰、独立性强、不可复制、可开发专门应用、灵活可靠、不易伪造、不能非法读取数据、不易受磁场影响、与其他系统兼容、可防备与主机通信受到干扰等性能。目前这种卡正在迅速地扩展使用。

（5）生物辨识系统

1）指纹机。用每个人的指纹差别做对比辨识，是比较复杂且安全性很高的门禁系统。它可以配合密码机或刷卡机使用。

2）掌纹机。利用人的掌型和掌纹特性做图形对比，类似于指纹机。

3）视网膜辨识机。利用光学摄像对比，比较每个人视网膜血管分布的差异，其技术相当复杂。

4）声音辨识。利用每个人声音的差异以及所说的指令内容不同而加以比较。但由于声音可以被模仿，而且使用者如果感冒会引起声音变化，其安全性受到影响。

上文介绍了各种读卡机，实际应用时要根据具体情况选用。磁码卡由于价格便宜，仍广泛应用在各种建筑物的出入口管理与停车场管理系统中。铁码卡和感应式读卡器由于保安性能较好，在国外比较流行。智能卡正在迅速地扩展其使用范围。生物辨识技术安全性极高，对视网膜的复制几乎是不可能的，所以多应用在军政要害部门或者大银行的金库等处。

3．出入口控制系统的计算机管理

出入口控制系统最终将由系统计算机来完成所有的工作，如何完成则由计算机内的管理软件来决定。出入口控制系统的管理软件通常包括如下部分：

（1）系统管理

这部分软件的功能是对系统内所有的设备和数据进行管理，有以下几项内容：

1）设备注册。比如在增加控制器或卡片时，需要重新登记，以使其生效；在减少控制器或卡片遗失、人员变动时使其失效。

2）级别设定。在已注册的卡片中，需设定哪些可以通过，哪些不可以通过。某个控制器可以让哪些卡片通过，不允许哪些通过。对于计算机的操作要设定密码，以控制哪些人可以操作。

3）时间管理。可以设定某些控制器在什么时间可以或不可以允许持卡人通过，哪些卡片在什么时候可以或不可以通过哪些门等。

4）数据库的管理。对系统所记录的数据进行转存、备份、存档和读取等处理。

（2）事件记录

系统正常运行时，对各种出入事件、异常事件及其处理方式进行记录，保存在数据库中，以备日后查询。

（3）报表生成

能够根据要求定时或随机地生成各种报表。比如，可以查找某个人在某段时间内所有的出入情况，某个门在某段时间内都有谁进出等，可生成报表并打印出来。

（4）网间通信

系统不是作为一个单一的系统存在，而要向其他系统传送信息。比如有非法闯入时，要向电视监视系统发出信息，使摄像机能监视该处情况，并进行录像。所以系统之间通信的支持是非常必要的。

管理系统除了需实现所要求的功能外，还应有漂亮、直观的人机界面，使人员便于操作。

12.3.4　智能卡

智能卡是一种应用芯片的卡，又称智慧卡。它将具有微处理器及大容量存储器的集成电路芯片装在塑料基片上制成。

1. 智能卡的种类

智能卡可简单地分为三种类型：存储器卡（非加密卡）、逻辑加密卡、智能卡（CPU卡）。

智能卡具有以下特点：①存储容量大；②体积小而且轻，便于携带；③保密性强；④对网络要求不高。特别是它的保密性很强，表现在不受干扰、独立性强、不能复制。它有2级密匙可防止开发及操作时非法访问，如检查到有诈骗时卡片会自锁。可设置对卡片数据文件的访问权，比较灵活；还可开发专门应用，且文件具有结构化的特点。

智能卡与磁卡相比有以下优点：①智能卡的安全性比磁卡高，卡内的信息加密，如果核对错误能自毁，而磁卡则容量被复制；②智能卡的存贮容量大，内含微处理器，存贮区可以分为若干应用区，便于一卡多用，方便保管；③智能卡能防磁、防静电、抗干扰能力强、可靠性高、使用寿命长；④智能卡的读写机比磁卡的读写机简单，可以离线操作，而且使用维护方便、造价便宜、易推广。

2. 智能卡的应用

由于智能卡的诸多优点，其应用领域日益扩大。从最初的银行信用卡发展到保安、公用付费、健康记录、身份证和宾馆旅游等各领域。智能卡可以应用于建筑物出入口监控、电梯运行管理、物业管理、停车场管理、职工人事卡等系统中。配套的全自动弹出式智能卡读写器，具有内部时钟系统和海量存储器，从而使整个系统更加安全可靠。

3. 智能卡门锁系统

智能卡门锁系统是专为高档宾馆客房设计的先进电脑门锁，该门锁采用智能卡（又称集成电路卡）作为门锁开启钥匙，安全性极高，使用方便，是电子门锁的更新换代产品。它广泛应用于高档宾馆、公寓、写字楼及办公楼等场合。系统使用电池供电，无需铺设连接电缆，安装方便。智能卡还可以用于付费，便于管理。

（1）智能卡门锁系统的构成

1）智能卡门锁。有微处理器的带读卡器的门锁、脉冲电磁铁门锁开启机构、内部时钟和存储器，可以记录开锁信息。

2）智能卡发行管理机构。有写卡器、编码器、消磁器。

3）智能卡。智能卡分为：总管设定卡、楼层设定卡、总管开门卡、楼层开门卡、宾客卡。宾客卡是发给宾客持有，只可打开指定的房间，最多允许设定1张宾客卡可打开任意指定的10间房间（适合单间房、套房和办公房间的管理）。

（2）智能卡门锁的性能

1）开锁。卡片钥匙插入锁中，若卡片钥匙正确，则黄灯亮，同时蜂鸣器发出响声。此时抽出卡片钥匙，绿灯亮，表示门锁已打开，3秒钟内旋转门锁外执手即可打开房间，3秒钟后绿灯灭，门锁自动闭锁。若钥匙不正确，则黄灯闪光，同时蜂鸣器发出报警声，抽出卡片钥匙报警停止，门锁不能打开。

2）更换卡片钥匙。将卡片钥匙（密码卡）正面朝上插入指定房间锁中，若卡片和绿灯同时亮，抽出卡片灯熄灭（门锁不会打开），设置完成，原有钥匙失效，此时电脑钥匙管理系统可自动制成一张新钥匙卡。

12.3.5 电视监视系统

由于CCD摄像机的成熟和商品化，电视监控系统近年来得到了飞速发展，在保安系统中的应用也越来越普遍。在楼宇保安系统中，电视监视系统能够使管理人员在控制室中观察到楼内所有重要地点的情况，为保安系统提供了更好的视觉效果，为消防、楼内各种设备的运行和人员活动提供了监视手段。

1. 系统的基本结构

电视监视系统依功能可以分为：摄像、传输、控制、显示与记录四个部分，各个部分之间的关系如图12-12所示。

摄像部分是安装在现场的，包括摄像机、镜头、防护罩、支架和电动云台，

图12-12 电视监视系统的组成部分

它的任务是对被摄体进行摄像并将其转换成电信号。传输部分的任务是把现场摄像机发出的电信号传送到控制中心，一般包括线缆、调制与解调设备、线路驱动设备等。显示与记录部分把从现场传来的电信号转换成图像显示在监视设备上，如果必要，就用录像机录下来，所以这部分包含的主要设备是监视器和录像机。控制部分则负责所有设备的控制与图像信号的处理。

2. 摄像系统设备

（1）摄像机

摄像机是监视系统的重要部件，目前广泛使用的是电荷耦合式摄像机，简称CCD摄像机。摄像机有黑白和彩色之分，如果使用的目的是监视景物的位置和移动，采用黑白摄像机即可。如果要分辨被摄物体的细节，采用彩色摄像机比较好。一般黑白摄像机要比彩色的灵敏，比较适用于光线不足的情况。

摄像机的电源一般有交流220V、交流24V、直流12V和直流24V四种，要根据监视系统的电源和现场需要适当地选择。

CCD摄像机对红外光是比较敏感的，这种光人眼虽然看不见，却能在CCD摄像机上呈现出很清晰的图像。所以若要在完全黑暗的地方进行监视，加上红外光源便可。

（2）镜头

设计电视监视系统时，镜头的选择与摄像机的选择是同等重要的。目前市场上供监视摄像机用的镜头很多，其大致种类如图12-13所示。

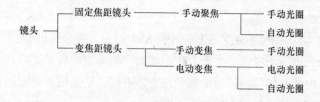

图12-13 镜头的种类

选择镜头的依据是观察的视野和亮度变化的范围，同时兼顾所选摄像机CCD的尺寸。视野决定选用定焦距镜头还是变焦距镜头，定焦距选择多大焦距，变焦距选择什么范围。亮度的变化决定是否使用自动光圈镜头。

（3）云台

云台与摄像机配合使用能达到扩大监视范围的目的，提高了摄像机的使用价值。云台的种类很多，从其使用环境可分为室内型云台、室外型云台、防爆云台、耐高温云台和水下云台等，根据其回转的特点可分为只能左右旋转的水平云台和既能左右旋转，又能上下旋转的全方位云台。在建筑物监视系统中，最常用的是室内和室外全方位普通云台。

云台的回转范围包括水平旋转角度和垂直旋转角度两个指标，水平旋转角度决定了云台的水平回旋范围，一般为0°~350°。全方位云台的回旋范围由向上旋转角度和向下旋转角度确定。

在对目标进行跟踪时，对云台的旋转速度有一定的要求。普通云台的转速是恒定的，水平旋转速度一般为3°~10°/s，垂直旋转速度为4°/s左右。

（4）防护罩

摄像机作为电子设备，其使用范围受元器件使用环境条件的限制。为了使摄像机能在各种条件下应用，需要使用防护罩。

防护罩分为室内防护罩和室外防护罩。室内防护罩的主要功能是保护摄像机，使其能在室内更好地应用，防灰尘，有时也有隐蔽作用，使监视场合的对象不易察觉到受监视。室内防护罩还要考虑外形美观、简单，造型要有时代感，安装简单实用。有些室内使用的现场环境很好，也可省去防护罩，直接把摄像机安装在支架上。

室外防护罩要比室内防护罩复杂得多，其主要功能是防晒、防雨、防尘、防冻、防凝露。

3. 传输系统

监视现场和控制中心需要有信号传输，一方面摄像机得到的图像要传到控制中心，另一方面控制中心的控制信号要传送到现场，所以传输系统包括视频信号的传输和控制信号的传输。

（1）视频信号的传输

视频信号的传输是很重要的，它直接影响到监视的效果。在监视系统中，信号的传输距离一般在1km以内，在这种情况下，目前多数采用视频基带的同轴电缆传输。同轴电缆的内导体上用聚乙烯以同心圆状覆盖绝缘，外导体是软铜线编织物，最外层用聚乙烯封包。这种电缆对外界的静电场和电磁波有屏蔽作用，传输损失也比较小。

一般SYV-75-3的电缆距离在100m内，SYV-75-5的电缆距离在300m以内时，其衰减的影响可以不予考虑。大于上述距离时，如果图像质量不好，要考虑使用电缆补偿器。电缆补偿器同普通的视频放大器不同，它是根据电缆的衰减特性设计的，对不同频率信号的放大倍数是不同的。

（2）控制信号的传输

控制中心要对现场的设备进行控制，就需要把控制信号传输到现场。不同的控制方式，信号的种类不同，传输的方式也有区别。在近距离的监视系统中，常用的控制方式有以下几种：

1）直接控制

直接控制方式是控制中心直接把控制量，如云台和变焦距镜头所需要的电源、电流等送入被控设备。这种方式的特点是简单、直观，容易实现，适用于现场设备比较少的情况。但在所控制的云台、镜头数量很多时，需要大量的控制电缆，线路也更加复杂，所以目前大的监视系统中一般不采用这种方式。

2）多线编码的间接控制

多线编码是在控制中心把要控制的命令编成二进制或其他方式的并行码，由多线传送到现场的控制设备，再由它转换成控制量来对现场摄像设备进行控制。

这种方式相比直接控制方式用线少，在近距离控制时也常采用。

3）通信编码的间接控制

随着微处理器和各种集成电路芯片的普及，目前规模较大的电视监视系统大都采用通信编码，常用的是串行编码。这种方式的优点是：用单根线路可以传送多路控制信号，从而大大节约了线路费用；通信距离在不加中间处理的情况下可以传送1km以上。加处理可传10km以上，如果利用电台或电话线路、光缆等，则传送距离没有限制，这样就克服了前两种方式的缺陷。

4）同轴视控

同轴视控系统是控制信号和视频信号复用一条同轴电缆，不需另铺设控制电缆。它的实现有两种方法：一种是频率分割，是把控制信号调制在与视频信号不同的频率范围内，然后同视频信号复合在一起传送，在现场再把它们分解开；另一种是利用视频信号场消隐期间传送控制信号。

（3）无线传输

闭路电视系统一般是指有线传输，但在某些场合，布线是非常困难甚至是不可能的，这时可以考虑无线传输。目前常用的无线传输的方式是微波定向传输，采用这种方式在无阻挡情况下可传送32km，比较适用于交通、银行等监控系统。无线传输的最大问题在于要占用频率资源。

（4）显示与记录

显示与记录设备是安装在控制室内的，主要包括监视器、录像机和一些视频处理设备。

1）图像监视器

图像监视器是目前闭路电视系统中使用最多的一种。对摄像机信号的图像监视、控制室的图像监视、线路信号监视等都用这种图像监视器。

2）录像机

录像机是监视系统的记录和重放装置，电视监视系统要求录像机有较长的记录时间。目前监视系统专用录像机用普通180min的录像带可以录24h，甚至可录960h，在需要连续录像的情况下可以节约大量磁带。

3）视频切换器

在闭路电视监视系统中，监视器和录像机的数量与摄像机的数量不是一一对应的，而是少于摄像机的数量。所以在设计一套闭路电视监视系统时，要明确两个问题：同时监视几路和同时录制几路摄像机信号。要实现少量监视器和录像机监视和录制多路视频信号这一目的，则需要视频切换设备。

视频切换器可以实现用少量的监视器看多个监视点。以视频信号输入和输出的路数划分，可分为有两种类型。一种是 n 路入1路出的系统，这是一般的形式；另一种是 n 路入 m 路出的系统，把 n 台摄像机的视频信号送给 m 台监视器，并且在一台监视器上能任意切换所有摄像机信号，这种切换器称为视频矩阵。

4）多画面分割器

视频切换器能使我们在一台监视器上通过切换观看多路摄像机信号，如果在一台监视器上观看多路摄像机信号，就需要多画面分割器，这种设备能够把多路视频信号合成一幅图像。目前常用的是4画面分割器，更多地还有9画面和16画面分割器。使用多画面分割器的另外一个好处是，它能使我们用一台录像机同时录制多路视频信号。一些较好的多画面分割器还具有单路回放的功能，即能选择同时录下的多路视频信号的任意一路在监视器上满屏播放。

5）视频分配器

一路视频信号要送到多个显示与记录设备时，需要视频分配器。其构成如图12-14所示。

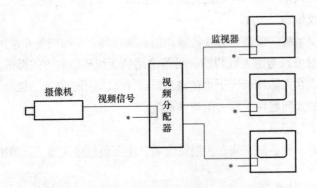

图12-14 视频分配的基本形式

（5）控制设备的功能与实现

闭路电视监视系统中所需控制的种类如图12-15所示。

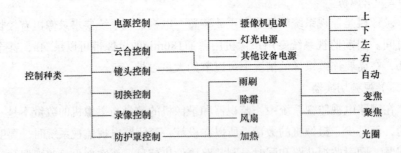

图12-15 闭路电视监视系统控制的种类

1）电动变焦镜头的控制

变焦镜头是在固定成像面的情况下能够连续调整焦距的镜头，它与电动旋转云台组合可以对相当广阔的范围进行监视，而且还可以对该范围内任意部分进行特写。对它的控制就是变焦、聚焦和光圈三种功能，每种都有长短、远近或开闭两种控制，总计六种控制。

2）云台的控制

电动旋转云台需要左右和上下四种控制，有些云台还需有自动巡视功能，所以要增加云台自动控制。

3）切换设备的控制

切换设备的控制一般要求和云台、镜头的控制同步，即切换到哪一路图像，就控制那一路的设备。

电视监控系统还有许多高级的控制。比如现在一些把云台、变焦镜头和摄像机封装在一起的一体化摄像机，均配有高级的伺服系统，云台可以有很高的旋转速度，还可以预置监视点和巡视路径。这样，平时可以按设定的路线进行自动巡视，一旦发生报警，就能很快地对准报警点，进行定点的监视和录像。一台摄像机可以起到几个摄像机的作用。

12.3.6　可视对讲门铃

可视对讲门铃安装在夜间入口处。当有客人来访时，按压室外机按钮，室内机即会响起电子铃声，同时，室内机的电视屏幕上即会显示出来访者和室外情况。摘下室内话机，即可与访客通话。在无人呼叫时，按压室内机的"监视"键，亦可主动监视室外一切动静。可视对讲门铃采用夜间红外线照明设计，使白天黑夜均清晰可见。如果配备电子门锁，只要按压室内机的"开门"键，大门上的电子锁即会自动打开，客人进入后，大门自动关闭。可视对讲门铃可用于值班人员对夜间出入口的管理。

若用于大楼及室外，可选择按键式或数字式对讲门铃；还可配备管理中心，把所有住户联成警报网。可视对讲门铃能适用于住宅、宾馆、公寓、别墅、企事业单位门卫等场合，满足各种不同的要求。它作为一种安全防范设施，在带给用户安全感的同时，也带来了通信上的便利。

12.3.7　智能保安系统

智能保安系统是把门禁系统、防盗系统、监视系统有机地连接在一起，并挂在计算机网络上。保安系统将所有的信息都汇总到控制中心的计算机上，其智能性集中体现在中心计算机的保安管理信息系统上。它要对系统设备传来的信息进行分析，并过滤错误的信息以有效地防止误报，最终做出正确的判断，输出相应的处理措施，这项工作由计算机内的专家系统完成。图12-16是一种出入控制和报警监控系统。

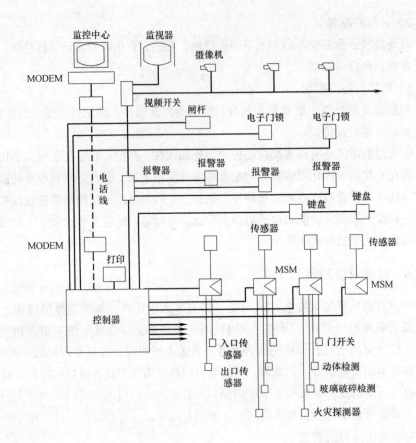

图12-16 出入控制和报警监控系统

12.4 建筑物智能化系统简介

所谓智能化建筑，就是在智能建筑环境中，由系统集成中心（SIC）通过综合布线系统（PDS）来控制"3A"（BA：建筑设备自动化，CA：通信自动化；OA：办公自动化）系统，实现高度信息化、自动化及舒适化的现代建筑物，如图12-17所示。

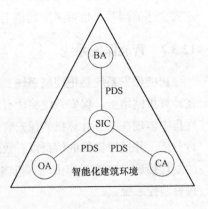

图12-17 智能化建筑结构示意图

1. 智能化建筑的系统集成中心

系统集成中心具有汇总各个智能化系统信息和综合管理各类信息的功能。具体需达到以下三方面的功能要求：

（1）汇集建筑物内外各种信息。接口界面要标准化、规范化，以实现各智能系统之间的信息交换及通讯信协议（接口、命令等）。

（2）对建筑物各个智能化系统的综合管理。

（3）对建筑物内各种网络的管理，必须具有很强的信息处理及数据通信能力。

2. 综合布线系统（PDS）

这是一种集成化通用传输系统，它利用无屏蔽双绞线（UTP）或光纤来传输智能化建筑或建筑群内的语言、数据、图像和监控信号。PDS是智能化建筑连接3A系统各种控制信号必备的基础设施。PDS通常由工作区（终端）子系统、水平布线子系统、垂直干线子系统、管理子系统、设备子系统及建筑群室外连接子系统六个部分组成。

PDS克服了传统布线各系统互不关联、施工管理复杂、缺乏统一标准及适应环境变换灵活性差等缺点。它采用积木式结构和模块化设计，实施统一标准，完全能满足智能化建筑高效、可靠、灵活性强的要求。

3. 建筑设备自动化系统（BA）

建筑设备自动化系统对智能化建筑中的暖通、空调、电力、照明、给水排水、消防、电梯、停车场、废物处理等大量机电设备进行有条不紊地综合协调，科学地进行管理及维护保养工作。它为所有机电设备提供了安全、可靠、节能、长寿命运行等可信赖的保证。建筑设备自动化系统，必须包括以下三个子系统：

（1）建筑物管理子系统

这是对建筑物内所有机电设备完成运行状态监视、报表编制、起停控制及维护保养、事故诊断分析的系统。建筑物中央管理系统通过设置在现场各被控设备附近的控制分站来完成上述工作。

（2）安全保卫子系统

在具备高度信息化的办公室内，安全保卫系统越来越受到重视。出入口警卫、防盗、防灾、防火、车库管理、商业秘密等都属安全保卫系统。安全保卫系统采用了身份卡、闭路电视、遥感、传感控制等技术来完成安全保卫任务。

（3）能源管理子系统

能源管理子系统的任务是在不降低舒适性的前提下，达到节能且降低运行费用的目的。

4. 通信自动化系统（CA）

该系统能高速处理智能化建筑内外各种图像、文字、语言及数据之间的通信，可分为卫星通信、图文通信、语言通信及数据通信四个子系统。

（1）卫星通信

卫星通信突破了传统的地域观念，实现了相距万里近在眼前的国际信息交往联系，发挥了零距离、零时差信息的重要作用。

（2）图文通信

在当今智能化建筑中，图文通信可实现传真、可视数据检索、电子邮件、电视会议等多种通信业务。数字传送和分组交换技术的发展，以及采用大容量高速数字专用通信线路实现多种通信方式的进步，使得根据需要选定经济高效的通信线路成为可能。

（3）语言通信

语言通信系统可给用户提供预约呼叫、等候呼叫、自动重拨、快速拨号、转向呼叫、直接拨入、用户账单报告、语言邮政等上百种不同特色的通信服务。

（4）数据通信

数据通信系统可供用户建立局域网，以连接其办公区内电脑及其外部设备，完成电子数据交换业务。

5. 办公自动化系统（OA）

在智能化建筑中，人们要处理行政、财务、商务、档案、报表、文件等管理业务，以及安全保卫、防灾害等业务。这些业务的特点是部门多、综合性强、业务量大、时效性高，没有科学的办公自动化系统来处理这些业务是不可想象的。因此，办公自动化系统被誉为智能化建筑忠实可靠的人事、财务、行政、保卫、后勤的总管。

OA系统是在CA系统的基础上建立起来的信息系统，主要由日常事务型和决策型两个子系统组成。前一个子系统是通用的，主要是提高人们的工作效率；后一个子系统，则是与人们从事的工作领域有关，是"专门领域的应用信息系统"，如金融领域的专用信息系统、工业领域的专用信息系统、国家经济宏观调控领域的专用信息系统等。

思考与练习题

1. 火灾自动报警系统由哪些部分组成？火灾自动报警系统的触发器件分为哪种？

2. 消防联动控制的基本要求有哪些？

3. 火灾自动报警系统的电源有什么要求？

4. 建筑物保安系统有哪几个层次的保护？保安系统由哪几个部分组成？

5. 什么是智能化建筑？它由哪几个系统组成？

13

物业能源管理
与可再生能源利用

本章要点及学习目标

熟悉建筑能源管理系统的构成及作用，可再生能源热水系统的分类及组成。了解建筑冷热电联供系统和光伏发电系统。

13.1 建筑能源监测系统

13.1.1 建筑能源监测系统的构成

建筑能源监测系统是指通过对企事业单位等用能机构安装分类和分项能耗计量装置，采用远程传输等手段及时采集能耗数据，实现能耗的在线监测和动态分析功能的硬件和软件系统的总称。对于公共建筑，主要是对建筑物或建筑群内的变配电系统、照明系统、电梯、空调系统、供热系统、给水排水系统等能源使用情况进行在线监测，并对监测的能耗数据进行动态分析，寻找低效率运行的系统（设备）及能源消耗异常情况，实现安全用能及节约用能，提高用能系统的能效水平。

建筑能源监测系统由能耗数据处理中心和现场能耗数据采集系统组成。能耗数据处理中心包括应用软件、系统软件、数据库、服务器以及相关IT设备，现场能耗数据采集系统则包括智能数据采集器、智能电表、智能水表、智能热表、温湿度计量表、环境参数计量表等。

建筑能源监测系统的拓扑结构如图13-1所示，系统多采用分布式结构，按功能或区域进行划分，按模块化进行设计。整个系统一般分为三层，即管理层、通信层和数据采集层。

（1）管理层

管理层位于中控室或值班室，一般配置高性能、高可靠性计算机、UPS不间断电源、打印机、报警装置等。电力监控软件安装在主控计算机上，通过软件的人机界面和各种管理功能实现对整个变配电系统的实时监控。

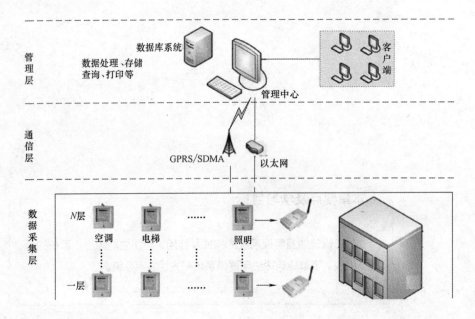

图13-1 建筑能源监测系统

（2）通信层

通信层位于管理层与数据采集层之间，主要完成现场采集设备与管理层计算机之间的网络通信连接、数据交换、通信协议转换和提高系统的实时性、兼容性和扩充性。可以通过以太网交换机方便地与其他系统进行连接和数据信息共享，对于大型的系统还可设置数据服务器和网关服务器与其他系统进行连接。

（3）数据采集层

现场数据采集层的主要任务是将现场的各种配电系统的运行参数进行采集和测量，并将采集和测量的各种数据传输给监控系统。其主要设备是：嵌入式电能仪表、导轨式电能仪表和能断路器及四遥单元等。这些装置或仪表依据一次设备的需要进行配置，并装设在现场的配电屏或开关柜上。上述设备均相互独立完成各自的功能，不依赖主控计算机运行，具备RS-485通信接口。通过现场的RS-485总线将检测到的各项电参数和状态信号实时传输到中间层。

13.1.2　建筑能源监测系统的功能

1. 计量方式

（1）分类计量

根据建筑消耗的主要能源种类进行能耗数据的采集和整理。建筑能耗划分为如下六类：耗电量、耗水量、耗气量（天然气量或者煤气量）、集中供热耗热量、集中供冷耗冷量、其他能源应用量（如集中热水供应量、煤、油、可再生能源等）。

（2）分项计量

根据建筑消耗的各类能源的主要用途进行能耗数据的采集和整理。一般包括：

照明插座用电：为建筑物主要功能区域的照明、插座等室内设备用电。主要包括照明和插座用电、走廊和应急照明用电、室外景观照明用电。

空调用电：主要包括冷热站用电、空调末端用电。

动力用电：主要包括电梯用电、水泵用电、通风机用电。

特殊用电：主要包括信息中心、洗衣房、厨房餐厅、游泳池、健身房或者其他特殊用电。

2. 系统功能

建筑能源监测系统主要能实现以下功能。

（1）设备运行状态的监视。

（2）设备的集中控制、操作、调整和参数的设定。

（3）能源系统的综合平衡、合理分配、优化调度。

（4）电气安全监测：对电流、电压、频率、视在频率、有功功率、无功功率、功率因数及电能进行监测。

（5）异常、故障和事故处理。

（6）能源运行数据的实时归档、数据库归档和即时查询。

13.2 建筑冷热电联供系统

13.2.1 基本概念

建筑冷、热、电联供（Buildings Cooling, Heating, and Power, BCHP）是指在建筑物内部或其附近发电，以部分或者全部地满足建筑物用电需求，同时通过回收发电所产生的废热来驱动以热能为动力的用热设备，为建筑物提供冷、热、生活热水及湿度控制等服务。它通过对传统的现场发电技术与暖通空调系统之间的集成，从而实现能源的梯级利用，提高了能源利用效率，因而又称作集成式能源系统（Integrated Energy System, IES）。与传统的能源系统相比，BCHP系统可以提高能源利用效率30%以上，减少CO_2排放量45%，总体能源利用效率超过80%，被认为是第二代能源系统。

建筑冷热电联供系统适用于既有一定的电力需求，又有一定的热负荷的场合，如办公建筑、商业建筑、学校、医院、宾馆、剧院、高档公寓等，尤其是对办公建筑、大学校园、商业中心等，采用建筑冷热电联供系统能够获得极好的经济效益。另外，对一些边远的农村、有重大安全要求的军事性建筑以及需要有备用电源的场合等，建筑冷热电联供系统也是一种合适的方案。

建筑冷热电联供系统的流程如图13-2所示，由两大子系统组成：分布式发电系统和热回收系统。分布式发电又称现场发电，主要包括发电装置、控制装置及与当地电网之间的连接装置。其中发电装置的作用是将燃料的化学能转化为电能。控制装置主要是实现电流、电压或频率的转换功能，以保证输出的电力能够满足用户要求。而热回收系统的主要作用则是对发电所产生的废热进行回收，并为建筑提供冷、热、生活热水或干燥空气等。

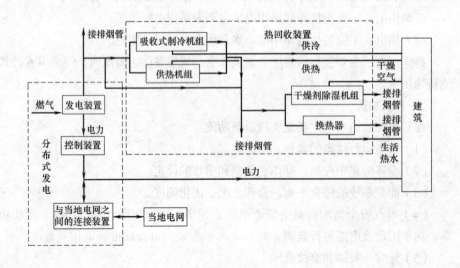

图13-2 建筑冷热电联供系统流程图

13.2.2　分布式发电技术

分布式发电技术是一种小规模现场发电技术，应用于建筑冷热电联供系统的分布式发电技术主要包括：微型燃气轮机、燃料电池和往复式内燃机。

（1）微型燃气轮机（Micro-turbine，MT）

微型燃气轮机是指单机功率为30～400kW的一种小型热力发动机，它是20世纪90年代才发展起来的一种先进的动力装置。该装置采用布雷顿循环，主要包括压气机、燃烧室、燃气轮机、回热器、发电机和控制装置等组成部分。其工作流程图如图13-3所示，主要燃料是天然气、甲烷、汽油、柴油等。微型燃气轮机的主要特点是：采用离心式压气机和向心透平，两叶轮为背靠背结构，采用高效板式回热器，回热效率高，大大提高了系统的发电效率；采用空气轴承，不需要润滑系统，简化了机组的结构；采用高速永磁发电机，并将发电机、压气机和燃气轮机直接安装在同一轴上，取消了减速装置，大大减小了机组的体积和重量，且减少了系统的运动部件，维修率低，使用寿命长；微型燃气轮机的发电效率可达到29%～42%（基于低位热值的热效率），安装成本较低，NOx的排放浓度低于10ppm（$\times 10^{-6}$），排气温度为232～260℃。但微型燃气轮机由于旋转速度高达$(5\sim 12)\times 10^{4}$r/min，所以会产生一定的高频噪声。

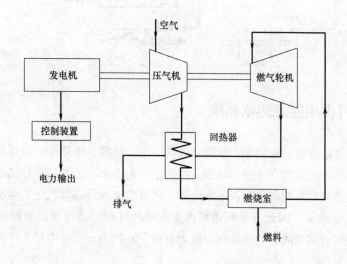

图13-3　微型燃气轮机系统的结构流程图

（2）往复式内燃机（Internal Combustion Engines，ICE）

内燃机是一种已经成熟了的现场发电技术，在很多地方被用作备用电源或现场发电。内燃机的发电效率为30%～40%（基于低位热值的效率），其燃料可以是汽油、柴油或天然气等。在分布式发电技术中，内燃机的成本最低，然而，由于内燃机的运动部件较多，所以维修费用高，且污染排放浓度高，有一定的低频噪声问题。通过燃用天然气和采用催化燃烧技术，可以降低污染排放浓度。另外，内燃机的调节性好，部分负荷效率高，排气温度高。

13.2.3 热回收技术

分布式发电技术的排气温度一般都较高，还包含有大量的可利用热能。为提高能源利用效率，可对排气中的热量进行回收，回收后的热能用于为建筑供暖、空调或进行湿度控制。利用气、水换热器，可以将排气用于提供热水或蒸汽，这些热水或蒸汽除直接用于为建筑供暖或提供生活热水外，还可用于驱动吸收式制冷机为建筑提供冷水和用于再生干燥剂为建筑提供干燥空气。

如图13-4所示是发电尾气驱动的吸收式制冷的原理示意图，利用发电尾气的热能来驱动制冷机，为建筑空调系统提供所需要的冷冻水。

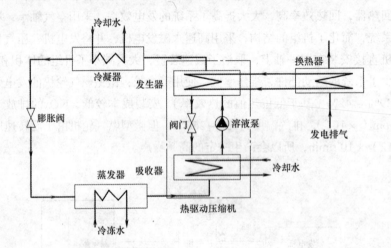

图13-4 发电尾气驱动的吸收式制冷工作流程

13.3 可再生能源热水系统

可再生能源包括太阳能、水能、风能、生物质能、地热能、海洋能等非化石能源，其最大的优势在于清洁环保、可再生。由于化石能源的总存储量是很有限的，而人类对能源的需求却在不断增加，可再生能源终将替代化石能源成为人类用能的主要来源，因此开发利用可再生能源对社会经济可持续发展具有重要意义。我国对可再生能源的开发利用极为重视，专门颁布了《中华人民共和国可再生能源法》。

可再生能源在建筑小区（园区）中的应用最常见的形式是太阳能热水系统和空气源热泵热水系统。

13.3.1 太阳能热水系统

1. 太阳能热水系统形式

太阳能热水供应系统是利用太阳的辐射热加热冷水，送到贮水箱或贮水罐以供使用。这是一种节约燃料且不污染环境的热水供应方式。根据水的加热循环方

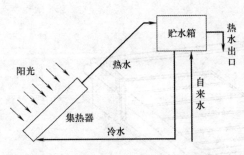

图13-5　自然循环太阳能热水供应系统

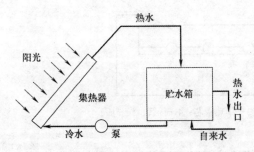

图13-6　强制循环太阳能热水供应系统

式太阳能热水系统可分为自然循环式太阳能热水系统和强制循环式太阳能热水系统。

（1）自然循环式热水系统

它是利用水本身的温度梯度不同，所产生的密度差使水在集热器与贮水箱之间进行循环，因此又称热虹吸循环式热水器，如图13-5所示。当太阳把集热器中的水加热后，热水的密度小就会上浮进入贮水箱，迫使水箱底部的较凉水流入集热器，如此循环直至水箱中的全部水热平衡之后为止。这种热水系统结构简单，运行可靠，不需要附加能源，适合于家庭和中小型热水系统使用。

（2）强制循环式热水系统

强制循环式热水系统是利用泵加强传热工质的循环，它适合于大型热水系统，如图13-6所示。一般集热器面积超过30m²，就需采用强制循环。强制循环可以提高传热效率，充分发挥太阳能集热器的作用。强制循环热水系统的贮水箱不必高于集热器，可以较方便地进行设备布置。

2. 太阳能集热器

太阳能热水供应系统通常包括集热器、贮水箱、连接管道、支架及其他部件。其核心部件是太阳能集热器，太阳能集热器是吸收太阳辐射并将产生的热能传递到传热介质的装置。目前常用的太阳能集热器包括平板式太阳能集热器和真空管式太阳能集热器。

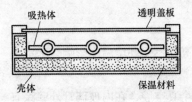

图13-7　闷晒式太阳能集热器

太阳能集热器可分为三大类：闷晒式、平板式和真空管式。

（1）闷晒式太阳能集热器

闷晒式太阳能热水器结构简单，多为圆筒型或方盒型，如图13-7所示。制作材料为金属和塑料。这种热水器是把集热器与贮水器连成一体，太阳直接把水箱中的水晒热，夏天水温可达40℃以上，可供家庭洗浴，我国农村采用较多。

（2）平板式太阳能集热器

如图13-8所示，平板式太阳能集热器主要由透明盖板、隔热材料、集热板芯、排管、外壳等组成。用平板式太阳能集热器组成的热水器即平板太阳能热水器。

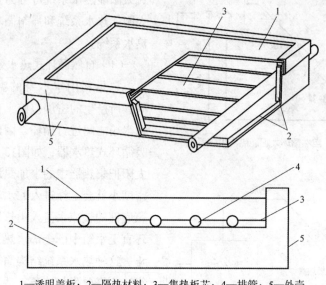

图13-8 平板式
太阳能热水器

1—透明盖板；2—隔热材料；3—集热板芯；4—排管；5—外壳

当平板式太阳能集热器工作时，太阳辐射穿过透明盖板后，投射在集热板芯上，被集热板芯吸收并转化成热能，然后传递给排管内的传热工质，使传热工质的温度升高，作为集热器的有用能量输出。与此同时，温度升高后的集热板芯不可避免地要通过传导、对流和辐射等方式向四周散热，成为集热器的热量损失。

目前较先进的平板热水器多采用铜铝复合太阳能集热器，它的集热板采用铜管与铝板复合压制，然后用压缩空气将铜管吹胀，使铜管与铝片紧密结合。导水管是铜质，保证不生锈，水质好，吸收太阳能的翼片为铝质，并具有选择性涂层，重量轻，传热好。此种集热板可以机械化连续压制，产量大，运输方便，制成的热水器轻便，安装也容易，使用寿命长，目前应用非常广泛。

平板型太阳能集热器是太阳能集热器中一种最基本的类型，其结构简单、运行可靠、成本适宜，还具有承压能力强、吸热面积大等特点，是太阳能与建筑结合最佳选择的集热器类型之一。

（3）真空管集热器

真空管集热器是最先进的形式，它的热效率高，不受环境温度影响，基本上可适合全年使用。

真空管集热器由内玻璃管和外玻璃管组成一个真空腔，在内玻璃管外壁涂有选择性吸收涂层。真空腔可以减少热的对流传导损失，同时吸热体表面的选择性吸收涂层可以抑制吸热体的辐射热损失，因此，真空管集热器具有比普通平板式集热器更优良的热性能，其结构及工作过程如图13-9所示。真空管集热器分全玻璃式和玻璃/金属式两种。这种集热器在冬天外界温度处于零度以下时，只要有太阳辐射，集热器内的温度仍能很高。目前真空管集热器的最高温度可达

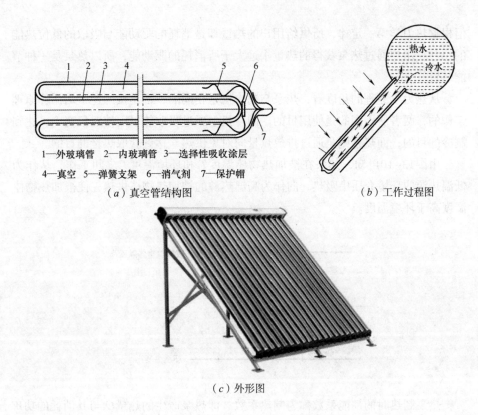

1—外玻璃管　2—内玻璃管　3—选择性吸收涂层
4—真空　5—弹簧支架　6—消气剂　7—保护帽

（a）真空管结构图　　　　　　　　　　（b）工作过程图

图13-9　真空管
集热器

（c）外形图

200℃左右。

3．太阳能热水系统的辅助加热

当阴云雨雪天气以及冬季日照不足天气时，太阳能集热板吸收的太阳辐射不足以满足所需要的热水，此时就要采取辅助加热。目前，家庭使用的小型太阳能热水器的辅助加热多采用电加热形式，在大型太阳能热水系统中则可以采用电加热、燃气加热等形式，在南方地区，还可以采用空气源热泵系统作为太阳能热水系统的辅助热源。

13.3.2　空气源热泵热水系统

1．工作原理

热泵是一种以消耗部分能量作为补偿条件使热量从低温物体转移到高温物体的能量利用装置。热泵能够从空气、土壤、水中提取热量，即空气、土壤、水是热泵提取热量的来源，将从空气中提取热量的热泵称为空气源热泵。空气源热泵从空气中提取的热量用来加热空气，可以为房间提供热量，即热泵空调器；用来加热水，可以提供生活热水，称为空气源热泵热水系统。小型家用一体式空气源热泵系统也称为空气源热泵热水器（或空气能热水器）。

根据热力学第二定律，热量是不会自动从低温区向高温区传递的，必须向热泵输入一部分驱动能量才能实现这种传递。热泵虽然需要消耗一定量的驱动能，但根据热力学第一定律，所供给用户的热量却是消耗的驱动能与吸取的低位热能的总和。用户通过热泵获得的热量永远大于所消耗的驱动能，所以热泵是一种节能装置。

从热力学原理的角度看，热泵与制冷机是相同的，都是按照逆卡诺循环原理工作的，两者所不同的是使用目的。制冷机是通过吸取热量而使对象变冷，达到制冷的目的；而热泵则是通过排放热量向对象供热，达到获取热量的目的。

由图13-10可知，热泵在被加热物体温度T_h和环境温度T_a之间工作，从作为低温热源的环境介质中吸热，向作为高温热源的被加热物体供热，使被加热物体温度高于环境温度。

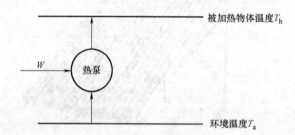

图13-10　热泵工作原理图

热泵制热时的性能系数称为制热系数，即热泵产生的热量Q_h与其消耗的功W之比，用COP_h表示，COP_h越高，热泵性能越好。

$$COP_h = \frac{Q_h}{W}$$

（13-1）

2. 热泵热水系统的构成

如图13-11所示，热泵热水系统由热泵机组、循环管路、储热水箱、用户管道等组成。其中热泵机组与制冷机组的结构相同，也是由压缩机、冷凝器、膨胀阀、蒸发器组成。

3. 空气源热泵系统的特点

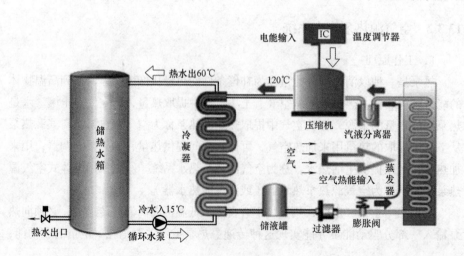

图13-11　热泵热水系统示意图

与太阳能热水器相比热泵系统的优点主要体现在：

（1）适用范围广。适用温度范围在-15~60℃，一年四季全天候使用，不受阴、雨、雪等恶劣天气和冬季夜晚的影响。

（2）运行成本低。在春、夏、秋季阳光较好时，运行费用高于太阳能热水器，但在阴雨天和夜晚，热效率远远高于太阳能热水器电辅助加热。

（3）可连续加热。可连续加热，持续不断供应热水，满足用户需求。

（4）安装方便，美观。外形与空调室外机相似，适合于大中城市的各种建筑，对于大型中央供热问题，热泵热水器是最好的选择。

与锅炉相比：

（1）热效率高。空气源热泵热水器热效率全年平均在300%以上，而生活热水锅炉的热效率不会超过80%。

（2）运行费用低。与燃油、燃气锅炉比，全年平均可节能70%。

（3）运行安全，无需值守。与燃料锅炉相比，运行绝对安全，而且全自动化控制，无需人员值守，可节省人力成本。

（4）安装方便，像空调室外机一样直接安装，无需锅炉房。与燃煤锅炉相比，无烟尘排放，无噪声污染。

但热泵系统也存在不足，其主要问题在于：

（1）加热速度慢。空气源热泵产品是采用蒸气压缩式制冷循环进行工作的，与锅炉或电力直接加热模式相比，速度相对较慢。

（2）一次性投入大。使用场所越大，投入成本就越大。

（3）加热水温有限制。空气源热泵出水温度一般在60℃左右。

（4）受极端天气影响。常规的空气能热泵热水器工况最适宜的工作环境温度为-5℃~43℃，故此热泵的市场主要是长江以南及其附近地区。

13.4 光伏发电

13.4.1 光伏发电原理

光伏发电是利用半导体界面的光生伏特效应而将光能直接转变为电能的一种技术。这种技术的关键元件是太阳能电池。

1839年，法国科学家贝克勒尔（Edmond Becquerel）发现了"光伏效应"，即光照能使半导体材料内部的电荷分布状态发生变化而产生电动势和电流。光伏电池是基于半导体P-N结接受太阳光照产生光伏效应，直接将光能转换成电能的能量转换器。1954年，美国贝尔实验室的皮尔松（G.Pearson）等人发明了单晶硅光伏电池，其原理如图13-12所示。图中，太阳光照射到光伏电池表面，其吸收具有一定能量的光子，在内部产生处于非平衡状态的电子—空穴对；在P-N结内建电场的作用下，电子、空穴分别被驱向N、P区，从而在P-N结附近形成与内建电场方向相反的光生电场；光生电场抵消P-N结内建电场后的多余部分使P、

N区分别带正、负电，于是产生由N区指向P区的光生电动势；当外接负载后，则有电流从P区流出，经负载从N区流入光伏电池。

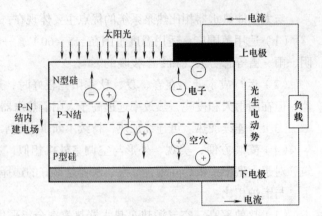

图13-12 单晶硅光伏电池原理图

由于技术和材料的原因，单一电池的发电量是有限的，为了满足负载需要的电压、电流，需将多个容量较小的单体光伏电池经串、并联组成电池系统，称为光伏组件。单个光伏组件输出功率在数瓦到数百瓦（其输出电压一般在十几~几十伏）之间，进一步可将多个光伏模块串、并联成光伏阵列。

13.4.2 光伏发电组件

光伏系统是由太阳能电池方阵、蓄电池组、充放电控制器、逆变器、交流配电柜、自动太阳能跟踪系统、自动太阳能组件除尘系统等设备组成。

1. 太阳能电池

在光生伏特效应的作用下，太阳能电池的两端产生电动势，将光能转换成电能，它是能量转换的器件。单块电池电压低，经过串联后进行封装保护可形成大面积的太阳电池组件，再配合功率控制器等部件就形成了光伏发电装置，如图13-13所示。

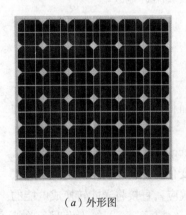

（a）外形图

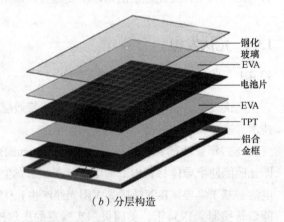

钢化玻璃
EVA
电池片
EVA
TPT
铝合金框

（b）分层构造

图13-13 太阳能电池组件

太阳能电池一般为硅电池，分为单晶硅太阳能电池、多晶硅太阳能电池和非晶硅太阳能电池三种。

电池片：采用高效率（16.5%以上）的单晶硅太阳能片封装，保证太阳能电池板发电功率充足。

玻璃：采用低铁钢化绒面玻璃（又称为白玻璃），厚度3.2mm，在太阳电池光谱响应的波长范围内（320~1100nm）透光率达91%以上，对于大于1200nm的红外光有较高的反射率。此玻璃同时能耐太阳紫外光线的辐射，透光率不下降。

EVA：采用加有抗紫外剂、抗氧化剂和固化剂的厚度为0.78mm的优质EVA膜层作为太阳电池的密封剂和与玻璃、TPT之间的连接剂。具有较高的透光率和抗老化能力。

TPT：太阳电池的背面覆盖物——氟塑料膜为白色，对阳光起反射作用，因此使组件的效率略有提高，并因其具有较高的红外发射率，还可降低组件的工作温度，也有利于提高组件的效率。当然，此氟塑料膜首先应满足太阳电池封装材料的耐老化、耐腐蚀、不透气等基本要求。

边框：所采用的铝合金边框具有高强度，抗机械冲击能力强。

2. 蓄电池组

蓄电池组的作用是贮存太阳能电池方阵受光照时发出的电能并随时向负载供电。太阳能电池发电对所用蓄电池组的基本要求是：①自放电率低；②使用寿命长；③深放电能力强；④充电效率高；⑤少维护或免维护；⑥工作温度范围宽；⑦价格低廉。目前我国与太阳能发电系统配套使用的蓄电池主要是铅酸蓄电池和镉镍蓄电池。配套200Ah以上的铅酸蓄电池，一般选用固定式或工业密封式免维护铅酸蓄电池，每只蓄电池的额定电压为2VDC；配套200Ah以下的铅酸蓄电池，一般选用小型密封免维护铅酸蓄电池，每只蓄电池的额定电压为12VDC。

3. 充放电控制器

充放电控制器是能自动防止蓄电池过充电和过放电的设备。由于蓄电池的循环充放电次数及放电深度是决定蓄电池使用寿命的重要因素，因此能控制蓄电池组过充电或过放电的充放电控制器是必不可少的设备。

4. 逆变器

逆变器是将直流电转换成交流电的设备。由于太阳能电池和蓄电池是直流电源，且负载是交流负载，逆变器是必不可少的。逆变器按运行方式可分为独立运行逆变器和并网逆变器。独立运行逆变器用于独立运行的太阳能电池发电系统，为独立负载供电。并网逆变器用于并网运行的太阳能电池发电系统。逆变器按输出波形可分为方波逆变器和正弦波逆变器。方波逆变器电路简单，造价低，但谐波分量大，一般用于几百瓦以下和对谐波要求不高的系统。正弦波逆变器成本高，但适用于各种负载。

逆变器保护功能：过载保护、短路保护、接反保护、欠压保护、过压保护、过热保护。

5. 交流配电柜

交流配电柜在电站系统中的主要作用是切换备用逆变器，保证系统的正常供电，同时还可计量线路的电能。

13.4.3 光伏发电系统的类型

太阳能光伏发电系统分为独立光伏发电系统、并网光伏发电系统及分布式光伏发电系统。

1. 独立光伏发电系统

如图13-14所示，独立光伏发电系统又叫离网光伏发电系统，主要由太阳能电池组件、控制器、蓄电池组成，若为交流负载供电，还需要配置交流逆变器。

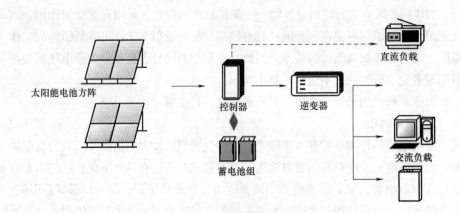

图13-14 独立光伏发电系统

2. 并网光伏发电系统

并网光伏发电系统就是太阳能组件产生的直流电经过并网逆变器转换成符合市电电网要求的交流电后直接接入公共电网，如图13-15所示。并网光伏发电系统中的集中式大型并网光伏电站一般都是国家级电站，其主要特点是将所发电能直接输送到电网，由电网统一调配向用户供电。但这种电站投资大、建设周期长、占地面积大，发展难度较大。而分散式小型并网光伏系统，特别是光伏建筑一体化发电系统，由于投资小、建设快、占地面积小、政策支持力度大等优点，是并网光伏发电的主流。

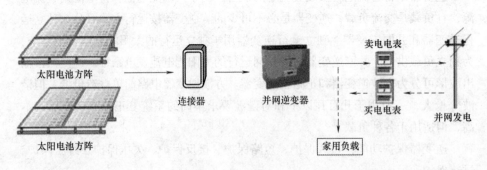

图13-15 并网光伏发电系统

3. 分布式光伏发电系统

分布式光伏发电系统又称分散式发电或分布式供能，是指在用电现场或靠近用电现场配置较小的光伏发电供电系统，以满足特定用户的需求，支持现存配电网的经济运行，或者同时满足这两个方面的要求，如图13-16所示。

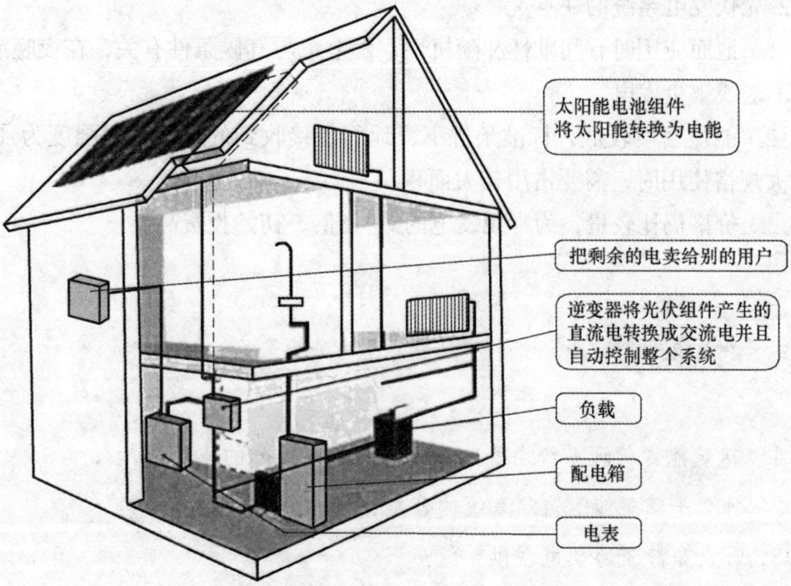

太阳能电池组件
将太阳能转换为电能

把剩余的电卖给别的用户

逆变器将光伏组件产生的
直流电转换成交流电并且
自动控制整个系统

负载

配电箱

电表

图13-16　家庭分
布式光伏发电系统

分布式光伏发电系统的基本设备包括光伏电池组件、光伏方阵支架、直流汇流箱、直流配电柜、并网逆变器、交流配电柜等，此外还有供电系统监控装置和环境监测装置。其运行模式是在有太阳辐射的条件下，光伏发电系统的太阳能电池组件阵列将太阳能转换输出的电能，经过直流汇流箱集中送入直流配电柜，由并网逆变器逆变成交流电供给建筑自身负载，多余或不足的电力通过连接电网来调节。

13.4.4　光伏发电系统的特点

1．光伏发电系统的优点

（1）太阳能取之不尽，用之不竭，地球表面接受的太阳辐射能，能够满足全球能源需求的1万倍。统计数据表明，只要在全球4%的沙漠上安装太阳能光伏系统，所发电力就可以满足全球的需要。太阳能发电安全可靠，不会遭受能源危机或燃料市场不稳定的冲击。

（2）太阳能随处可处，可就近供电，不必长距离输送，避免了长距离输电线路的损失。

（3）太阳能不用燃料，运行成本很低。

（4）太阳能发电无运动部件，不易损坏，维护简单，特别适合于无人值守的情况下使用。

（5）太阳能发电不会产生任何废弃物，没有污染、噪声等公害，对环境无不良影响，是理想的清洁能源。

（6）太阳能发电系统建设周期短，方便灵活，而且可以根据负荷的增减，任意添加或减少太阳能方阵容量，避免浪费。

2. 光伏发电系统的缺点

（1）地面应用时有间歇性和随机性，发电量与气候条件有关，在夜晚或阴雨天就不能或很少发电。

（2）能量密度较低，标准条件下，地面上接收到的太阳辐射强度为1000W/m^2。大规格使用时，需要占用较大面积。

（3）价格仍比较贵，为常规发电的3～15倍，初始投资高。

思考与练习题

1. 建筑能源管理系统由哪些部分构成？各部分的作用是什么？

2. 什么是建筑能源监测系统的分类计量和分项计量？

3. 什么是建筑冷热电联供系统？

4. 太阳能集热器分为哪些种？它们是如何工作的？

参考文献

[1] 丁云飞. 建筑设备工程施工技术与管理（第二版）. 北京：中国建筑工业出版社，2013.

[2] 陆亚俊. 建筑冷热源. 北京：中国建筑工业出版社，2009.

[3] 陆亚俊. 暖通空调（第二版）. 北京：中国建筑工业出版社，2012.

[4] 张金和. 管道安装工程手册. 北京：机械工业出版社，2006.

[5] 丁志华，邱惠清. 新型管材与管件应用指南. 上海：同济大学出版社，2002.

[6] 柳金海. 工业管道施工安装工艺手册. 北京：中国计划出版社，2003.

[7] 刑丽珍. 给水排水管道设计与施工. 北京：化学工业出版社，2004.

[8] 赵培森等. 建筑给水排水·暖通空调设备安装手册. 北京：中国建筑工业出版社，1997.

[9] 贺平，孙刚. 供热工程（第四版）. 北京：中国建筑工业出版社，2009.

[10] 杨万高. 建筑电气安装工程手册. 北京：中国电力出版社，2005.

[11] 万建武. 建筑设备工程（第二版）. 北京：中国建筑工业出版社，2007.

[12] 王增长. 建筑给水排水工程. 北京：中国建筑工业出版社，2010.

[13] 王汉青. 通风工程. 北京：机械工业出版社，2007.

[14] 赵荣义等. 空气调节（第四版）. 北京：中国建筑工业出版社，2009.

[15] 中华人民共和国住房和城乡建设部等. 建筑给水排水设计规范GB 50015—2003. 北京：中国计划出版社，2009.

[16] 中华人民共和国住房和城乡建设部等. 民用建筑供暖通风与空气调节设计规范GB 50736—2012. 北京：中国计划出版社，2012.

[17] 中华人民共和国住房和城乡建设部等. 建筑设计防火规范GB 50016—2014. 北京：中国计划出版社，2014.

[18] 中国机械业联合会. 供配电系统设计规范GB 50052—2009. 北京：中国计划出版社，2014.

[19] 中华人民共和国住房和城乡建设部. 民用建筑电气设计规范JGJ 16—2008. 北京：中国计划出版社，2008.